西北药用作物
生产实用技术问答

晋小军 ◎ 主编

U0298864

中国农业出版社
北 京

编写人员名单

主　编　晋小军（甘肃农业大学）

副主编　何正奎（永靖县农业技术推广中心）

　　　　姚文治（华池县恒烽中药材苗林有限公司）

　　　　晋　昕（甘肃农业大学）

参　编　（按姓氏笔画排序）

　　　　王　霞（甘肃农业大学）

　　　　王建中（甘肃省天水市农业广播学校）

　　　　王建军（云南农业大学）

　　　　艾丽娜（青海省卫生职业技术学院）

　　　　刘莉莉（甘肃农业大学）

　　　　李　艳（甘肃农业大学）

　　　　李欣苗（甘肃农业大学）

　　　　杨少杰（甘肃农业大学）

　　　　杨强民（甘肃省武都区农业农村局）

　　　　张迎芳（甘肃农业大学）

　　　　张艳华（甘肃省山丹县农业技术推广中心）

　　　　柳文军（甘肃省东乡族自治县农业农村局）

　　　　厚建霞（甘肃农业大学）

　　　　姚宇柱（甘肃省和政县农业技术推广中心）

前言

　　本书编者在多年从事药用作物栽培、加工、储藏方面的教学科研实践的基础上，结合现代研究成果，以问答的形式，从药用作物的基原植物、生长环境、选地、整地、施肥、播种、种苗培育、移栽、田间管理、病虫害防治、采收加工、储藏方法、性味功效、质量标准等方面进行了全面系统的介绍。

　　本书内容精简，通俗实用，介绍了西北60余种常见大宗药用作物生产技术，按药材类型科学编排，方便查找。本书内容通俗，技术实用，是农民培训、中医药从业者、农技人员及中医药院校中药学、中药资源及开发、中草药栽培与鉴定等专业的实用技术读本。

　　本书由甘肃农业大学晋小军主编，共有18人参与完成，其中有生产一线高级职称中药材专家10人。本书是大家在对多年生产经验总结基础上的结晶。书中可能还有错误与遗漏之处，恳请广大读者朋友不吝赐教。

编　者

2021年6月

M 目 录
ULU

一、根茎类药材

（一）板蓝根

1. 板蓝根的来源以及性味功效是什么？

板蓝根为十字花科二年生草本植物菘蓝的干燥根，菘蓝的干燥叶药材名为大青叶。板蓝根性寒，味苦。归心、胃经。具有清热解毒、凉血利咽的功效。用于温疫时毒、发热咽痛、温毒发斑、痄腮、烂喉丹痧、大头瘟疫、丹毒、痈肿等症。

2. 板蓝根及大青叶中所含的主要成分及其作用是什么？

板蓝根中含多糖类、生物碱类、靛蓝、(R,S)-告依春、靛玉红、腺苷及多种氨基酸等，其中板蓝根多糖在体外对多种亚型的甲型流感及乙型流感病毒均有抑制作用，(R,S)-告依春、靛玉红等化合物也被证明具有体外抑制流感病毒复制的作用，板蓝根总生物碱有抗病毒活性；大青叶中含靛蓝、靛玉红、黑芥子苷、靛苷等，大青叶具有抗肿瘤作用，研究表明靛玉红是大青叶的主要抗肿瘤成分。

3. 菘蓝的主要形态特征有哪些？

菘蓝的主要形态特征如下：①菘蓝的主根呈长圆柱形，肉质肥厚，灰黄色，直径 1.0～2.5 厘米，支根少，外皮浅黄棕色。②茎直立略有棱，上部多分枝，稍带粉霜，茎生叶无柄。③叶片为卵状披针形或披针形。④复总状

菘蓝植株形态

花序，花黄色，花梗细弱，在花后下弯成弧形。⑤短角果矩圆形，扁平，边缘有翅，成熟时黑紫色。种子1粒，稀2～3粒，呈长圆形。

4. 菘蓝对生长环境的要求有哪些?

菘蓝喜温暖环境，耐寒、耐旱、怕涝，适宜在排水良好、疏松肥沃的沙质壤土中生长。菘蓝原产于我国北部，对气候适应性很强，黄土高原、华北平原等为最适宜其生长的地区。菘蓝对土壤的物理性状和酸碱度要求不严，但地势低洼易积水土地不宜种植。主产于安徽、甘肃、山西、河北、陕西、内蒙古、江苏、黑龙江等地，大部分为栽培品。

5. 菘蓝的生长发育习性是怎样的?

菘蓝为越年生长日照型植物，按自然生长规律，秋季种子萌发出苗后，进入营养生长阶段。露地越冬经过春化阶段，于翌年早春抽茎、开花、结实、枯死，完成整个生长周期。但生产上为了利用植株的根和叶片，往往要延长营养生长时间，因而多于春季播种，秋季或冬季收根，其间还可收割1～3次叶片，以增加经济效益。3月上旬为其抽茎期；3月中旬为其开花期；4月下旬至5月下旬为其结果和果实成熟期；6月上旬即可收获种子。

6. 菘蓝如何播种?

菘蓝播种分春播和夏播，春播于4月下旬进行，夏播不迟于6月中旬进行，播前用40℃温水浸泡种子4小时，捞出晾干后随即拌细沙进行播种。在苗床上开沟，沟距20～25厘米，沟深2厘米。将种子均匀播入沟内，覆土1厘米左右，稍加镇压。播种量为22.5～30.0千克/亩*。

7. 菘蓝播种前后有哪些注意事项?

菘蓝播种前选择疏松肥沃的沙质壤土，一般先深翻20～30厘米，沙地可稍浅，施足基肥，基肥种类以厩肥、绿肥和焦泥灰为主，然后打碎土块，耙平，在雨水少的地区作平畦；在播种后苗高3～4厘米时，按株行距（7～10）厘米×（20～25）厘米进行适当间苗和定苗，在间苗时需注意适时追肥，结合中耕除草，追施一次氮肥；同时需注意灌溉、排水问题，在多雨地区和季节，畦间沟加深，大田四周加开深沟，以利及时排水，避免烂根，如遇伏旱天气，可在早晚灌水。

---

* 亩为非法定计量单位，1亩≈667米²。——编者注

8. 菘蓝当年开花的原因及解决方案是什么？

（1）原因。菘蓝为二年生植物，当年开花可能与苗期低温有关系：菘蓝播种过早，苗期遇低温，通过春化作用，造成开花。开花后完成结籽，但结出的种子成熟度差，播种后容易早抽薹，建议不要选用。结籽后的菘蓝根部木质化程度高，品质差，不能入药。

（2）解决方案。建议选用二年生的已完全成熟的饱满种子，当年气温较低时推迟播种期。

9. 菘蓝长势差如何解决？

（1）判断是否缺肥缺水。如叶色枯黄，可施充分腐熟的有机肥。如缺水，及时进行灌溉。化肥用量不宜过多，每亩追施尿素 10～15 千克或磷酸二铵 10 千克，顺行间开沟追施，埋后浇水。

（2）判断是否种植过密。如果密度过大，应及时进行间苗，间苗时应去弱留强，按行距 15～20 厘米、株距 5～8 厘米定苗。

（3）判断是否有病虫害。菘蓝常见病害有：霜霉病、菌核病、白锈病、根腐病。虫害主要有：菜粉蝶、桃蚜。如发现发生病虫害则选用相应的防治方法。

10. 菘蓝主要病虫害及其防治措施有哪些？

菘蓝的病害主要有霜霉病、菌核病、白锈病、根腐病；虫害主要有菜粉蝶、桃蚜。

（1）霜霉病。①危害症状。发病初期叶片产生黄白色病斑，叶背出现似浓霜的霉斑，随着病害的发展，叶色变黄，最后呈褐色干枯，使植株死亡。一般于早春时侵入寄主，随着气温的升高而迅速蔓延，在梅雨季节发病最为严重。②防治措施。清洁田园，及时拔除病株，减少病原传播，注意通风透光。

（2）菌核病。①危害症状。基部叶片首先发病，然后向上危害茎、茎生叶、果实。发病初期呈水渍状，后为青褐色，最后腐烂。在多雨高温的 5—6 月发病最重。②防治措施。发病初期喷施 65％代森锌可湿性粉剂 400～600 倍液，或50％百菌清可湿性粉剂 600～800 倍液，隔 7 天喷 1 次，连喷 2～3 次。

（3）白锈病。①危害症状。受害叶面出现黄绿色小斑点，叶背出现隆起的、外表有光泽的白色脓疮状斑点，脓疮斑在叶背零星分布，最后叶片枯死。多于 4 月中旬发生，直至 5 月下旬。②防治措施。及时清除田间植株残体，喷施护树将军杀菌消毒，减少越冬菌源。有条件的要实行轮作，并在发病初期喷洒 1∶1∶

120 波尔多液，每隔 7 天喷 1 次，连续喷 2～3 次，同时配合喷施新高脂膜（氨基酸≥100 克/升，钙≥30 克/升）可湿性粉剂 800 倍液，提高药剂有效成分利用率，巩固防治效果。甲霜灵系列杀菌剂对白锈病有较好的防治效果。

（4）根腐病。①危害症状。菘蓝根腐病由茄腐镰刀菌、尖孢镰刀菌和禾谷丝核菌三种病菌入侵菘蓝引起。病菌主要危害根部，一般从根尖或地下部分伤口入侵，发病初期被害植株的侧根或细小根首先发病，此后在根的中部发生腐烂，且黑褐色，后期主根变成黑褐色的乱麻状的木质化纤维壳。细小的根部发病后，扩散到根中部或茎基部，向上蔓延到叶片，并由中心病株向四周蔓延。发病植株长势衰弱，植株小，叶色呈淡绿色、灰绿色，病株严重时叶片枯黄、脱落，甚至死亡。一般于 5 月上旬出现菘蓝根腐病的中心病株，此后逐渐扩散蔓延，发病盛期为 7 月上旬至 8 月上旬。②防治措施。一般播种前 15 天左右，结合整地，用 70％甲基硫菌灵可湿性粉剂 800 倍液或 50％多菌灵可湿性粉剂 600 倍液均匀喷施于地表，并及时耙地，深度 10 厘米左右为宜，使药均匀混合于土壤中，防效可达 67％～80％。在菘蓝生长期间，如果发现有得病植株，应及时连根带土移除，并用 5％石灰乳在发病处消毒。在发病初期，可用 70％噁霉灵可湿性粉剂 3 000 倍液或 25.9％络氨铜·锌水剂 600 倍液，也可用抗茬宁（有效活菌数≥20 亿/克的枯草芽孢杆菌粉剂）0.5 千克/亩灌根或喷洒根茎 2～3 次，穴灌 220 毫升左右，间隔期 7 天，防治效果显著。在生产中应注意轮换用药，喷药时，应着重于植株茎基部及地面。

（5）菜粉蝶。①危害症状。偏食十字花科植物，虫害严重时可将叶片吃光，只剩叶脉和叶柄。5 月起幼虫危害叶片，尤以 6 月上旬至 6 月下旬危害最重。②防治措施。及时清除田间残株病叶，减少虫源；可用每克含 100 亿孢子的苏云金杆菌粉剂 100～150 克/亩，或用 90％晶体敌百虫 800 倍液喷雾，连续 2 次。

（6）桃蚜。①危害症状。主要危害十字花科植物，植株被害后严重失水卷缩，扭曲变黄。对菘蓝一般于春季危害刚抽生的花蕾，使花蕾萎缩，不能开花。②防治措施。可用 6％的吡虫啉乳油 3 000～4 000 倍液喷雾，每隔 7 天喷 1 次，连续喷 2～3 次。

11. 大青叶如何采收和加工？

（1）采收时间。春播菘蓝在水、肥管理较好的情况下，地上部正常生长。每年收割大青叶 2～3 次：第一次在 6 月中旬；第二次在 8 月下旬前后；第三次结合收根，割下地上部，选择合格的叶片入药。以第一次收获的大青叶质量最好，伏天不能采收，以免发生病害而造成植株死亡。

（2）采收方法。选择晴天进行收获，这样既利于植株重新生长，又利于大青叶的晾晒，以获取高质量的大青叶。具体方法：一是贴地面割去芦头的一部分，此法新叶重新生长迟，易烂根，但发棵大；二是离地面2～3厘米处割下大青叶，这样既不伤芦头，又可获取较大产量。另外也可用手掰去植株周围叶片，此法易影响植株生长，且较费工。

（3）加工方法。将大青叶运回晒场后，进行阴干或晒干。如阴干，需在通风处搭设荫棚，将大青叶扎成小把，挂于棚内阴干；如晒干，需放在芦席上，并经常翻动，使其均匀干燥。无论是阴干还是晒干都要严防雨露，以防发生霉变。以叶大、洁净、无破碎、色墨绿、无霉味者为佳。

12. 板蓝根如何采收和加工？

（1）采收时间。根据板蓝根药效成分的高低，适时采收。试验证明，12月板蓝根药效成分含量最高，因此，在初霜后的12月中下旬采收，可获取药效成分含量高、质量好的板蓝根药材。故这段时间选几日晴天，进行板蓝根的采收。

（2）采收方法。首先用镰刀贴地面2～3厘米处割下叶片，不要伤到芦头，捡起割下的叶片，然后从畦头开始挖根，用锹或镐深刨，一株一株挖起，拣一株挖一株，挖出完整的根。挖时必须深挖，注意不要将根挖断，以免降低根的质量，每亩可收获鲜根500～800千克。

（3）加工方法。将挖取的板蓝根去净泥土、芦头和茎叶，摊在芦席上晒至七八成干（晒的过程中要经常翻动），扎成小捆，再晒至全干，打包后装麻袋储藏。以根长直、粗壮、坚实、粉性足者为佳。晒的过程中严防雨淋，以防止发生霉变而降低板蓝根的质量。

13. 菘蓝春播及秋播留种是如何进行的？

春播留种是在收割最后一次叶片后，不挖根，待长新叶越冬；秋播留种是在8月底至9月初播种，出苗后不收叶，露地越冬。春播留种和秋播留种均在翌年5—6月收籽。此外在田间选瘦地下种，可使菘蓝茎秆坚硬，不易倒伏，病虫害少，结籽饱满，株行距约为30厘米×60厘米。

14. 板蓝根、大青叶的包装及储藏要求有哪些？

板蓝根和大青叶在包装前应再次检查是否充分干燥，并清除劣质品及异物。所使用的包装材料为麻袋或无毒聚氯乙烯袋，麻袋或无毒聚氯乙烯袋的大小可根据购货商的要求而定。每件包装上应注明品名、规格、产地、批号、包装日期、生产单位，并附有质量合格的标志。置于阴凉通风干燥处储藏，并注意防潮、防霉变、防虫蛀。

15. 板蓝根有何质量标准?

《中华人民共和国药典》(2020 年版)(以下简称药典)规定，板蓝根中含水分不得过 15.0%，总灰分不得过 9.0%，酸不溶性灰分不得过 2.0%，醇溶性浸出物不得少于 25.0%，含指标性成分 (R, S)-告依春 (C_5H_7NOS) 不得少于 0.020%。

(二) 白芷

1. 白芷的来源及性味功效是什么?

白芷为伞形科植物白芷或杭白芷的干燥根。白芷为常用中药材，在古代很多文献中都有记载，始载于《神农本草经》，列为中品。白芷性温，味辛。归胃、大肠、肺经。具有解表散寒、祛风止痛、宣通鼻窍、燥湿止带、消肿排脓等功效。用于感冒头痛、眉棱骨痛、鼻塞流涕、鼻衄、鼻渊、牙痛、带下、疮疡肿痛等症。

2. 白芷的主要化学成分及作用是什么?

白芷的主要化学成分为多种香豆素和挥发油，其中香豆素主要为欧前胡素、异欧前胡素和氧化前胡素等。研究发现白芷总挥发油具有抗炎镇痛、美白、抗过敏等功能，同时可利用白芷中所含香豆素类成分具有光敏作用这一特性来治疗白癜风。

白芷植株形态

3. 白芷的主要产地有哪些?

现在人工栽培白芷主产于河北、河南、四川、浙江等省，其中河北安国栽培历史较为悠久，面积较大。

4. 白芷的植株形态特征是什么? 与杭白芷有何区别?

(1) 形态特征。①根属直根系，由肉质根、侧根和纤维根组成。②幼苗时，主茎节间不伸长，抽薹后主茎节间伸长，茎直立，株高可达2.0～2.5米，主茎上部多分枝，各级分枝上均能抽生花薹。③复伞形花序，花序5～20厘米，梗长，伞幅通常17～40厘米，总苞片常缺，或有1～2枚，长卵形，膨大成鞘状，小总苞片5～10枚或更多；夏季开白色小花，花小，无萼齿，花瓣5枚，先端内凹。④双悬果扁平，长椭圆形，黄棕色，有时带紫色，长4～7毫米，宽4～6毫米，无毛；分果具5棱，侧棱有宽翅，棱槽中有油管1个，合生面有油管2个，种子千粒重2.5～3.7克。

（2）与杭白芷区别。杭白芷为白芷的变种，与白芷很相近，但植株较矮小，高度一般不超过2米，茎及叶鞘多为黄色，小总苞片长约5毫米，通常伞梗短，花黄绿色，花瓣多窄卵形。

5. 白芷对生长环境有何要求?

（1）土壤。白芷适应性很强，喜温暖湿润气候，怕热，耐寒性强，是深根喜肥植物，宜种植在土层深厚、疏松肥沃、排水良好的沙质壤土地，在黏土、浅薄土中种植则主根小而分叉多，亦不宜在盐碱地栽培，不宜重茬。

（2）水肥光热。白芷吸肥力强，是喜肥作物。施肥过多会使植株生长过旺，特别是苗期生长超过一定程度常导致提前抽薹开花，因此苗期一定要严格控制肥水供应，一般不施或少施。5月上旬以后开始施肥和浇水，此期白芷营养生长旺盛，气温高，光照又充足，需要吸收大量营养和水分，应加大水肥供给。

6. 播种期对白芷有何影响?

播种期是影响白芷产量和质量的重要因素之一。播种过早，苗龄长，幼苗长得大，营养也充足，第二年抽薹率就高。播种过迟，气温下降，出苗和幼苗生长都很缓慢，致使冬前幼苗瘦弱，易受冻害，第二年抽薹率低或不抽薹，产量也低。因此，种植白芷需适时播种。

7. 同株白芷不同部位种子品质有何不同?

白芷同一植株不同部位花序结的种子品质不同。一般主茎顶端花序结的种子较肥大，抽薹率高。一级枝上结的种子，大小中等，品质最好，播种后出苗率和成活率最高，抽薹率也低。二、三级枝上所结种子瘪小，品质较差，抽薹率低。一般过于老熟的种子也容易提前抽薹。种子不宜久藏，隔年陈种容易丧失发芽力。因此生产上一般选用一级枝上结的种子。

8. 白芷选地、整地及施肥的要点是什么?

选地是指对土壤及前茬作物的选择,一般棉花地、玉米地均适宜种植白芷,以地势平坦、耕层深厚、土质疏松、肥沃、排水良好的沙土、沙壤土地块为宜。前茬作物收获后,及时翻耕,要求土壤细碎,耕翻前,每亩施农家肥2 000~3 000千克、过磷酸钙50千克作为基肥。

9. 白芷春播与秋播如何选择?

白芷播种分春播和秋播。春播于4月中下旬进行,产量和品质较差,因此通常采用秋播。适时播种是白芷高产优质的重要环节,播种期应根据气候和土壤肥力而定,秋季气温高则迟播,反之则早播。土壤肥沃可适当迟播,反之则宜稍早。

10. 白芷间苗、定苗时需注意哪些问题?

白芷幼苗生长缓慢,播种当年一般不间苗。第二年早春返青后,苗高5~7厘米时,开始第一次间苗,间去过密的瘦弱苗,条播每隔5厘米左右留1株,穴播每穴留5~8株。第二次间苗每隔约10厘米留1株或每穴留3~5株。每次间苗时都应结合中耕除草。清明前后苗高约15厘米时定苗:条播者按株距12~15厘米定苗;穴播者每穴留壮苗3株,呈三角形错开,以利于通风透光。定苗时应将生长过旺、叶柄呈青白色的大苗拔除,以防提早抽薹开花。

11. 白芷如何进行灌溉与施肥?

白芷喜水,但怕积水。播种后,如土壤干旱应立即浇水,幼苗出土前保持畦面湿润,这样才利于出苗。苗期也应保持土壤湿润,以防出现黄叶,产生较多侧根。幼苗越冬前要浇透水一次,翌年春季以后可配合追肥灌水。白芷喜肥,但一般春前少施或不施,以防苗期长势过旺,提前抽薹开花。封垄前追肥可配施磷、钾肥,如每亩施过磷酸钙20~25千克,促使根部粗壮。封垄时每亩追施钙、镁、磷肥各25千克,氯化钾5千克,施后随即培土,可防止倒伏,促进生长。追肥次数和数量可依据植株的长势而定,如即将封垄时叶片颜色浅绿、植株生长不旺,可再追肥一次;若此时叶色浓绿、生长旺盛,则不再追肥。

12. 白芷繁殖需要注意的两个关键问题是什么?

(1) 白芷用种子繁殖。成熟种子当年秋季发芽率为80%~86%,隔年种子发芽率很低，甚至不发芽。白芷种子在恒温下发芽率极低，在变温下发芽较好，以 10～30℃变温为佳。光有促进种子发芽的作用。种子寿命为一年。

（2）白芷不宜采用育苗移栽。移栽的白芷侧根多，而主根生长不良，品质较差。

13. 白芷主要病虫害及其防治措施有哪些？

白芷的病害主要有斑枯病、黑斑病、根结线虫病；虫害主要有黄凤蝶、蚜虫、红蜘蛛。

（1）斑枯病。①危害症状。危害叶片，病斑初为暗绿色，较小，后扩大融合成多角形大斑，呈灰白色，后期在病叶上的病斑密生小黑点，此为病原菌的分生孢子器，最后叶片枯死。多于 5 月初开始发病直至收获，危害期较长，是白芷的重要病害。②防治措施。选无病植株留种，择无病地块培育良种；收获后清理病残枯枝，集中烧毁深埋，减少越冬病原菌；发病初期，可摘除病叶，用 1∶1∶100 波尔多液或用 65% 代森锌可湿性粉剂 400～500 倍液喷雾 1～2 次。

（2）黑斑病。①危害症状。6—7 月叶片上出现黑色病斑，湿度大时叶面生有淡黑色的霉状物。最后叶片枯死。②防治措施。摘除病叶，烧毁深埋；发病初期喷 1∶1∶120 波尔多液 1～2 次。

（3）根结线虫病。①危害症状。病原感染植物的根部，形成大小不等的根结，根结上有许多小根分枝呈球状，根系变密，呈丛簇缠结在一起，在生长季危害根部十分严重，整个生长期间均可能发生。②防治措施。与禾本科作物轮作是防治根结线虫病的主要措施之一；施用液体生物肥料加植物源农药也可防治根结线虫病。

（4）黄凤蝶。①危害症状。幼虫咬食叶片成缺刻，仅留叶柄。卵淡黄色，初孵幼虫为黑色，3 龄以后为绿色，一年发生 2～3 代。白天、夜间均取食叶片，6—8 月幼虫危害严重，以蛹附在枝条上越冬。②防治措施。人工捕杀幼虫和蛹；用 90% 晶体敌百虫 800 倍液喷雾，每隔 5～7 天喷 1 次，连续 3 次；用每克含 100 亿孢子的青虫菌粉剂 500 倍液喷雾或用每克含 100 亿孢子的苏云金杆菌粉剂 200～300 倍液喷雾。

（5）蚜虫。①危害症状。以成虫、若虫危害嫩叶及顶部，5—7 月严重危害白芷的嫩梢，使其嫩叶卷曲皱缩，甚至枯黄死亡。②防治措施。保持白芷田的土壤湿润，干旱地区适时灌水，可抑制蚜虫繁殖；在蚜虫发生期可选用 6% 吡虫啉乳油 3 000～4 000 倍液或 50% 杀螟硫磷乳剂 1 000 倍液，每 5～7 天用 1 次，连续 2～3 次；清园，铲除白芷地周围的杂草，减少蚜虫迁入机会；黄板诱蚜，利用有翅蚜对金盏黄色有较强趋性的特点，选用20厘米×30厘米的薄板，涂金盏黄，外包透明塑料薄膜，涂凡士林粘捕蚜虫，将板插在田间距地面1米处，即可捕蚜。

（6）红蜘蛛。①危害症状。以成虫、若虫危害叶部。6月开始危害，7—8月高温干旱危害严重。植株下部叶片先受害，逐渐向上蔓延，被害叶片出现黄白小斑点，扩展后全叶黄化失绿，最后叶片干枯死亡。②防治措施。冬季清园，拾净枯枝落叶烧毁深埋。4月开始用10％苯丁·哒螨灵乳油1 000倍液喷雾，或者混合5.7％甲氨基阿维菌素苯甲酸盐乳油3 000倍液，混合后效果更好。每周1次，连续数次。

14. 白芷留种方法有哪些?

白芷留种方法有原地留种和选苗留种两种。原地留种即白芷收获时，留部分植株不挖，翌年5—6月抽薹，开花结籽后收种子，此法所得种子质量较差。选地留种即采挖白芷时，选主根直、中等大小的无病虫害的根作种根，按株行距40厘米×80厘米开穴另行种植，每穴栽种1株，覆土约5厘米，出苗后加强除草、施肥、培土等田间管理。第二年5月抽薹后及时培土，以防倒伏。7月后种子陆续成熟时分期分批采收。

15. 白芷如何进行采收、加工?

（1）采收时间。白芷因产地和播种时间不同，收获期各异。春播白芷当年10月即一般大暑至立秋采收，以叶发黄枯萎时为最佳收获期；秋播白芷第二年9月下旬叶片呈枯萎状态时采收。采收过早，植株尚在生长，地上部营养仍在不断向地下根部蓄积，糖分也在不断转化为淀粉，根条粉质不足，影响产量和品质；采收过迟，如果气候适宜，又会萌发新芽，消耗根部营养，同时淀粉也会向糖分转化，使根部粉性变差，也会影响产量和品质。选择晴天进行收获。

（2）采收方法。先割去地上部分，然后用齿耙依次将根挖起，抖净泥土，运到晒场进行加工。

（3）加工方法。剪去残茎基，分离侧根另行干燥，将主根分为大、中、小三个等级分别暴晒，昼晒夜堆，反复多次，直至全干。白芷中淀粉含量较高，不易干燥，晒时切忌雨淋，无论晒干或烘干，干燥过程均要连续进行，不可中断，否则尽管最后完全干燥，但其根心部会变黑从而质量下降。每3～4千克鲜根可加工出1千克干药材。白芷成品以根条肥大、均匀、质硬、体重、粉性足、香气浓者为佳。

16. 白芷烘干的最佳温度是多少?

白芷烘干的最佳温度为 35℃。通过比较不同干燥方法白芷中欧前胡素、异欧前胡素含量以及白芷断面性状的变化,发现白芷 35℃烘干所需时间短,外观性状较好,欧前胡素和异欧前胡素含量显著高于户外风干,且高于硫黄熏干。

17. 白芷对储藏环境有何要求?

白芷应储藏于阴凉干燥处,温度不超过 30℃,空气相对湿度 70%～75%,商品安全水分 12%～14%。储藏期间应定期检查,发现虫蛀、霉变可用微火烘烤,并筛除虫体碎屑,放凉后密封保藏;或用塑料薄膜封垛,充氮降氧养护。

18. 白芷有何质量标准?

药典规定,白芷中含水分不得过 14.0%,总灰分不得过 6.0%,另外,要求含醇溶性浸出物不得少于 15.0%,指标性成分欧前胡素不得少于 0.080%,铅不得过 5 毫克/千克,镉不得过 1 毫克/千克,砷不得过 2 毫克/千克,汞不得过 0.2 毫克/千克,铜不得过 20 毫克/千克。白芷以独支、条粗壮、质硬、体重、粉性足、香气浓者为佳。白芷商品常分成三等。①一等。干货,呈圆锥形,白芷根表皮呈淡棕色或黄棕色,断面白色或灰白色,粉性,有香气,味辛微苦。每千克 36 支以内,无空心、黑心、芦头、油条、杂质、虫蛀、霉变。②二等。每千克 60 支以内,余同一等。③三等。每千克 60 支以上。顶端直径不得小于 0.7 厘米,间有白芷尾、异状、油条、黑心,但总数不得超过 20%。

(三) 半夏

1. 半夏的来源及性味功效是什么?

半夏为天南星科植物半夏的干燥块茎,为常用中药。半夏性温,味辛;有毒。归脾、胃、肺经。具有燥湿化痰、降逆止呕、消痞散结的功效。用于湿痰寒痰、咳喘痰多、痰饮眩悸、风痰眩晕、痰厥头痛、呕吐反胃、胸脘痞闷、梅核气;外治痈肿痰核等症。

2. 半夏的主要成分是什么?

半夏块茎主要含有淀粉、生物碱、挥发油、多糖、氨基酸、琥珀酸、甾醇类等。研究表明半夏总有机酸是其镇咳祛痰的活性成分之一;其所含的生物碱、水溶性有机酸类成分以及半夏蛋白、多糖都具有止呕的活性，且半夏生物碱对化疗性呕吐有一定的防治作用。

3. 半夏的主产地有哪些？

半夏为广布种，我国除内蒙古、新疆、青海、西藏未见野生外，其余各省份均有分布。主产于四川、湖北、河南、贵州、安徽等省份，其次是江苏、山东、江西、浙江、湖南、云南等省份。日本、朝鲜等国家也有分布。现以甘肃西和、清水所产半夏最多，质量最佳。

半夏植株形态

4. 半夏的植株有何形态特征？

半夏是多年生草本植物，株高 15～40 厘米。①地下块茎球形或扁球形，直径 0.5～4.0 厘米。芽的基部着生多数须根，底部与下半部淡黄色、光滑，部分连年作种的大块茎周边常联生数个小块状侧芽。②顶基生叶 1～4 枚，叶出自块茎顶端，叶柄长 5～25 厘米，叶柄下部有一白色或棕色珠芽。偶见叶片基部亦具一白色或棕色小珠芽，直径 2～4 毫米。实生苗和珠芽繁殖的幼苗叶片为全缘单叶，卵状心形；成年植株叶 3 全裂，裂片卵状椭圆形、披针形至条形，基部楔形，先端稍尖，全缘或稍具浅波状，圆齿，两面光滑无毛，叶脉为羽状网脉。③肉穗花序顶生，花序梗常较叶柄长；佛焰苞绿色，边缘多呈紫绿色，内侧上部常有紫色斑条纹，佛焰苞合围处有一直径为 1 毫米的小孔，连通上下，花序末端尾状，伸出佛焰苞，绿色或绿紫色，佛焰苞下部管状不张开，上部微张开，直立，或呈 S 形弯曲。花单性，雌雄同株；花序轴下部着生雌花，无花被。④浆果卵圆形，顶端尖，绿色或绿白色，成熟时红色，内有种子 1 枚。⑤种子椭圆形，两端尖，灰绿色，不光滑，无光泽。鲜种子千粒重 10 克左右。花期 4—7 月，果期 8—9 月。

5. 半夏对生长环境有何要求？

半夏为浅根性植物，一般对土壤要求不严，除盐碱土、沙砾土、重黏土以及易积水之地不宜种植外，其他土壤均可种植，生产上宜选湿润肥沃、保水保肥力较强、质地疏松、排灌良好的沙质壤土或壤土地种植，亦可选择半阴半阳的缓坡山地。前茬选豆科作物为宜，可与玉米、油菜、小麦、果树进行间套种。同时半夏喜温和、湿润气候，怕干旱，忌高温。

6. 半夏什么类型品种好?

初步的研究结果表明，狭叶型半夏长势旺盛，叶数多，叶片大而厚，抗性强，珠芽多，块茎多且个体大，产量高。

7. 半夏的繁殖方式是什么? 是否具有休眠特性?

(1) 生产上半夏的繁殖方式以块茎和珠芽繁殖为主，亦可用种子繁殖。但种子繁殖生产周期长，一般不采用。还可以采用组织培养，这是一种将幼叶作为外植体培养得到再生植株再进行移栽的方法。①珠芽繁殖。半夏每个叶柄上至少长有一枚珠芽，数量充足，且遇土即可发芽，成熟期早，是主要的繁殖材料。夏秋间，当老叶将要枯萎时，珠芽已成熟，即可采取叶柄上成熟的珠芽进行条播。按行距 10 厘米、株距 3 厘米、条沟深 3 厘米播种。播后覆以厚 2～3 厘米的细土及草木灰，稍加压实。也可按株距 10 厘米×8 厘米挖穴点播，每穴播种 2～3 粒。亦可在原地盖土繁殖，即每倒苗一批，盖土一次，以不露珠芽为度。同时施入适量的混合肥，既可促进珠芽萌发生长，又能为母块茎增施肥料，一举两得，有利于增产。②种子繁殖。用种子繁殖的二年生以上半夏能陆续开花结果。当佛焰苞萎黄下垂时，采收种子，夏季采收的种子可随采随播，秋末采收的种子可以沙藏至翌年 3 月播种。此种方法出苗率较低，生产上一般不采用。按行距 10 厘米开 2 厘米深的浅沟，将种子撒入，覆土 1 厘米左右，浇水湿润，并盖草保温保湿，半个月左右即可出苗。苗高 6～10 厘米时，即可移植。当年第一片叶为卵状心形单叶，叶柄上一般无珠芽，第二年 3～4 个心形叶，偶见由 3 小叶组成的复叶，并可见珠芽。实生苗当年可形成直径为 0.3～0.6 厘米的块茎，可作为第二年的种茎。

(2) 半夏的块茎、珠芽、种子均无生理休眠特性。种子发芽适温为 22～24℃，寿命为 1 年; 块茎一般于 8～10℃萌动生长，13℃开始出苗，随着温度升高出苗加快，并出现珠芽。

8. 用块茎繁殖的半夏如何催芽?

于当年冬季或翌年春季取出储藏的种茎栽种，以春栽为好，秋冬栽种产量低。春栽宜早不宜迟，一般早春 5 厘米地温稳定在 6～8℃时，即可用温床或火炕进行种茎催芽。催芽温度保持在 20℃左右时，15 天左右芽便能萌动。2 月底至 3 月初，雨水至惊蛰间，当 5 厘米地温达 8～10℃时，催芽种茎的芽鞘发白时即可栽种（不催芽的也应该在这时栽种）。适时早播，可使半夏叶柄在土中横生并长出珠芽。在土中形成的珠芽个大，并能很快生根发芽，形成一株新植株，并且产量高。

9. 半夏种植时及种植后应注意什么？

种植时每亩需种茎500～600千克，在整细耙平的畦面上开横沟条播，行距12～15厘米，株距5～10厘米，沟宽10厘米，深5厘米左右，沟底要平，在每条沟内交错排列两行，芽向上摆入沟内。适当密植，可使半夏生长均匀且产量高。栽后浇水，始终保持土壤湿润。种植后，表面施一层混合肥土，每亩用混合肥土2 000千克左右，然后将沟土提上覆盖，厚5～7厘米，耧平，稍加镇压。也可结合收获，秋季栽种，一般在9月下旬至10月上旬进行，方法同春播。

10. 半夏田间管理时应何时揭地膜？

当有50％以上的半夏长出一片叶、叶片在地膜中初展开时，应及时揭开地膜，揭膜后如地面板结，应采取适当的松土措施。

11. 半夏地应如何除草？

半夏地的除草是种植获得成功的关键措施之一，半夏出苗时也是杂草生长之时，条播半夏的行间可用较窄的锄头除草，株间只能人工拔除，撒播半夏只能采用人工拔除的方法。除草在一年的半夏生长期中应当不止一次。要求是尽早除草，不能够让杂草影响半夏生长，应当根据杂草的生长情况确定具体除草次数和时间。除草后应立即施肥，除草可结合培土同时进行。

12. 半夏施肥时需注意哪些问题？

半夏是喜肥的植物，生长期间应注意适当地多施肥料，出苗早期应当多施氮肥，中后期则应当多施钾肥和磷肥。半夏对钾的需求量较大，多施钾肥对其生长尤其重要。半夏出苗后，可先每亩撒施尿素3～4千克催苗；此后应在每次倒苗后施用腐熟粪水肥，每亩施200千克，肥施在植株周围，随后培土。半夏生长的中后期，可视生长情况每亩叶面喷施0.2％磷酸二氢钾溶液50千克，施肥应以农家肥为主。

13. 半夏培土的目的是什么？

培土是一项重要的高产技术措施，其目的是盖住珠芽和杂草的幼苗，有利于半夏高产，培土还有保墒作用。要通过培土把生长在地面上的珠芽尽量埋起来。因半夏的叶片是陆续不断地长出的，珠芽的形成也是不断地进行，故培土也应当根据情况而进行。培土应结合除草进行。

14. 半夏的水分管理应注意哪些问题？

根据半夏的生物学特性，半夏的水分管理要注意好干旱时的浇水和多雨时的排水。干旱时最好浇湿土地而不能漫灌，以免造成腐烂病的发生，多雨时应当切实注意及时清理畦沟，排水防渍，避免半夏块茎因多水而发生腐烂。

15. 半夏主要病虫害及其防治措施有哪些？

半夏的病害主要有根腐病、紫斑病、疫病、病毒性缩叶病；虫害主要有蚜虫和红天蛾。

（1）根腐病。①危害症状。多发生在高温多湿季节和越夏种茎储藏期间。危害地下块茎，造成腐烂，随即地上部分枯黄倒苗死亡。②防治措施。选用无病种栽，种前用5％的草木灰溶液或50％多菌灵可湿性粉剂1 000倍液浸种；雨季及大雨后及时排水；发病初期，拔除病株后在穴处用5％石灰乳淋穴，防止蔓延。

（2）紫斑病。①危害症状。初发病时受病叶片上出现紫褐色斑点，后期病斑上生有许多小黑点，发病严重时，病斑布满全叶，使叶片卷曲焦枯而死。②防治措施。发病初期喷1∶1∶120波尔多液，或65％代森锌可湿性粉剂500倍液，或50％多菌灵可湿性粉剂800～1 000倍液，或70％甲基硫菌灵可湿性粉剂1 000倍液，每7～10天1次，连续2～3次。

（3）疫病。①危害症状。主要危害叶片和球茎。发病初期植株叶片出现暗绿色水渍状不规则形病斑。随着病情加重，病斑逐渐扩大成同心轮纹或小斑点，似开水烫过，扩展后病部变为黑褐色，叶片发黄软化下垂，后期茎秆腐烂，致使植株倒折或枯死。湿度大时茎秆和叶片病部产生的白霉状物变成小黑点，即病原菌的菌丝体或子实体，散发出腥臭味，严重时成片死亡。②防治措施。用58％甲霜·锰锌可湿性粉剂500倍液或70％甲基硫菌灵可湿性粉剂1 000倍液在6月中下旬喷防一次，进入7月每7～8天喷一次，连续2～3次，防治率可达95％左右。

（4）病毒性缩叶病。①危害症状。发病时，叶片上产生不规则黄色病斑，使叶片呈现花叶症状，叶片变形、皱缩、卷曲，直至枯死；植株生长不良，地下块根畸形瘦小，质地变劣。②防治措施。发病时，选无病植株留种，避免从发病地区引种及发病地留种，控制人为传播，并进行轮作。

（5）蚜虫。①危害症状。以成虫和若虫吮吸嫩叶嫩芽的汁液，使叶片变黄，植株生长受阻。②防治措施。用70%唑蚜威可湿性粉剂1 000～1 500倍液喷杀。

（6）红天蛾。①危害症状。夏季发生，以幼虫咬食叶片，食量很大，发生严重时，可将叶片食光。②防治措施。用90%晶体敌百虫800～1 000倍液，每5～7天喷1次，连续喷2～3次。

16. 半夏种茎如何采收和加工？

（1）采收时间。一般于夏、秋季茎叶干枯倒苗后采挖，南方各省可在7—8月进行。

（2）采收方法。采收时，从地块的一端开始，用爪钩顺垄挖12～20厘米深的沟，逐一将半夏块茎挖出，抖落泥土，清除药材表面的粗皮及须根即可。起挖时选晴天，小心挖取，避免损伤。

（3）加工方法。将鲜半夏的泥土洗净，按大、中、小分级，分别装入麻袋内，先在地上轻轻敲打几下，然后倒入清水缸中，反复揉搓，或将茎块放入箩筐里，在流水中用木棒撞击或用去皮机去皮。洗净后再取出晾晒，并不断翻动，晚上收回，平摊于室内（不能堆放，不能遇露水）。次日再取出，晒至全干或半干，亦可拌入生石灰，促使水分外渗，再晒干或烘干。注意晒时应在清晨太阳出来前摊放在晒场上。若等晒场晒熟后再摊放，半夏易被烫熟，质地坚硬变黄。更不可暴晒，否则不易去皮。如遇阴雨天，可在炭火或炉火上烘干，但温度不宜过高，一般应控制在35～36℃。在烘干时要用微火烘，并经常翻动，力求干燥均匀，以免出现"僵子"，造成损失。注意半夏有毒，用手摸半夏后可擦姜汁解毒。若要作为优质商品出售或出口，还需进一步加工，即将生半夏按等级过筛，剔除较小的个体，再"回水"，把半夏倒入水缸里浸泡10～15分钟，用工具反复轻轻揉搓，然后捞出晒干，拣去带有霉点、个体不全、颜色发暗等不符合标准的个体即可。

（4）注意事项。在每年秋季半夏倒苗后，收获半夏块茎的同时，选横径粗0.5～1.5厘米、生长健壮、无病虫害的当年生中、小块茎作种，大块茎不宜作种。收获后鲜半夏要及时去皮，堆放过久则不易去皮。先将鲜半夏洗净，按大、中、小分级，分别装入麻袋内撞击去皮。

17. 半夏应如何储藏？

半夏为有毒药材，又易吸潮变色。干燥后的半夏如不马上出售，则应包装后置于室内干燥的地方储藏，忌与乌头混放，同时应有专人保管，防止非工作人员接触，并定期检查。

18. 如何辨别市场上半夏伪品?

加工好的半夏药材以个大、皮净、色白、质坚、粉足为佳。近年来在市场上出现了大量的半夏中掺天南星的问题。半夏与天南星极为相似，但半夏根多而细小，芽痕不明显，天南星根少而粗，芽痕干燥后向内缩，因此可通过根的多少及芽痕是否明显进行鉴别。

19. 半夏有何质量标准?

药典规定，半夏中含水分不得过 13.0%，总灰分不得过 4.0%，水溶性浸出物不得少于 7.5%。

（四）北沙参

1. 北沙参的来源及性味功效是什么?

北沙参为伞形科植物珊瑚菜的干燥根。北沙参性微寒，味甘、微苦。归肺、胃经。具有养阴清肺、益胃生津的功效。用于肺热燥咳、劳嗽痰血、胃阴不足、热病津伤、咽干口渴等症。

2. 珊瑚菜不同生育时期各有什么注意事项?

栽培的珊瑚菜生长年限为两年，可分为幼苗期、根茎生长期、越冬休眠期、返青期、开花结果期、种子成熟期六个生育时期。

（1）幼苗期。从珊瑚菜种子萌发、出苗至生长 5 片叶为幼苗期，经历 30 天左右。北沙参种子萌发需要适宜的温度，以 18～22℃ 为宜，土壤含水量 20% 左右。

（2）根茎生长期。这一生育时期需要经历 90～100 天，此期持续时间较长，要求较适宜的生长环境、充足的养分和水分，以促使根系生长，此为田间管理主攻目标。

（3）越冬休眠期。越冬前保持土壤有充足的水分，做好田间管护工作，为来年春季返青

珊瑚菜植株形态

积累充足的营养物质。

（4）返青期。珊瑚菜翌春进入返青期后，植株进入莲座抽茎阶段，此期需要充足的养分和水分，对形成健壮植株和提高种子产量尤为关键。

（5）开花结果期。5月底至7月初植株生长旺盛，进入开花结果期，需要持续40～60天，此期是植株营养生长和生殖生长并进期，外界环境的光照、温度、水分充足，利于植株生长和发育。田间管理时注意土壤疏松，通风透光，排涝除湿。

（6）种子成熟期。7—8月进入种子成熟期，此期需要充足的太阳光照和营养条件；遇雨水偏多年份，易引起种穗霉烂；若干旱则授粉不良，秕粒增多，珊瑚菜种子具有胚后熟及低温休眠特性。另外，珊瑚菜种子寿命较短，隔年珊瑚菜种子发芽率显著降低，第三年后几乎全部丧失发芽能力。

3. 珊瑚菜对田间管理有何要求？

珊瑚菜喜向阳、温暖、湿润的环境。耐寒、耐旱、耐盐碱，怕高温，忌连作。

（1）选地。土层深厚，疏松肥沃，富含有机质的沙质壤土为好，低洼地不宜种植，红土、浅栗钙土不适宜。应选地势高，排水好的田块，精耕细作。

（2）施肥。每亩施土杂肥5 000千克，尿素20千克，磷钾肥50千克，然后作畦，等待播种。

4. 珊瑚菜的选种原则是什么？

一是选择具有优良特征的品种种植；二是选择种子成熟度高（籽粒饱满），发芽能力强，无病菌的优良种子；三是对选好种子做好发芽试验。

5. 珊瑚菜播种前及播种时应注意什么？

珊瑚菜是深根系植物，播种前要深翻地，耙平，下种前将种子放到25℃的温水中浸泡4小时捞出稍晾，混拌2/3湿沙，放入冰箱内冷冻，春天解冻后下种，秋播宜在上冻前播种。春播种子不宜沙藏处理，否则当年不能出苗。

珊瑚菜播种期，一般在立冬后至小雪前，土地尚未结冻的时候播种，但也有春节播种的，因冬播比春播出苗齐、生长旺、抗旱力强，但是冬季播种不宜过早，以避免出苗早易受冻害。春播应在惊蛰前后，最好不过清明。沙质壤土每亩播种量5千克，纯沙地每亩6.0～7.5千克，有灌溉条件的肥沃土壤每亩可播种3～4千克。播种后纯沙地用黄泥或小砾石镇压，避免风吹沙土移动造成损失，涝洼地封冻时应压沙。

6. 珊瑚菜齐苗后，应注意哪些方面？

规模种植应于苗前采用药剂进行除草处理，3 片真叶时间苗，株距 3 厘米；阴雨天气注意排水，干旱天气及时浇水。立秋前后，进入地下根茎快速膨大期，应追肥一次：每亩追施尿素 10 千克，磷酸二氢钾 10 千克；珊瑚菜现蕾后，除苗种植外，及时剪除花蕾，以防养分消耗，促进根部生长，确保产量与质量。

7. 珊瑚菜主要病虫害及其防治措施有哪些？

珊瑚菜的病害主要有根结线虫病、病毒病、锈病；虫害主要有大灰象甲、钻心虫。

（1）根结线虫病。①危害症状。在 5 月幼苗刚出土就开始发生，线虫侵入根部，吸取汁液形成根瘤，表面灰白色，后变黑，主根畸形，叶枯黄，严重影响植株生长，甚至造成大片死亡。②防治措施。不连作，与禾本科作物轮作；不以花生等豆类作物为前茬；可以在整地时每亩施生石灰 50 千克，杀死幼虫和卵。

（2）病毒病。①危害症状。5 月上中旬发生，一般种子田发生较重，是产区主要病害，此病由蚜虫传播。发病植株叶片皱缩扭曲，生长迟缓，矮小畸形。②防治措施。选无病植株留种；彻底消灭蚜虫、红蜘蛛等病毒传播者；及时拔除病株，集中处理。

（3）锈病。又名黄疸。①危害症状。7 月中下旬开始发生。垄叶上产生红褐色病斑，后期表面破裂，飞散出大量的棕褐色呈粉状的夏孢子，严重时叶片或植株早期枯死，造成减产。一般发生在立秋前后，阴雨多雾，土壤潮湿，易结露的条件下。②防治措施。收获后清理园地，特别是种子田要彻底清理干净，集中烧毁病残体；增施有机肥、磷钾肥，以增强植株抗病能力；及时拔除病株；发病初期可喷 25% 三唑酮可湿性粉剂 1 000 倍液，每 10 天 1 次，连喷数次。

（4）大灰象甲。俗称象鼻虫。①危害症状。成虫咬食幼芽和幼苗叶片。3 月底成虫陆续出土，先危害麦苗，4 月初，成虫大量迁移到珊瑚菜地内危害，4 月中旬是危害盛期，造成严重缺苗断垄。②防治措施。早春在珊瑚菜地四周边沿种白芥，当珊瑚菜尚未出土时，白芥已出苗，可引诱象鼻虫吃白芥幼苗，此时可人工捕杀或用农药防治，以减少对珊瑚菜的危害；清晨或傍晚进行人工捕杀，成虫常躲在被害苗根际土缝内，翻开土块即可捕杀；每亩用 10 千克鲜萝卜条或其他鲜菜，加 90% 晶体敌百虫 100 克，加少量水拌匀成毒饵，选晴天傍晚时撒于地内诱杀。

（5）钻心虫。①危害症状。是珊瑚菜主要害虫之一。幼虫钻入珊瑚菜叶、茎、根、花蕾中危害，使根、茎中空，花不能结实，严重影响产量和质量。②防治措施：于7—8月第三、四代成虫发生盛期，选无风天气的晚上用灯光诱杀成虫；收获时，及时清理田园，将残株集中烧毁或深埋，以减少虫源；在卵期及幼虫未钻入参株前，喷90%晶体敌百虫800倍液，或2.5%溴氰菊酯乳油1500倍液毒杀；如果幼虫已钻入根、茎部，可用90%晶体敌百虫500倍液浇灌根部，杀死幼虫。

8. 北沙参如何进行采收、加工？

（1）采收时间。北沙参分春参与秋参两种（系指种植地肥瘠与收获参的季节不同，而分春参与秋参）。春参在初伏与中伏之间收获；秋参在白露与秋分之间收获；一年生参根，在第二年白露至秋分之间，参叶微黄时收获；二年参，在第三年入伏前后收获；过早或过迟都会降低参根的质量。现在产区药农以种植一年生北沙参为主。

（2）采收方法。北沙参的根部入土较深，为了不掘断参根，采收时先靠畦边掘1条沟，使参根似露不露的样子，再用手扒一下参的根颈处，然后用手拔起，除去茎叶，将参根用席片、参叶、麻袋或湿土盖好，保持湿润，以利剥皮。不可放在阳光下，以免干后难以去皮。

（3）加工方法。加工应选晴天进行，将参根按粗细分开，洗净泥土，每2.0～2.5千克扎一小捆。用大锅烧开水，拿着粗捆的参头，将参尾梢放在开水中，顺锅转2～3圈，共6～8秒钟，再把全捆散开放入锅内，不断翻动，并连续加火，使锅内水保持沸腾，经2～3分钟，先取出几条检查一下，如中部能捋下皮，立即捞出，摊于席上晾凉，待冷后立即捋皮。捋皮时不可折断参条。捋皮后伸直参条，摆于席箔上暴晒。如当天晒不干，夜晚将席箔搬于室内，第二天继续晒。干后放屋内堆放3～5天，使其回潮。然后按等级标准扎成小把，垛起来，稍压几天，再选一晴天搬到室外稍晾。如遇连续阴雨天，以火炕烘干，以免变色霉烂，干后即可药用。用上面这种方法制出来的北沙参称"毛参"，供国内应用。在毛参的基础上，再用小刀刮去其上面的疙瘩，捆成小把，称"净参"，多供出口用。

（五）百合

1. 百合的来源及性味功效是什么？

百合为百合科植物卷丹、百合或细叶百合的干燥肉质鳞叶。

百合性寒，味甘，归心、肺经，具有养阴润肺、清心安神的功效，用于阴虚燥咳、劳嗽咳血、虚烦惊悸、失眠多梦、精神恍惚等症。

2. 白合的三种基原植物各有何形态特征?

(1) 卷丹。①多年生草本，高 1～1.5 米。鳞茎卵圆状扁球形，高 4～7 厘米，直径 5～8 厘米。②茎直立，淡紫色，被白色绵毛。③叶互生，无柄；叶片披针形或长圆状披针形，长 5～20 厘米，宽 0.5～2 厘米，向上渐小成苞片状，上部叶腋内常有紫黑色珠芽。④花 3～6 朵或更多，生于近顶端处，下垂，橘红色，花蕾时被白色绵毛；花被片披针形向外反卷，内面密被紫黑色斑点；雄蕊 6，短于花被，花药紫色；子房长约 1.5 厘米，柱头 3 裂，紫色。⑤蒴果长圆形至倒卵形，长 3～4 厘米。种子多数。花期 6—7 月。果期 8—10 月。

卷丹植株形态

(2) 百合。①多年生草本，高 60～100 厘米。鳞茎球状，白色，肉质，先端常开放如荷花状，长 3.5～5 厘米，直径 3～4 厘米，下面着生多数须根。②茎直立，圆柱形，常有褐紫色斑点。③叶 4～5 列互生；无柄；叶片线状披针形至长椭圆状披针形，长 4.5～10 厘米，宽 8～20 毫米，先端渐尖，基部渐狭，全缘或微波状，叶脉 5 条，平行。④花大，单生于茎顶，少有 1 朵以上者；花梗长达 3～10 厘米；花被 6 片，乳白色或带淡棕色，倒卵形；雄蕊 6，花药线形，"丁"字形着生；雌蕊 1，子房圆柱形，3 室，每室有多数胚珠，柱头膨大，盾状。⑤蒴果长卵圆形，室间开裂，绿色；种子多数。花期 6—8 月。果期 9 月。

(3) 细叶百合。①多年生草本，高 20～60 厘米。鳞茎广椭圆形，长 2.5～4 厘米，直径 1.5～3 厘米。②茎细，圆柱形，绿色。叶 3～5 列互生，至茎顶渐少而小；无柄。③叶片窄线形，长 3～14 厘米，宽 1～3 毫米，先端锐尖，基部渐狭。④花单生于茎顶，或在茎顶叶腋间各生一花，成总状花序状，俯垂；花梗粗壮，长 6 厘米左右；花被 6 片，红色，向外反卷；雄蕊 6，短于花被；雌蕊 1，子房细长，先端平截，花柱细长，先端扩展，柱头浅裂。⑤蒴果椭圆形，长 2～3 厘米。花期 6—8 月。果期 8—9 月。

3. 百合对生长环境有何要求？

（1）温度。百合生长、开花温度为 16～24℃时生长最快，气温高于 28℃生长受抑制。

（2）光照。百合为长日照植物，延长日照能提前开花，日照不足或缩短，则延迟开花。

（3）水分。喜干燥，怕涝。

（4）土壤。喜肥沃深厚的沙质土壤，土壤 pH 5.7～6.3 为宜。

4. 百合的栽培如何选种？

药用品种要求适应能力较强、球茎较大、产量高、品质优，故采收时选根系发达、个大、鳞片抱合紧密、色白形正、无损伤、无病虫的子鳞茎作种。

5. 百合如何进行田间管理？

（1）选地。种植药用百合宜选择在土质疏松、肥沃、排灌方便地块进行种植。

（2）整地施肥。选好地块后进行全面深翻改土，前茬以豆类、瓜类或蔬菜地为好，每亩施有机肥 3 000～4 000 千克作基肥（或复合肥 100 千克）。亩施 50～60 千克生石灰（或 50％二嗪磷乳油 0.6 千克）进行土壤消毒。整地精细，作高畦，宽幅栽培，畦面中间略隆起利于雨后排水。

6. 百合的繁殖方法有哪些？

百合的繁殖方法有珠芽繁殖、小鳞茎繁殖、鳞片扦插繁殖和种子繁殖等。

（1）珠芽繁殖。卷丹等叶腋间长出的珠芽可以用作繁殖材料。当夏季百合花谢后，珠芽开始脱落前，应及时采收。采后与干细沙混合，并储藏于阴凉通风处。于 9 月中下旬，在整好的苗床上，按行距 15 厘米，开 5 厘米深的浅沟，将珠芽均匀地埋入沟内，播后覆盖细土，以不见珠芽为度。细土上再覆盖稻草，保持土壤湿度，过 15 天左右，幼苗便可出土。苗期应加强水肥管理，翌年秋季便可获得一年生小鳞茎（子球）。然后按照小鳞茎繁殖方法，再培育 1 年，便可以提供商品百合。

（2）小鳞茎繁殖。百合老鳞茎（母球）在生长过程中，于茎轴上逐渐形成多个新的小鳞茎（子球），可把这些小鳞茎分离下来，于秋后挖起储藏在室内的沙中越冬，用作种栽。继续繁殖。翌年春季，在整平耙细的高畦上，按行株距

15厘米×3厘米开沟条播，培养到第三年9—10月，即可长成大鳞茎而培育成大植株。为了预防病虫害，在栽种前用2%福尔马林溶液浸泡小鳞茎15分钟进行消毒，取出稍晾干后再进行栽种。这是栽培百合时最常用的方法。

（3）鳞片扦插繁殖。选择无病虫害健壮的老鳞茎，用刀切去基部，剥下鳞片，阴干数日后于5—6月生长季节，将鳞片插入预先准备好的苗床内。扦插土宜用粗沙或黑土粒，其质地松软，保水、排水和通气性能良好，有利于发根。插前苗床用50%二嗪磷乳剂0.67千克/公顷拌土撒施消毒。然后将鳞片按行株距10厘米×3厘米插入土中，顶端稍微露出即可。一般春季扦插的，经3～4个月大部分即可生根发叶，并在鳞片基部长出小鳞茎，即可进行移栽。再连续培育2～3年，挖取大鳞茎供药用，小的留作种栽。

（4）种子繁殖。9—10月采集即将成熟的蒴果，置通风干燥的室内晾干，后熟。然后用沙藏法处理种子，第二年春季筛出种子春播，行距10～15厘米，沟深3厘米，将种子播入沟内，盖一层土，畦面盖一层稻草，保温。幼苗出土后加强管理，培育3年可收获。秋季采收种子，储藏到翌年春天播种，播后20～30天发芽，幼苗期要适当遮阳。

7. 如何合理地对百合进行施肥、灌溉？

冬季休眠期施足基肥，生长期进行3～4次追肥。第一次是稳施腊肥，1月立春前，百合苗未出土时，结合中耕亩施腐熟粪水肥1 000千克左右，促发根壮根。第二次是重施壮苗肥，在4月上旬，当百合苗高10～20厘米时，每亩施腐熟粪水肥500千克，发酵腐熟饼肥150～250千克，进口复合肥10～15千克，促壮苗。第三次是适施壮片肥，小满后于6月上中旬，开花、打顶后每亩施尿素15千克，钾肥10千克，促鳞片肥大。同时在叶面喷施0.2%的磷酸二氢钾。注意此次追肥要在采挖前40～50天完成。秋季套种的冬菜收获后，结合松土施一次粪肥；待春季出苗后，再看苗追施粪肥1～2次，促早发壮苗，一般每次亩施稀薄腐熟粪水肥30～40挑，磷肥10～15千克。定植后即灌一次透水，以后保持湿润即可，在花芽分化期、现蕾期和花后低温处理阶段不可缺水。

8. 摘花如何影响百合的鲜茎产量？

百合现蕾后，在花蕾转色未开时，需要及时摘花和去珠芽，主要是控制百合生殖生长，促进鳞茎迅速膨大，有利于增加百合产量，一般可在花长至6厘米左右时进行摘花，如果不及时摘花，会不利于地下鳞茎的生长，严重时甚至不长鳞茎。这时切忌盲目追肥，以免茎节徒长，影响鳞茎发育肥大。

9. 百合主要病虫害及其防治措施有哪些?

百合无公害栽培病虫害防治的原则是"预防为主，综合防治"。

（1）主要病害有腐烂病、叶斑病。生产过程中发现病株立即拔除集中烧毁。在叶斑病防治上，选择无病鳞茎作种，保持田间通风透光；实行轮作，雨后及时排水，降低地面湿度；播前对土壤、鳞茎进行消毒；发病前后喷洒50％多菌灵可湿性粉剂800倍液，或50％甲基硫菌灵可湿性粉剂500倍液，或77％氢氧化铜可湿性粉剂500倍液，每5～7天喷1次。

（2）主要虫害有洋葱地种蝇幼虫、马陆幼虫及蚜虫。①危害症状。虫害一般在初夏发生严重，蚕食幼芽、茎、叶造成芽叶萎缩，生长受阻。②防治措施。要经常清除田边地角的杂草，发生初期用1.8％阿维菌素乳油1 000倍，隔7～10天1次，连续用药2～3次。在洋葱地种蝇（又称为根蛆）防治上，施用的肥料要充分腐熟，可用90％敌百虫800倍液浇灌。蚜虫危害嫩茎、叶，可用10％吡虫啉可湿性粉剂1 500倍液，或2.5％联苯菊酯乳油3 000倍液，或20％甲氰菊酯乳油2 000倍液喷雾防治。

10. 百合如何进行采收及加工储藏?

到翌年秋季植株地上部完全干枯后即可采收，采收时需要在雨后晴天、土壤稍润时进行，首先要拔去苗，再用锄头挖取百合，百合采收后，需要去除泥土洗干净，然后剥下鳞片，按外、内、中心3层分别进行堆放，以方便后期加工。

将鳞片用开水烫或用蒸汽蒸适当时间。时间短，鳞片干后容易卷曲，且多呈黑色。时间过久，鳞片过熟变成糊状而易破碎。烫、蒸后立即用清水漂洗，使之迅速冷却并洗去黏液。漂洗后摊开暴晒至七八成干。

百合一般用麻袋包装，每件50千克左右。储藏于通风、干燥处，温度30℃以下，空气相对湿度70％～75％。商品安全水分9％～13％。百合富含淀粉，易虫蛀，受潮生霉、变色。吸潮品表面颜色变为深黄棕色，质韧返软，手感滑润，敲之发声沉闷，有的呈现霉斑。危害的仓虫有赤拟谷盗、咖啡豆象、印度谷螟、小蕈甲、脊胸露尾甲、毛衣鱼、四点谷蛾等。

储藏期间，若发现包内温度过高，或轻度霉变、虫蛀，应及时拆包摊晾、翻垛通风；虫情严重时，常采用以下方法解决。①温度储藏。低温法：药材害虫一般在环境温度8～15℃时活动，在－4～8℃时进入冬眠，使药材的储藏温度低于－4℃，可以使害虫死亡。此法不仅能防虫，还能防变色、走油。高温法：药材害虫对高温的抵抗力较差，当环境温度在 40～45℃时，害虫就停止发育、繁殖。温度升到 48～52℃时，害虫将在短时间内死亡。暴晒和烘烤升温杀虫，是非常有效的方法。②化学药剂防虫。用于药材杀虫的药剂必须挥发性强，有强烈的渗透性，能渗入包装内，效力高，作用迅速，可在短时间内杀灭一切害虫和虫卵，杀虫后能自动挥散而不永远附着在药材上，并且对人的毒性小，对药材的质量没有影响。③气调储藏。通过调节库内的气体成分，补充氮或二氧化碳而降低氧的含量，使害虫缺氧窒息而死，从而达到杀虫灭菌的效果。本法的优点在于可保持药材原有的品质，既杀虫又防霉防虫，无化学杀虫剂的残留，不影响人体健康，成本低。

11. 百合有何质量标准?

药典规定，百合中含水分不得过 13.0%，总灰分不得过 5.0%，水溶性浸出物不得少于 18.0%，含百合多糖以无水葡萄糖（$C_6H_{12}O_6$）计，不得少于 21.0%。

（六）柴胡

1. 柴胡的来源及性味功效是什么?

柴胡为伞形科植物柴胡或狭叶柴胡的干燥根，少数地方也有以柴胡秆入药。柴胡和狭叶柴胡分别习称北柴胡和南柴胡。柴胡性微寒，味辛、苦。归肝、胆、肺经。具有疏散退热、疏肝解郁、升举阳气的功效。用于感冒发热、寒热往来、胸胁胀痛、月经不调、子宫脱垂、脱肛等症。

2. 北柴胡和南柴胡有哪些区别?

（1）北柴胡。本品根呈圆锥形，常有分枝，长 6～15 厘米，直径 0.3～0.8 厘米。表面浅棕色或黑褐色，具纵皱纹、支根痕及皮孔。顶端多带有残留的茎基或短纤维状的叶基。质硬而韧，不易折断，断面显片状纤维性，皮部浅棕色，木部黄白色。气微香，味微苦。

（2）南柴胡。狭叶柴胡，习称"红柴胡"。根较细，多不分枝或下部稍分枝。表面红棕色

柴胡植株形态

或黑棕色，靠近根头多具明显的横向疣状突起，顶端密被纤维状叶基残余。质稍软，易折断，断面略平坦。微具香气。

3. 柴胡栽种前应如何选地整地？

栽种柴胡宜选择地势高、干燥、阳光充足、土层深厚、透水性良好的松沙土或沙壤土，不宜选择黏土地、盐碱地。秋后将土地深翻 30 厘米以上，灌足冬水，播前施腐熟的农家肥作基肥，并将地深耙，糖平。

4. 柴胡的种植方法有哪些？

（1）育苗移栽。在 2 年以上的植株上采种，选饱满成熟的种子，种前用 50％多菌灵可湿性粉剂 120 倍液浸种 10～15 分钟，或 60～65℃水浸种 2 小时。于 3 月下旬在已整好的畦面上进行撒播或条播。5 月下旬前后，当根头部长 2～3 毫米、根长达 5～6 厘米时即可进行移栽。移栽前苗床要适当浇水，然后将苗子挖出，选粗壮无病菌，随挖随栽，以行距 25 厘米、株距 10 厘米为宜。定植穴位成齿锯交错状，不宜栽得过深或过浅，植后立即浇水。

（2）种子直播。春播于 3 月下旬至 4 月中旬进行。秋播于 10 月进行。均在整好的畦面上按株行距 10 厘米×25 厘米进行条播，播种量为 650～700 克/亩。播种前每亩施堆肥 3 000 千克或过磷酸钙 20 千克。播后轻度镇压，覆土 0.5～1.0 厘米。柴胡种子萌发期长，为防止地面干燥，可在苗床上覆少量麦秸或稻壳，以利于苗的生长。

5. 柴胡如何进行田间管理？

（1）中耕除草。在植株封垄前及时进行中耕除草 4～5 次。

（2）间、定苗。当苗高 7～8 厘米时，按株距 4～5 厘米间苗，当苗高 10～15 厘米时，按株距 8～10 厘米定苗。

（3）追肥。每年 5 月至植株封垄前，追施尿素或氮、磷、钾复合肥 1～2 次，每次 5～10 千克/亩，施后立即浇灌少量水；或用 1％过磷酸钙溶液进行根外施肥，每隔 10～15 天喷 1 次，连续 2～3 次，可提高产量。不要过多施用氮肥。

（4）排灌。雨后要及时排除田间积水，每年秋末冬初要灌足冬水。

6. 柴胡应如何留种？

选生长健壮，无病虫害的柴胡田当柴胡 2/3 种子成熟后，在晨间有露水时割取地上部分，晒干，打下种子，并除去未成熟种子。

7. 柴胡主要病虫害及其防治措施有哪些?

柴胡的病害主要有斑枯病和根腐病（烂根病）；虫害主要有蛴螬、蚜虫、黄凤蝶、赤条蝽。

（1）根腐病。主要危害根部。①危害症状。发病初期，只是个别支根和须根变成褐色，腐烂，而后逐渐向主根扩展，根全部或大部分腐烂，地上部分枯死。一般在 7—9 月发病，传染很快。一年生植株发病较轻，主要发生在二年生植株上。②防治措施。栽植前，种苗根部用 50％甲基硫菌灵可湿性粉剂 800～1 000 倍液浸泡 5 分钟；发病时用 50％甲基硫菌灵可湿性粉剂 700 倍液或用 58％的甲霜·锰锌可湿性粉剂 600 倍液灌根。每隔 7 天灌 1 次，连灌 2～3 次并清除病株。7—8 月增施磷、钾肥，增强其抗病能力；雨季注意做好排水工作，防止积水。

（2）斑枯病。主要危害叶片。①危害症状。病菌以菌丝体和分生孢子器在病株残体上越冬。春季分生孢子借气流传播引起初侵染。病斑上产生的分生孢子借风雨传播，不断引起再侵染。罹病植株在叶片上产生直径为 3～5 毫米的圆形或不规则形暗褐色病斑，中央稍浅，有时呈灰色。严重时病斑常融合，导致叶片枯死。一般 7—8 月发病严重。②防治措施。秋季采收后彻底清理田园，将病株残体运出田外集中深埋或烧掉；发病前喷施 1∶1∶150 波尔多液，发病初期用50％多菌灵可湿性粉剂 800～1 000倍液或用 65％的代森锰锌可湿性粉剂 800～1 000倍液进行喷雾防治。每隔 5～7 天喷 1 次，连续喷 2～3 次。

（3）蛴螬。又名地蚕、胖头虫。①危害症状。主要以幼虫危害，幼虫咬断根苗或咬食根部，造成缺苗或根部空洞现象。②防治措施。施用腐熟的有机肥，忌用生粪；每亩用 70％辛硫磷乳油 1.5 千克兑细土 40 千克进行土壤处理。

（4）蚜虫。①危害症状。多在 6—8 月发生，危害柴胡上部嫩梢，影响花期的生长。②防治措施。可采用 2.5％鱼藤酮乳油 600～800 倍液或 50％辛硫磷乳油1 000倍液喷雾，每 7 天 1 次，连续 2～3 次。

（5）黄凤蝶。①危害症状。幼虫危害叶和花蕾，吃成缺刻或仅剩叶柄和花梗。②防治措施。人工捕捉成虫，或用每克含活孢子100 亿的青虫菌粉剂 200 倍液喷雾防治幼虫。

（6）赤条蝽。①危害症状。成虫和若虫吸取枝叶汁液，使植株生长不良。②防治措施。人工捕捉，或用 90％晶体敌百虫 800 倍液喷杀。

8. 柴胡如何进行采收及产地初加工?

一年生柴胡最佳采收期为秋季植株下部叶片开始枯萎时，二年生柴胡采收时间为9月下旬至10月上旬。每年在霜降前用镰刀收割，先割去地上茎叶，再挖出根，洗净泥土，切除残茎，将整块根或切成段后晒干或烘干即成商品。采挖根部时应注意勿伤根部和折断主根，还有在采收时应注意留茎不应太长，留1厘米左右为宜。

随收获随加工，不要堆积时间过长，以防霉烂。把采挖的根用水冲洗干净进行晒干即可。当晒到七八成干时，把须根去净，根条顺直，捆成小把再继续晒干为止，将晒好的柴胡按收购要求装箱出售。

9. 柴胡在储藏过程中应注意哪些问题？

柴胡一般为压缩打包，每件50千克。储藏于通风干燥仓库内，温度30℃以下，空气相对湿度65%~75%。商品安全水分9%~12%。

柴胡易虫蛀，受潮生霉，有螨虫寄居。受潮品软润，有的表面现霉斑。产生危害的仓虫有锯谷盗、小蕈甲、黑皮蠹、大竹蠹、烟草甲等，蛀蚀品表面现蛀粉，敲打时有活虫落下。高温高湿季节，可见螨虫活动。

储藏期间，应保持环境整洁、干燥，并定期消毒。发现吸潮及轻度霉变、虫蛀，及时晾晒。有条件的地方可进行密封抽氧充氮养护。

10. 柴胡有何质量标准？

药典规定，柴胡中含水分不得过10.0%、总灰分不得过8.0%，另外，含酸不溶性灰分不得过3.0%，醇溶性浸出物不得少于11.0%，含柴胡皂苷a（$C_{42}H_{68}O_{13}$）和柴胡皂苷d（$C_{42}H_{68}O_{13}$）的总量不得少于0.30%。

（七）川芎

1. 川芎的来源及性味功效是什么？

川芎为伞形科植物川芎的干燥根茎。川芎性温，味辛。归肝、胆、心包经。具有活血行气、祛风止痛的功效。用于胸痹心痛、胸胁刺痛、跌打肿痛、月经不调、经闭痛经、头痛、风湿痹痛等症。四川省德阳市敖平镇被誉为"中国川芎之乡"。

2. 川芎植株形态特征有哪些？

川芎为多年生草本植物，高40~70厘米。全株有浓烈香气。块茎呈不规则的结节拳状团块，有多数芽眼；表面棕褐色。茎直立，圆柱形，中空，下部的节膨大成盘状。种源培育中的茎作为繁殖材料，其节剪制后俗称苓子。叶互生，叶柄长

3~10 厘米，基部扩大抱茎；3~4 回三出羽状复叶，小叶 4~5 对，羽状深裂；茎上部叶逐渐简化。复伞形花序顶生或侧生，总苞片 3~6，线形；伞辐 7~20；小总苞片 2~7，线形，略带紫色；萼齿不发育；花瓣白色，内曲；雄蕊 5 枚；花柱 2 枚，向下反曲。双悬果广卵形，两侧压扁，长 2~3 毫米；背棱槽内有油管 1~5 个，侧棱槽内有油管 2~3 个，合生面有油管 6~8 个。花期 6—8 月，幼果期 9—10 月。

川芎植株形态

3. 川芎对环境条件的要求有哪些？

（1）气候条件。培育川芎苓种要在气温低、日照少、无霜期短、阴雨多、湿度大的气候条件下。年平均气温 13~15℃，最高气温在 30℃以下，最低气温在 -10℃以上，无霜期 180 天左右，年日照保持在约 900 小时，年平均降水量在 1 200 毫米以上，空气相对湿度保持在 80% 以上的气候环境，适宜培育川芎种源。商品川芎生产，要求气温在 9~30℃，最适温度为 14~20℃。气温低于 4.5℃川芎进入休眠状态，气温低于 -3℃受冻害；气温高于 9℃开始生长，气温高于 35℃生长停止。苗期是川芎对气温最敏感的时期，若遇高温天气、土壤干燥的情况，川芎苓种出苗不齐，苗纤细。秋末与早春气温高，会造成川芎地上部分生长过旺，影响川芎的产量与品质。

（2）水分条件。川芎生长过程对水分条件有较高的要求，出苗时要求土壤保持湿润，但又不能积水，空气湿度大对川芎出苗有利。生长的各个时期要求耕作层土壤白天水分含量低，夜间能回润。地下水位低的土壤上种植川芎，其营养根会在川芎块茎底部形成并大量向地下伸长，商品药材由拳状团块变成了近似圆锥状，影响川芎产量与品质。

（3）土壤条件。适宜种植川芎的土壤为潮土，潮土质地适中，保水保肥性好，又不会形成土壤滞水。沙性重的土壤易受到影响，黏重的土壤排水差，川芎病害发生多且川芎的块茎形状差。

（4）地形地貌。冲积平原的地势平坦，地下水位高，能满足川芎对灌溉、土壤等的要求。

4. 川芎一生分为哪两个阶段？要经过哪些生育期？

川芎一生分为川芎的苓种培育阶段和商品川芎生长阶段。川芎苓种培育阶段为 180～200 天，商品川芎生长阶段为 280～290 天。川芎的生育期分为育苓期、苗期、茎发生生长期、倒苗期、二次茎发生生长期、抽茎期、块茎膨大期。

5. 如何对川芎育苓地、川芎商品药材栽培地进行选地与整地?

（1）川芎育苓地。在海拔1 000～1 500 米的中山区，选择阳山或半阴半阳山的地块，选择壤土类土壤。清除地表杂草并将地翻挖，翻挖深度 30～40 厘米。

（2）川芎商品药材栽培地。开沟后翻挖，翻挖深度为 25 厘米以上，翻挖后晾晒几天，施基肥后整地。

6. 什么是"抚芎上山"?

川芎在平坝地区栽培，川芎的种却是在高山区培育的山川芎，利用山川芎的茎在平坝地区繁殖川芎。在立春前后 10 天内，由平坝区挖出一部分健壮的抚芎（这时川芎尚未成熟，距离收获期尚有 3.5 个月左右，地上茎叶已全部枯萎，只有地下根茎称为抚芎），每亩可挖 150～300 千克，移到山区作为培育山川芎的种茎，产区称为"抚芎上山"。山川芎宜在黄泥土壤、气候湿凉的阴山地区栽培（据药农经验，阳山地区也可栽培，但由于气温高，虫害严重，常咬去茎上节盘的芽，即不能种）。行距34 厘米，株距 27 厘米。基肥用草木灰 300～350 千克，在春分、谷雨各追肥 1 次，用腐熟粪水肥3 000～5 000 千克。中耕除草 1～2 次。小暑成熟，挖取除去叶子，地下根茎称为山川芎，每亩可收干川芎50～75 千克，可作药用，质量及价格均次于平地川芎。山川芎的茎称为苓杆子，割下后一束一束地捆好，铺上稻草，放在阴凉的山洞里 15～20 天，立秋后取出，按茎秆的大小分成 3 类，最大的称为"大山系"，最小的称为"细山系"，大小适中的叫"正山系"，然后再分别割成 3.3 厘米的小节（每枝茎切成 6～9 节），每节上面保留1 个节盘，称为芎苓子。再将芎苓子移到平坝地区繁殖川芎。

7. 川芎选种与浸种是如何进行的?

（1）选种。芎苓子的好坏，对川芎的品质与产量有很大的影响，因此必须选择好的芎苓子作种。芎苓子以生长于高山区阴山地带的苓杆子，大小适中的"正山系"较好，"大山系"和"细山系"也可适当搭配使用。至于阳山生长的芎苓子，只要是健壮无病虫害的也可以作种。每亩用芎苓 40 千克左右，耕种前把芎苓子在阴凉的地上摊开放 7～10 天，剔去有虫孔及节盘中空或节上无芽的芎苓子，留下好的作种。

（2）浸种。将选好的芎苓子，放在烟筋水中浸泡，杀死藏于苓杆子的绵虫。其办法是用1担重约40千克的水煮沸后盛在水桶内，放入2.5～3.0千克烟筋，盖上木盖，等到水的温度下降至不烫手时，用手在水里揉搓烟筋，泡1天后，即将芎苓子倒入水桶内浸泡30分钟，藏在苓杆子内的绵虫即全部被杀死，取出芎苓子晾干水汽，然后下种。

8. 川芎如何繁殖?

川芎采用无性繁殖，因平地育苓影响块茎的生长，易发生病虫害及退化，故不宜采用。

9. 川芎生产上如何进行施肥管理?

生产上结合中耕除草进行施肥管理，分4次施用，即苗肥、发茎肥、冬肥和春肥。

（1）苗肥。9月上旬补苗后，及时施苗肥，以促进川芎发根和长叶，每亩施腐熟粪水肥1 000千克，加腐熟的油枯30千克混匀淋窝。

（2）发茎肥。9月底至10月初，每亩施腐熟粪水肥2 000千克，加腐熟的油枯40千克混匀淋窝，促进川芎茎发生。

（3）冬肥。1月中下旬，川芎地上部分已干枯，生长进入越冬休眠期，每亩施用腐熟的油枯60千克、草木灰100千克、堆肥300千克，混匀后施到川芎植株周围，再将行间里的泥土铲松后壅于行上把肥料盖住。

（4）春肥。3月中旬，生长进入抽茎期，需进行一次追肥促进川芎茎的生长，施腐熟粪水肥1 500千克/亩。

10. 川芎主要病虫害及其防治措施有哪些?

川芎的病害主要有块茎腐烂病、白粉病、叶枯病；虫害主要有茎节蛾及地下害虫。

（1）块茎腐烂病。①危害症状。川芎块茎腐烂病是由苓种与土壤里的尖镰孢菌和茄类镰孢菌浸染引起的腐烂病，发病初期植株嫩叶、根系变黄，继续发生造成块茎逐渐变成褐色直至腐烂，叶片、茎尖干枯直至植株完全枯死，产区俗称"水冬瓜"。②防治措施。通过处理川芎苓种与轮作方式预防。苓种储藏与栽种前药剂浸泡、川芎与水稻轮作可有效预防病害发生。川芎块茎腐烂病发生后，用50%的多菌灵可湿粉剂或50%甲基硫菌灵可湿性粉剂1 000倍液，淋于川芎植株周围。每50千克腐熟粪水肥里加入0.05千克药剂后施用，能有效防治川芎块茎腐烂病。

（2）白粉病。①危害症状。发生病害时叶片背面和叶柄出现白粉，并不断发展，直至长满整片叶。叶片逐渐变黄枯死。②防治措施。多菌灵可有效防治白粉病。

（3）叶枯病。①危害症状。发生病害的植株叶片上出现褐色斑点，随着斑点的增多和扩大，叶片干枯死亡。②防治措施。可喷施 1∶1∶100 波尔多液进行防治。

（4）茎节蛾。①危害症状。茎节蛾危害时，幼虫从心叶或叶鞘处蛀入茎内，咬食茎节盘。②防治措施。可用 90% 晶体敌百虫 1 000 倍液喷洒进行防治。

（5）地下害虫。地下害虫蛴螬发生时，用 90% 晶体敌百虫 800 倍液施入植株基部周围，能有效防治地下害虫对川芎块茎的危害。

11. 川芎在生产上如何进行留种？

培育川芎苓种时，选择块茎个大、芽多、根系发达的川芎植株，除去植株地上部分干枯的茎、叶和泥沙后，将块茎放入一个木盆或其他容器中，倒入准备好的 50% 多菌灵可湿性粉剂 500 倍液浸 15～25 分钟。捞出来晾干，运到中山地区的苓种培育地种植。

12. 川芎如何进行采收及加工？

（1）采收时间。栽后第二年 5 月下旬至 6 月上旬（小满至芒种）采收，不宜过早或过迟。采收过早，根茎营养物质积累不充分，影响产量和质量。采收过迟，根茎容易腐烂，造成减产。

（2）采收方法。选择晴天上午，用二齿耙将川芎植株挖起，顺着行间放在田间晾晒至下午，拔掉茎秆、抖掉泥沙后，运回加工。

（3）加工方法。川芎采收后应及时干燥，通常采用火炕烘干。上炕后，用慢火烘烤，烘干过程注意经常翻动，烘 8～10 小时后取出，堆积发汗，再放入炕床，改用小火炕 5～6 小时，烘干；烘炕温度不得超过 70℃，经 2～3 天后，散发出浓郁的香气时，取出放在竹筐内抖撞或放入用竹编的撞笼内抖撞，除去泥沙和须根即成川芎。每 100 千克鲜川芎可加工成干货 30～35 千克。每亩产干川芎 100～150 千克，高产可达 250～300 千克。

13. 川芎有何质量标准？

药典规定，川芎中含水分不得过 12.0%，总灰分不得过 6.0%，另外，含醇溶性浸出物不得少于 12.0%，阿魏酸（$C_{10}H_{10}O_4$）不得少于 0.10%。

（八）苍术

1. 苍术的来源及性味功效是什么？

苍术为菊科苍术属多年生草本植物茅苍术或北苍术的干燥根茎。苍术性温，味辛、苦。归脾、胃、肝经。具有燥湿健脾、祛风散寒、明目的功效。用于湿阻中焦、脘腹胀满、泄泻、水肿、脚气痿躄、风湿痹痛、风寒感冒、夜盲、眼目昏涩等症。

2. 苍术主要分布于何处？

苍术在内蒙古赤峰以及黑龙江、辽宁、吉林、甘肃、陕西、安徽、湖南、湖北等地都有分布和生产，适合生长于海拔 50～1 900 米的地区，多生在灌丛林下。

3. 茅苍术与北苍术有何区别？

（1）茅苍术。又称南苍术。本品为不规则连珠状或结节状圆柱形，略弯曲，偶有分枝，长 3～10 厘米，直径 1～2 厘米。表面灰棕色，

苍术植株形态

有皱纹及横曲纹，上侧具茎痕或残留茎基，两侧下侧残留须根。质坚硬，断面黄白色，散见多数橙黄色或棕红色油点，习称"朱砂点"，暴露稍久，有白色结晶析出，习称"起霜"或"吐脂"，有浓郁特异香气，味微甜而苦辛。

（2）北苍术。本品根茎呈结节状圆柱形，常分支或呈疙瘩状，长 2～10 厘米，直径 1～3 厘米。表面黑褐色，具圆形茎痕及根痕，撞去栓皮者表面黄棕色。质较疏松，断面散有黄棕色油室。香气较淡，味辛、苦。

4. 苍术如何选地、整地？

（1）选地。选择气候凉爽、排水良好的腐殖质壤土或沙壤土，坡地、山地、荒地均可。苍术虽然适应性较强，但还是更适宜在排水良好的沙质壤土坡地生长。在选择地块时，必须选择坡地，以利排水，否则在雨季遇到连雨天容易烂根，造成植株死亡。

（2）整地。在选择好的地块上，先在地面施化肥或农家肥，化肥以磷酸二铵为好，床宽 1.2 米，高度 20 厘米，耧平耧细，拣出石块等杂物。

5. 苍术撒种及覆土时应注意什么问题?

撒种时应尽量要搅拌均匀,然后按照每亩地所打出的苗床数,把拌了沙子的种子分成等份撒入苗床。覆土时应注意覆土厚度在1厘米左右,尽量做到覆土均匀,最好用粗眼的筛子往床面均匀筛土。苗期加覆盖物,出苗快且出苗齐,所以提倡苗床加盖覆盖物。但当苗大部分都出土以后,就要把覆盖物撤掉。

6. 苍术如何进行田间管理?

在整个生长季节,一定要做到见草就除,以防杂草与苍术苗争水争光。在湿度和温度适合的情况下,播种后20天差不多就可以出苗,而在此期间,杂草会先于苍术苗出土,故可喷除草剂。当种子发芽后如果遇到干旱天气,必须浇水。在6、7月的生长旺季,要给苍术苗追施两次化肥。苍术叶片如果出现干枯可以喷施百菌清等杀菌药剂。多雨季节要清理垄沟,排除田间积水,以免烂根。

7. 苍术的繁殖方法有哪些?

(1)种子繁殖。以3月中旬至4月上旬播种为宜,每亩播种量3~4千克。于畦面上均匀撒上种子,覆细土2~3厘米。条播于畦面横向开沟,沟距20~25厘米,沟深3厘米左右,将种子均匀撒入沟内,然后覆土。播后均覆盖草保墒,以利种子萌发。

(2)分株繁殖。即于4月连根挖取老苗,去掉泥土,切成若干小蔸,每个蔸带1~3个根芽,作繁殖材料。幼苗期勤除草,定植后须中耕、除草、培土,并追施腐熟粪水肥1~2次。

(3)移栽定植。用有性繁殖的方法育苗,当苗长到高3厘米左右时进行间苗;当苗长至10厘米左右再移栽定植。挖取根茎,将带芽的根茎切下,其余作药用,待切口晾干后,按行株距20厘米×20厘米开穴栽种,每穴栽一块,覆土压实。

8. 苍术主要病虫害及其防治措施有哪些?

(1)病害。主要为根腐病,5、6月发病,要注意开沟排水,发现病株立即拔除。

(2)虫害。苍术在整个生长发育过程中,均易受蚜虫危害。蚜虫多以成虫、若虫吸食茎叶汁液，严重时可使茎叶发黄，影响生长发育。防治措施：及时除去枯枝落叶，深埋或烧毁。在发生期可用 50%杀螟硫磷乳油 1 000～2 000 倍液，每 7 天 1 次，连续进行，直至无虫害为止。

9. 苍术什么时候收获？

野生茅苍术春季、夏季、秋季均可采挖，以 8 月采挖的质量最佳。人工栽培的苍术需生长 2～3 年后采收，茅苍术多在秋季采挖，北苍术春、秋两季均可采挖，但以秋后至春初苗未出土前采挖质量较好。

10. 茅苍术、北苍术加工方法有何不同？

（1）茅苍术。挖出后，去掉地上部分和抖掉根茎上的泥沙，晒干后撞去须根，或晒至九成干时用微火燎掉须根即可。

（2）北苍术。挖出后，除去茎叶或泥土，晒至四五成干时装入筐内，撞掉须根，即呈黑褐色，再晒至六成干，再次撞皮，直至大部分老皮撞掉后，晒至全干时再撞第三次，到表皮呈黄褐色为止。以自然干燥为好。烘制温度 30～40℃，不允许火烧。干燥过程中要注意反复发汗以利于干透。

11. 苍术有何质量标准？

药典规定，苍术中含水分不得过 13.0%，总灰分不得过 7.0%，苍术素（$C_{13}H_{10}O$）不得少于 0.30%。

（九）大黄

1. 大黄的来源及性味功效是什么？

大黄为蓼科大黄属植物掌叶大黄、唐古特大黄、药用大黄的根及根茎。前两种习称北大黄，后一种习称南大黄。大黄性寒，味苦。归脾、胃、大肠、肝、心包经。具有泻下攻积、清热泻火、凉血解毒、逐瘀通经、利湿退黄的功效。用于实热积滞便秘、血热吐衄、目赤咽肿、痈肿疔疮、肠痈腹痛、瘀血经闭、产后瘀阻、跌打损伤、湿热痢疾、黄疸尿赤、淋证、水肿等症；外治烧烫伤等症。外用适量，研末敷于患处。

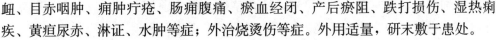

2. 大黄中所含成分主要有哪些？

大黄中含有大黄酸、大黄素、大黄酚、芦荟大黄素、大黄素甲醚等游离蒽醌衍生物以及番泻苷、萘类、儿茶酚、葡萄糖没食子鞣苷等，研究表明大黄酚具有止血作用，大黄素具有明显降胆固醇的作用，番泻苷是大黄具有泻下作用的主要成分。

3. 大黄的主要产地有哪些？三种基原植物之间有何差别？

大黄主要产于甘肃、青海、西藏、湖南、四川、陕西等地。甘肃礼县、清和主产掌叶大黄，甘西高原、卓尼、川西高原主产唐古特大黄，陕西、四川、湖南等地主产药用大黄。掌叶大黄与唐古特大黄叶片大而高，幼苗第一年均无裂缺，呈卵圆形，但是掌叶大黄叶片裂缺浅，唐古特大黄叶片裂缺深，裂片呈条形、披针形，药用大黄较低矮，叶片无裂缺。

掌叶大黄植株形态

4. 大黄叶、花的主要形态是什么？

大黄叶片宽卵形或近圆形，宽约40厘米以上，掌状5～7深裂，先端尖，边缘有大的尖裂齿。大黄花序大圆锥状，顶生；花梗细长，中下部有节，暗褐色，花期为6—7月，果期为7—8月，千粒重10～12克。

5. 大黄种子的萌发条件及生长发育特性是怎样的？

大黄种子萌发的最适温度在15～22℃，温度低于0℃或高过35℃，发芽受到抑制。大黄种子3月下旬以后播种，一般10余天出苗，10月上旬进入盛叶期。大黄喜凉爽气候，耐寒，怕水涝，怕炎热。一年生大黄根茎不伸长，二年生根茎生长较慢，三年生根茎生长非常迅速，一般在8—11月为快速生长期。

6. 大黄种植时如何选地、整地？

以排水良好、土层深厚、富含腐殖质的黑钙土、褐土、黑垆土为宜。选好地后要精细整地，适时深翻25厘米，结合整地，每公顷施45 000～60 000千克腐熟厩肥或堆肥，一些地方还施入1 000～3 000千克生石灰。

7. 大黄育苗移栽是怎样进行的？

大黄育苗移栽时，在整好的土地上，按株行距50厘米×70厘米挖穴，穴深

35～40 厘米，穴内拌施 1～2 千克土杂肥，每穴栽一株，呈品字形。

8. 怎样对大黄进行田间管理？

（1）苗期。大黄播种后 20 天左右出苗，出苗后要及时揭夫覆盖物。苗出齐后，随时注意除草，并根据幼苗生长情况追肥，以促进幼苗生长。

（2）间苗、定苗。大黄单株产量高，出苗后发现缺苗，应及时补苗，生长到 2～3 叶时，拔除弱苗，进行定苗。间苗株距 25 厘米，定苗株距 50 厘米。

（3）中耕培土。移栽后的大黄，第一年幼苗较小，生长缓慢，易受杂草危害，应及时进行中耕除草，促进幼苗生长。

（4）追肥。大黄为喜肥植物，除施基肥外，每年还需进行追肥 1～2 次。第一次在 6 月初，每亩施硫酸铵 8～10 千克、过磷酸钙 10 千克、氯化钾 5～7 千克；第二次在 8 月下旬，每亩施菜籽饼 50～80 千克，或沤好的稀薄人粪肥 1～2 吨。

9. 大黄早春时期应如何进行田间管理？

早春田间管理对提高大黄产量和提升品质十分重要，现就一些主要管理措施介绍如下。

（1）防止动物践踏。大黄多年生，生长旺盛，芽苞大如拳头，最怕牛、羊、猪等的踩踏，芽苞受伤将严重影响生长期，造成大黄产量降低和品质变差。

（2）管理要早。大黄为多年生草本植物，生长期长，发芽早，早春管理一定要从未发芽开始，及早进行。

（3）追肥与培土相结合。在早春，先清洁田园，降低病原菌数量。然后每株施充分腐熟的有机肥 1.0～1.5 千克，并培土 15 厘米左右。这样即可保持大黄迅速生长所需的养分，还可促进地上茎向地下茎转化，以提高大黄产量。在缺少农家肥的地区，追施化肥时，忌用硝酸铵和尿素等，可每亩分别埋施磷酸二铵 25 千克、硫酸钾复合肥 50 千克。

（4）及早摘薹。如果不是留种地，大黄栽后的第三年就要摘薹。薹即为顶部开花的直立花茎，它消耗大量养分，抑制大黄根部生殖生长。摘薹后，可以使养分集中，促进光合产物向根和根茎部运输储藏，提高根及根茎的产量和品质。摘薹应选晴天进行，要从根茎部用手掰断或用小刀割断，动作一定要轻，以免影响其他叶柄的生长。摘薹结束后要及时用土盖住根头部分，并把土踏实，以防止雨水从切口处灌入腐烂根部。摘除的大黄花薹不要扔掉，可食用，鲜生食或制作凉拌菜均可，具有清热解毒等多种保健功效，值得推广。

10. 大黄越冬时期应如何进行田间管理?

大黄为多年生药材,在成药的生长周期中至少经历两次越冬期,现将一些管理技术介绍如下。

(1)清洁田园。将大黄及杂草的枯枝落叶清理干净,运出农田深埋或焚烧,可减轻下年的病虫草害,起到良好的预防效果。根腐病、轮纹病、疮痂病、炭疽病、霜霉病等都是通过病残或土壤传播。

(2)冬灌。有条件的地方可进行冬季浅灌,浅灌后可使土壤冻结,有利于保护大黄根系及芦头免受野生动物侵害,同时通过冻融交替,起到松土和冻死越冬病虫的作用。

(3)培土。冬季追施土杂肥或火土灰防冻,将农家肥1～2吨盖于大黄芦头处,可起保护芦头和促进来年地上茎转化为地下茎,提高大黄产量的综合作用,对于留种的大黄,此法可起到防大黄花薹倒伏的作用。

(4)浅耕。在土壤昼消夜冻时浅耙土壤,可诱发杂草早发,起到灭草作用,还有消灭表层病菌虫卵的作用。

11. 大黄主要病虫害及其防治措施有哪些?

大黄的病害主要有根腐病、轮纹病、霜霉病、黑粉病;虫害主要有金花虫等。

(1)根腐病。①危害症状。幼苗根茎的下部和中部表现为湿润性大小不规则的病斑,局部变黑腐烂。②防治措施。雨后及时排水,发病后用80%代森锌可湿性粉剂800倍液或50%甲基硫菌灵可湿性粉剂800倍液浇灌病区。

(2)轮纹病。①危害症状。叶片受害后病斑近圆形,直径1～2厘米,红褐色,具同心轮纹,病斑内生有密密麻麻的黑褐色小点,这就是病原菌的分生孢子器。病害严重时,可使叶片枯死。轮纹病在大黄出苗后不久就会发生,一直可持续到收获。病菌以菌丝体在病斑里或在子芽上越冬,借风、雨进行传播。②防治措施。秋末冬初清除落叶并摘除枯叶,减少越冬菌源;加强早期中耕除草,增施有机肥,提高抗病力;从出苗后15天起,连续喷洒77%氢氧化铜可湿性粉剂800倍液,或80%代森锰锌可湿性粉剂600倍液。

(3)霜霉病。①危害症状。叶片产生多角形、不规则形病斑,黄绿色,水渍状。②防治措施。及时拔除病株,收获后彻底清除病残组织,集中烧毁或沤肥,减少病原菌。

(4)黑粉病。①危害症状。发病初期在叶部产生"红疱",病斑周围呈紫红色，病斑在叶子正面隆起，隆起部分呈鲜红色脓包状，正面色比背面鲜红，以后隆起部分凹陷，病斑穿孔，叶子枯萎。②防治措施。加强栽培管理，注意苗田、大田和留种田要严格分开，避免连作和交互利用，轮作3年以上，以减少土壤菌量。要选择无病株隔离栽培留种，将病残体及采收时的大黄叶集中堆放或烧毁，防止残体带菌传病。化学防治，在发病初期喷杀菌剂。

（5）金花虫。①危害症状。早春当大黄抽出新芽，成虫就开始取食危害。其幼虫孵化后先聚集在卵壳四周危害，潜食叶肉，留下表皮，形成小透明斑。高龄幼虫蚕食叶片成缺刻或大孔洞，严重影响植物生长。老熟幼虫大多在叶背化蛹。②防治措施。冬季清洁田园，将枯枝落叶彻底烧毁，减少越冬虫口；成虫盛发期，特别注意抓第一代成虫的防治。早春越冬成虫开始活动而尚未产卵时，要及时防治，可用5%甲萘威粉剂地面喷防，效果显著。

12. 大黄如何进行留种？

大黄品种易杂交变异，应选择生长健壮、无病虫害、品种较纯的三至四年生植株作为种株，加强田间管理，于5—6月抽花薹时设立支架，以免被风吹断。大黄种子成熟时极易被风吹落，应经常注意生长情况。7月中下旬部分种子呈黑褐色时，即应迅速割回植株，存放在通风阴凉处使种子后熟，数日后摘下作种用。供春播用的种子应阴干储藏，勿使其受潮发霉。

13. 大黄如何采收？

掌叶大黄3年以上采收，唐古特大黄5年以上采收，药用大黄3年即可采收。一般秋季采挖，先把地上部分割去，挖开四周泥土，把根从根茎上割下，分别加工。

14. 大黄如何加工储藏？

大黄从育苗到商品需要生长3年以上，其入药部位为肥大粗壮的肉质根茎，一般单根鲜重在1~5千克。北大黄挖起后不用水洗，将外皮刮去，大的开成对半，小团型的修成蛋形。可自然阴干或用火熏干。南大黄先洗净根茎泥沙，晒干，刮去粗皮，横切成7~10厘米厚的大块然后炕干或晒干，由于根茎中心干后收缩陷成马蹄形，故称"马蹄大黄"。粗根刮皮后，切成10~13厘米长的小段，晒干或炕干即成。但是加工及干燥成为生产上的一大难题，传统方法是采挖后将大黄主根和侧根分开后，摆放到房梁上熏干，需要长达5~6个月的时间，既浪费人力和时间，又污染家庭环境及药材，同时需要消耗大量木柴。经过多年研究，初步形成了一套产地加工储藏技术操作规程。①采挖的大黄生长要 3 年以上，3 年以下的大黄质量达不到药典标准。②采挖后先晾晒 1～2 天，再清洗，用喷淋的方法洗去表面的泥土，晾晒1～3 天，切去芦头，切时忌用铁器，再根据规格要求，将主根茎和侧根（水根）分开，将主根茎切成大块（沿根茎的纵向，大的一分为四，小的一分为二），再切 5 厘米左右的块，在温度不高于 45℃的条件下晒干或烘干即可。③有条件的可建加工厂进行干燥，将切块的大黄根茎先杀青（115～120℃）2 小时，然后在 45℃条件下烘干，需要 30～40 小时即可干燥。④干燥后经过包装，可放在阴凉通风干燥避光处储藏，定期检查虫蛀、霉变等情况，可确保大黄质量安全。

15. 大黄有何质量标准？

药典规定，大黄中含水分不得过 15.0%，总灰分不得过 10.0%，水溶性浸出物不得少于 25.0%，含总蒽醌以芦荟大黄素（$C_{15}H_{10}O_5$）、大黄酸（$C_{15}H_8O_6$）、大黄素（$C_{15}H_{10}O_5$）、大黄酚（$C_{15}H_{10}O_4$）和大黄素甲醚（$C_{16}H_{12}O_5$）的总量计，不得少于 1.5%，含游离蒽醌以芦荟大黄素（$C_{15}H_{10}O_5$）、大黄酸（$C_{15}H_8O_6$）、大黄素（$C_{15}H_{10}O_5$）、大黄酚（$C_{15}H_{10}O_4$）和大黄素甲醚（$C_{16}H_{12}O_5$）的总量计，不得少于 0.20%。

（十）紫菀

1. 紫菀的来源及性味功效是什么？

紫菀为菊科植物紫菀的干燥根和根茎。紫菀性温，味辛、苦。归肺经。具有润肺下气、消痰止咳的功效。用于支气管炎、咳喘、肺结核、咯血等症。

2. 紫菀的形态特征是怎样的？

紫菀为多年生草本，根状茎斜升。茎直立，高 40～50 厘米，粗壮，基部有纤维状枯叶残片且常有不定根，有棱及沟，被疏粗毛，有疏生的叶。基部叶在花期枯落，长圆状或椭圆状匙形，下半部渐狭成长柄，连柄长 20～50 厘米，宽3～13 厘米，顶端尖或渐尖，边缘有具小尖头的圆齿或浅齿。下部叶匙状长圆形，常较小，下部渐狭或急狭成具宽翅的柄，渐尖，边缘除顶部外有密锯齿；中部叶长圆形或长圆披针形，无柄，全缘或有浅齿，上部叶狭小；全部叶厚纸质，上面被短糙毛，下面被稍疏的但沿脉被较密的短粗毛；中脉粗壮，与5～10 对侧脉在下面突起，网脉明显。

3. 紫菀对生长环境的要求是什么？

紫菀喜温暖湿润环境，耐寒性强，地下根茎能露地越冬。紫菀怕干旱，6—7月营养生长盛期若遇干旱会造成大幅度减产。人工栽培以地势平坦、土层深厚、土质疏松、肥沃、排水良好的沙质壤土为好。土质过黏或过沙以及盐碱地，均不宜种植，土壤以中性至微碱性为宜。花期7—9月，果期9—10月。

紫菀植株形态

4. 紫菀怎样繁殖？

栽前选粗壮节密、无病虫害、近地面生长的色白较嫩、呈紫红色根茎作为种栽，切除下端幼嫩部分及上端芦头部分，截成有2～3个芽、长5～10厘米的小段，春、秋两季栽植，春栽于4月上旬进行，秋栽于10月下旬进行。

5. 紫菀具体的种植方法是什么？

将地深翻30厘米以上，将2 500～3 000千克/亩腐熟厩肥或150千克饼肥翻入土中作基肥，栽前再浅耕1遍，整平耙细。作成1.3米宽的平畦。按行距25～30厘米开横沟，沟深6～7厘米，将种栽顺着条沟摆放，株距10～15厘米，放入1～2段根状茎，覆土与畦面齐平，镇压后浇水，上盖一层薄草，保温保湿。若春栽，需将根茎与湿沙层积储藏至4月上旬栽种，秋栽宜随挖随栽，成活率高，根状茎15～20千克/亩。

6. 怎样对紫菀进行田间管理？

（1）中耕除草。苗出齐后，及时中耕除草，每年进行3～4次。第一次在齐苗后，宜浅松土，避免伤根；第二次在苗高7～9厘米时中耕；第三次在夏至植株封行后，用手拔草。

（2）灌水。紫菀生长期间喜湿润怕干旱。在苗期应适当灌水，6月是叶片生长茂盛时期，应注意多灌水勤松土保持水分；雨季，不能积水，应加强排水；9月雨季过后正值根系发育期，需适当灌水，灌水最好在早、晚进行；多灌水，勤松土，保持土壤湿润，是紫菀取得高产的关键。

（3）追肥。一般要进行 3 次，第一次在齐苗后进行，结合中耕除草施入腐熟粪水肥 1 000～1 500 千克/亩；第二次在 7 月上中旬，沟施腐熟粪水肥 1 500～2 000 千克/亩，并配施 10～15 千克过磷酸钙；第三次在封行前进行，结合中耕除草施用堆肥 300 千克/亩，加饼肥 50 千克混合堆积后，于株旁开沟施入，施后盖土。

（4）摘薹。除留种植株外，8—9 月如发现植株抽薹，要及时剪除，使养分集中供应地下根茎生长，促进根部生长发育。

7. 紫菀主要病害及其防治措施有哪些？

（1）根腐病。①危害症状。主要危害植株茎基部与芦头部分。发病初期，根及根茎部分变褐腐烂，叶柄基部产生褐色梭形病斑，叶片逐渐枯死。②防治措施。发病初期，用 50％多菌灵可湿性粉剂 1 000 倍液或 50％甲基硫菌灵可湿性粉剂 1 000 倍液，喷洒在植株基部及周围地面。

（2）黑斑病。①危害症状。发病初期叶片出现紫黑色斑点，后扩大为近圆形暗褐色大斑。②防治措施。发病初期，用 80％代森锌可湿性粉剂 600 倍液喷雾，每隔 7 天喷 1 次，交替使用，连续喷 3～4 次。

（3）叶锈病。①危害症状。发病部位为叶片。初期叶片正面出现失绿黄色斑，相应叶片背面出现隆起小疱斑，圆形，扩大后表皮破裂，呈现出橙黄色粉堆。严重时布满整个叶背，病叶卷曲干枯。②防治措施。发现病株立即清除，并喷 1∶1∶（300～400）波尔多液，也可用 97％敌锈钠可湿性粉剂 300～400 倍液喷雾。

（4）斑枯病。①危害症状。主要危害叶片。病斑圆形或椭圆形，直径 2～4 毫米，中央灰白色，边缘色较深；后期病斑扩大，叶片上产生小黑点，为病原菌的分生孢子器，发生严重时叶片早枯。②防治措施。发病初期用 1∶1∶120 波尔多液或 40％代森铵水剂 1 000 倍液喷雾，每 10 天左右喷 1 次，连续 2～3 次，认真清洁园地，烧掉病残植株。

8. 紫菀主要虫害及其防治措施有哪些？

（1）银纹夜蛾。人工捕捉幼虫，发病初期用 90％晶体敌百虫 800～1 000 倍液或 50％杀螟硫磷乳剂 1 000 倍液喷雾。

（2）蛴螬。用 50％辛硫磷乳油 1 000 倍液或用 90％晶体敌百虫 1 000 倍液浇灌防治。

9. 如何对紫菀进行采收加工？

春季播种当年秋后采收，秋季栽种第二年霜降前后、叶片开始枯萎时采挖。收获时，先割去茎叶，挖掘要深，以免损伤根茎，要将根茎整个翻起，不要挖断。采收后，要及时选择紫菀具腋芽的紫红色、无虫伤斑痕、近地面生长的根状茎作种栽，用这种根状茎作繁殖材料，紫菀不会抽花茎，不会开花。春栽的种茎，需放于地窖储藏越冬。将选出分类后的根状茎，去净泥土与残留的枯叶，晒干或切成段后晒干，放阴凉干燥处储藏，以防虫蛀。

10. 紫菀有何质量标准？

药典规定，紫菀中含水分和总灰分均不得过 15.0%，酸不溶性灰分不得过 8.0%，水溶性浸出物不得少于 45.0%，紫菀酮（$C_{30}H_{50}O$）不得少于 0.15%。

（十一）丹参

1. 丹参的来源及性味功效是什么？

丹参为唇形科多年生草本植物丹参的干燥根和根茎。丹参性微寒，味苦。归心、肝经。具有活血祛瘀、通经止痛、清心除烦、凉血消痈、消肿止痛、养血安神的功效。用于胸痹心痛、脘腹胁痛、热痹疼痛、心烦不眠、月经不调、痛经经闭、疮疡肿痛等症。

2. 丹参有怎样的形态特征？

丹参为多年生草本，株高 30～100 厘米，全株密被柔毛。根茎短粗，顶端有时残留茎基。根粗长，数条，长圆柱形，略弯曲，肉质，有的分枝并具须状细根，长 10～20 厘米，直径 0.3～1.0 厘米，表面棕红色或暗棕红色，粗糙，具纵皱纹。老根外皮疏松，多显紫棕色，常呈鳞片状剥落。质硬而脆，断面疏松，有裂隙或略平整而致密，皮部棕红色，木部灰黄色或紫褐色，导管束黄白色，呈放射状排列。茎直立，四棱形，紫色或绿色，具节，上部多分枝。奇数羽状复叶，对生，小叶 3～7 枚，卵形，顶端小叶较大，

丹参植株形态

边缘具圆锯齿，轮伞花序顶生或腋生。气微，味微苦涩。其中栽培品根茎较粗壮，直径 0.5～1.5 厘米，表面红棕色，具纵皱纹，外皮紧贴不易剥落，质坚实，断面较平整，略呈角质样。

3. 丹参对生长环境有什么要求?

丹参对土壤、气候适应性强，喜阳光充足、温暖和湿润环境。生育期若光照不足，气温较低，则幼苗生长慢，植株发育不良。在年平均气温为 17.1℃，平均空气相对湿度为 77％的条件下，生长发育良好。适宜在肥沃的沙质壤土上生长，对土壤酸碱度要求不高，中性、微酸及微碱性土壤均可种植。丹参具有较强的耐旱性，抗寒力较强，初次霜冻后叶仍保持青绿。地上部分生长最适气温在 20～26℃。根在气温-15℃左右、最大冻土深度 40 厘米左右仍可安全越冬。

野生丹参多见于山坡草丛，沟边、林缘等阳光充足、较湿润的地方。人工栽培丹参选择土层深厚，质地疏松的壤土或沙质壤土为宜，过黏或过沙的土壤不宜种植。海拔 120～1 300 米。

4. 丹参的生长发育习性是怎样的?

3—5 月为茎叶生长旺季，4 月开始长茎秆，4—6 月枝叶茂盛，陆续开花结果，7 月之后根生长迅速，7—8 月茎秆中部以下叶子部分脱落，果后花梗自行枯萎，花序基部及其下面一节的腋芽萌动并长出侧枝和新叶，同时基生叶又丛生，新枝新叶能加强植物的光合作用，有利于根的生长，立冬后，植株生长逐渐趋于停止。

5. 丹参根段育苗的原理是什么?

丹参根在受伤或折断后能产生不定芽与不定根，故在生产上应广泛常采用根段育苗，是提高丹参产量的有效方法。

6. 丹参的繁殖方法及操作技术要点是什么?

丹参繁殖方法主要有分株繁殖、扦插繁殖、根段繁殖及种子繁殖。

（1）分株繁殖。丹参收获时选取健壮、无病害的植株剪下粗根药用，而将细根连芦头带心叶用作种苗进行种植。根据自然生长情况，大的芦头可分为 3～4 株，小的可不分或分为 2 株，然后再种植；还可以挖取野生丹参，粗根剪下入药，细根连同芦头一起栽种，按株距 25 厘米，行距 35 厘米，深度 6 厘米，在晚秋或早春适时种植。采用分株繁殖方法，栽种后翌年即可收获，生产周期短，经济效益好。

（2）扦插繁殖。丹参扦插多在 7—8 月进行。取丹参地上茎，剪成 10～15 厘米的小段，剪除下部叶片，上部叶片剪去 1/2，随剪随扦插。在起好的畦面上，按行距 20 - 25 厘米，株距 5 厘米，然后将插条斜插，插条入土 6 厘米，插后浇水，搭棚遮阳，待插条长出 3 厘米时便可以移植。

（3）根段繁殖。早春惊蛰前后收刨丹参时，选择向阳避风处，挖深 30 厘米、宽 130 厘米、长不定的东西向育苗池。池底铺一层骡马粪或麦穰作酿热物，厚 6～7 厘米，上面再铺一层沙或炉灰，土杂肥或厩肥和土混合好的育苗土，厚 10～15 厘米。在育苗池的四周用土坯或砖垒上北高南低的矮墙。选择色鲜红、粗 0.5～1 厘米，无病害的新根。种根以根的上、中段为好，整理成条，剪成 6～7 厘米长的根段。有条件地区根下端在 50 毫克/升 ABT 生根剂溶液中浸泡 2 小时，按株行距 25 厘米×30 厘米开穴，穴深 5～7 厘米，每穴放入根段 1～2 段，斜放，使上端保持向上，栽后立即浇水，待水渗下后培土压紧。晚秋栽种的，年前不能萌发新芽，在每墩上面覆盖 6～9 厘米厚的土，轻轻拍平，一次浇透，用塑料薄膜覆盖严密，既可防旱保墒，又能避免人畜踩伤幼芽。为了防止夜间低温或寒流，覆盖稻草帘子，做到早晨揭，晚上盖。育苗池要保持土壤温润，浇水要选择温暖有阳光的中午进行，最好浇温水，浇水后及时将塑料薄膜盖好封固。育苗池温度保持在 20～25℃，约 20 天，幼苗萌发出土，30 天新叶展露。如池里温度超过 30℃，则需及时通风降温（一般揭开两侧薄膜即可）。待苗高 2～3 厘米时，选择温暖有太阳的中午，揭开薄膜晒苗。苗高 6～9 厘米时即可移栽，移栽时间常在谷雨前后，整个育苗期 40～50 天。

（4）种子繁殖。于 3 月下旬，在整好的苗床畦面上按行距 30～35 厘米开沟，深 1 厘米，丹参种子拌上细沙，均匀撒入沟内，盖上细土，以不见种子为度，播后盖草保温保湿。当地温达 18～22℃时，半个月即可出苗，出苗后揭去盖草，当苗长至 6 厘米时进行间苗，培育至 5 月下旬即可移栽。当苗高 9～12 厘米时，移于大田。起苗时隔一行起一行，留下的苗按株距 9～12 厘米定苗。移栽地按行距 24～30 厘米，株距 9～12 厘米，挖 9 厘米左右深的穴，每穴栽 2～3 株，栽后浇水，待水渗下后培土，压紧，以提高成活率。

7. 如何对丹参进行田间管理？

（1）选地整地。丹参为深根性植物，根系发达，深可达 60～80 厘米，土层深厚，排灌良好，近中性、微酸或微碱性，质地疏松的沙质土最利于根系生长，黏土和盐碱地均不宜生长。丹参忌连作，可与小麦、玉米、洋葱、大蒜、薏苡、夏枯草等作物或非根类中药材轮作，或在果园中套种，而不宜与豆类或其他根类药材轮作。前茬作物收割后整地，深耕30～40厘米，耙细整平，作90厘米宽平畦，畦埂宽24厘米。

（2）中耕除草。丹参苗高6厘米时进行第一次中耕除草，中耕要浅，避免伤根。第二次在6月，第三次在7—8月进行，封垄后停止中耕。

（3）排灌。移植后缓苗前应保持畦地湿润，确保成活。成活后一般不浇水。分株繁殖和根段繁殖的地块，若在春季收刨，需浇好封冻水。雨季要及时排水，以防烂根。追肥后要浇水。

（4）摘蕾。6—7月，除留种子外，及时摘去花蕾。

（5）施肥。每亩施用农家肥3 000千克作为基肥；在开始现蕾雨季封垄之前，结合中耕除草追肥2～3次，第一次以氮肥为主每亩沟施尿素15千克，以后配施磷钾肥，每亩沟施低氮型氮磷钾复合肥15～20千克，饼肥50千克，最后一次要重施，在植株生长后期，每亩沟施过磷酸钙25千克，硫酸钾或氯化钾10千克，饼肥100千克，加快参根生长发育。

8. 丹参主要病虫害及其防治措施有哪些？

（1）根腐病。①危害症状。是一种镰刀菌引起的根部病害。丹参易发生根腐病，尤其在高温多雨季节发病严重。危害根部，发生湿烂，外皮变黑，逐渐发展到全部根发黑，地上部分植株枯萎。②防治措施。合理轮作倒茬；注意雨季及时排水；发病期用50%多菌灵可湿性粉剂1 000倍液或50%甲基硫菌灵可湿性粉剂800～1 000倍液浇灌病穴。

（2）菌核病。①危害症状。病菌首先侵害基部、芽头及根顶部，变成褐色，逐渐腐烂，病株上部茎叶逐渐发黄。②防治措施。做好选种育苗工作；发病初期用50%氯硝胺可湿性粉剂0.5千克加生石灰15～20千克，撒在病株茎基及周围土面。

（3）蚜虫。①危害症状。常危害幼叶和花蕾，以成虫刺吸茎叶汁液，严重者造成茎叶发黄。②防治措施。冬季清园，将枯枝落叶深埋或烧毁；发病期喷50%杀螟硫磷乳油1 000～2 000倍液或25%吡虫啉悬浮剂800～1 000倍液进行喷雾防治，每7～10天1次，连续数次。

（4）银纹夜蛾。①危害症状。以幼虫咬食叶片，夏秋季发生，咬食叶片成缺刻，严重时可把叶片吃光。②防治措施。冬季清园，烧毁田间枯枝落叶；悬挂黑光灯诱杀成虫；在幼龄期，喷90%晶体敌百虫800倍液或40%速杀硫磷乳油1 000～1 500倍液防治，每7天喷1次，连续2～3次。

（5）蛴螬。①危害症状。4—6 月发生，以幼虫危害，咬断苗或嘴食根，造成缺苗或根部空洞，危害严重。②防治措施。施肥要充分腐熟，最好用高温堆肥；灯光诱杀成虫；用 75％辛硫磷乳油按种子量的 0.1％拌种；田间发生期用 90％晶体敌百虫 1 000 倍或 75％辛硫磷乳油 700 倍液灌穴；用 50％氯丹乳油 25 克，拌炒香的麦麸 5 千克，加适量水配成的毒饵，于傍晚撒于田间诱杀。

9. 丹参应怎样留种？

种子要及时采收，否则会自然散落地面。采收时，如果留种面积很小，可分期分批采收，即在田间先将花序下部几节果萼连同成熟种子一起捋下，而将上部未成熟的各节留到以后采收。

10. 丹参如何进行采收加工？

（1）采收时间。丹参在大田定植一年或一年以上便可收获，根部化学成分达到质量标准（丹参酮ⅡA 含量不低于 0.30％，丹参素含量不低于 1.2％）时，以 12 月中旬地上部分经霜枯萎或翌年早春返青前为最适宜的收获期，土壤干湿度合适，选择晴天进行。

（2）采收方法。先将地上茎叶除去，用牙镢或用 40 厘米以上长的"扎锨"顺垄沟逐行采挖，将挖出的丹参置原地晒至根上泥土稍干燥，剪去茎秆、芦头等地上部分，除去沙土（忌用水洗），装筐，避免清理后的药材与地面和土壤再次接触。该植物根条入土较深，质脆，易折断，采挖时尽量深挖，勿用手拔；装运过程中不挤压、踩踏，以免药材受损伤；装筐后的药材及时运到晾晒场，过程中不得遇水或淋雨。

（3）加工方法。①场所和用具。基地必须集中建立晾棚和晒场，应有常用的工具如晾席、竹帘或晒布等，且应清洗干净；还应有防止家禽家畜进入的措施，以防污染。②运回的丹参先置芦席、竹席或洁净的水泥晒场上晾晒。③如需"条丹参"，可将直径 0.8 厘米以上的根条在母根处切下，顺条理齐，暴晒，不时翻动，七八成干时，扎成小把，再暴晒至干，装箱即成"条丹参"；如不分粗细，晒干去杂后装入麻袋则称"统丹参"。

11. 丹参如何进行储藏？

产品经晾晒或烘干后，手感药材干燥，折之即断，含水量在 12％以下时，利用挑选、筛选等方法除去杂质后，即可进行初包装。干燥好的丹参药材应暂时储藏在通风干燥环境，货堆下面必须垫高 50 厘米，以利通风防潮。

12. 丹参药材性状及饮片性状是什么?

(1) 丹参药材性状。①本品根茎短粗,顶端有时残留茎基。根数条,长圆柱形,略弯曲,有的分枝并具须状细根,长 10～20 厘米,直径 0.3～1.0 厘米。表面棕红色或暗棕红色,粗糙,具纵皱纹。老根外皮疏松,多显紫棕色,常呈鳞片状剥落。质硬而脆,断面疏松,有裂隙或略平整而致密,皮部棕红色,木部灰黄色或紫褐色,导管束黄白色,呈放射状排列。气微,味微苦涩。②栽培品较粗壮,直径 0.5～1.5 厘米。表面红棕色,具纵皱纹,外皮紧贴不易剥落。质坚实,断面较平整,略呈角质样。

(2) 丹参饮片性状。①丹参。呈类圆形或椭圆形的厚片。外表皮棕红色或暗棕红色,粗糙,具纵皱纹。切面有裂隙或略平整而致密,有的呈角质样,皮部棕红色,木部灰黄色或紫褐色,有黄白色放射状纹理。气微,味微苦涩。②酒丹参。形如丹参片,表面红褐色,略具酒香气。

13. 丹参有何质量标准?

药典规定,丹参表面红棕色或深浅不一的红黄色,皮粗糙多鳞片、易剥落,体轻而质脆;断面红色、黄色或棕色,疏松有裂隙,显筋脉白点;气微,味甘微苦;无芦头,无杂质,无霉变者为佳。丹参中水分不得过 10.0%,总灰分不得过 10.0%,酸不溶性灰分不得过 2.0%,醇溶性浸出物不得少于 11.0%。按干燥品计算,含丹酚酸 B ($C_{36}H_{30}O_{16}$) 不得少于 3.0%。

(十二) 地黄

1. 地黄的来源及性味功效是什么?

地黄为玄参科植物地黄的新鲜或干燥块根。秋季采挖,除去芦头、须根及泥沙,鲜用或炮制后用。分为鲜地黄、干地黄和熟地黄。

鲜地黄性寒,味甘、苦。归心、肝、肾经。具有清热生津、凉血、止血的功效。用于热病伤阴、舌绛烦渴、温毒发斑、吐血、衄血、咽喉肿痛等症。

干地黄性寒,味甘。归心、肝、肾经。具有清热凉血、养阴生津的功效。用于热入营血、温毒发斑、吐血、衄血、热病伤阴、舌绛烦渴、津伤便秘、咽喉肿痛等症。

熟地黄性微温，味甘。具有补血滋阴、益精填髓的功效。用于血虚萎黄、心悸怔忡、月经不调、崩漏下血、肝肾阴虚、腰膝酸软、骨蒸潮热、盗汗遗精、内热消渴、眩晕、耳鸣、须发早白等症。

地黄植株形态

2. 地黄有怎样的形态特征？

地黄是多年生草本，株高 10～30 厘米，密被灰白色多细胞长柔毛和腺毛。叶通常在茎基部集成莲座状，向上则强烈缩小成苞片，或逐渐缩小而在茎上互生；叶片卵形至长椭圆形，上面绿色，下面略带紫色或成紫红色，长 2～13 厘米，宽 1～6 厘米，边缘具不规则圆齿或钝锯齿以至牙齿；基部渐狭成柄，叶脉在上面凹陷，下面隆起。花梗长 0.5～3.0 厘米，细弱弯曲；花萼钟状，萼长 1.0～1.5 厘米，密被多细胞长柔毛和白色长毛；萼齿 5 枚，矩圆状披针形或卵状披针形，长 0.5～0.6 厘米，宽 0.2～0.3 厘米；花冠长 3.0～4.5 厘米，花冠筒状而弯曲，雄蕊 4 枚；药室矩圆形，长 2.5 毫米，宽 1.5 毫米。蒴果卵形至长卵形，长 1.0～1.5 厘米。花果期 4—7 月。

3. 地黄对生长环境有何要求？

地黄喜温和气候，需要充足阳光，达到一定温度才会发芽，若低于 10℃，都是不能发芽的，温度在 12℃以上才会发芽，出苗需要持续温度 12℃以上 1 个月左右。块根在气温 25～28℃时增长迅速。地黄种子为喜光种子，在黑暗条件下，即使温度、水分适合也不发芽。地黄根系少，吸水能力差，潮湿的气候和排水不良的环境，都不利于地黄的生长发育，并会引起病害。地黄为喜肥植物，地黄喜欢疏松、肥沃、排水良好的土壤，沙质壤土、冲积土、油砂土最为适宜。地黄对土壤的酸碱度要求不严，pH 6～8 均可适应。

4. 地黄的生长发育习性是怎样的？

种子播于田间，在 25～28℃条件下，7～15 天即可出苗，8℃以下种子不萌发。块根播于田间，在湿度适宜，温度大于 20℃时 10 天即可出苗。春"种栽"种植，前期以地上生长为主，4—7 月为叶片生长期，7—10 月为块根迅速生长期，9—10月为块根迅速膨大期，10—11月地上枯萎，霜后地上部枯萎后，自然越冬，当年不开花。田间越冬植株，第二年春天均会开花。

5. 地黄的繁殖方法有哪些？

地黄的繁殖方法主要有块根繁殖、种子繁殖。

（1）块根繁殖。选择新鲜健壮、无病虫害，形体好，直径0.80～1.20厘米的根状茎，将其截成3～4厘米长的小段作种根。早地黄于4月上旬栽种，晚地黄于5月下旬至6月上旬栽种。栽种时，在整好的畦面上按行距30厘米开沟，按株距15～20厘米放块根，覆土3～4厘米，每亩需40千克左右。

（2）种子繁殖。于3月下旬播种育苗，按行距10～15厘米开浅沟条播，覆土0.3～0.5厘米，要经常喷水保湿，播后15天即可出苗。当幼苗长到5～6片真叶时，按行距20厘米，株距15厘米移栽到大田。每亩用种量约1千克。

6. 地黄怎样进行倒栽？

在7月中旬，选优良品种和健壮植株挖起，将块根截成5厘米的小段，按行株距25厘米×10厘米，重新栽到另一块肥沃的田地里，每亩约栽种20 000个。翌年春挖出分栽，其出苗整齐，产量好。

7. 怎样对地黄进行先种植后覆膜？

种植时在起好的垄上用小锄挖6厘米左右深的两行小沟，每隔20～25厘米放种根1段，然后覆土3～4厘米，压实后浇水，趁墒覆全膜，出苗后及时放苗，防止烧苗。

8. 地黄适宜的前茬是什么？

地黄忌连作，只能种生茬，前茬作物以蔬菜及禾本科的玉米、小麦、大麦、谷子等为好。花生、芝麻、豆类地以及洼地、盐碱地不宜种植。

9. 地黄应如何施肥？

地黄为喜肥植物，在种植中以施入基肥为主。适时适量对其进行追肥也有助于生长发育和根茎肥大，在产区，药农采用"少量多次"的追肥方法。齐苗后到封垄前追肥1～2次，前期以氮肥为主，以促使叶茂盛生长，一般每亩施入腐熟粪水肥1 500～2 000千克或硫酸铵7～10千克。生育后期根茎生长较快，适当增加磷、钾肥。生产上多在小苗 4～5 片叶时每亩追施腐熟粪水肥1 000 千克或硫酸铵10～15 千克，饼肥 75～100 千克。

10. 地黄"三浇三不浇"是指什么？浇水时需注意什么？

"三浇三不浇"即施肥后浇水、久旱浇水、夏季暴雨后浇井水；地皮不干不浇、中午烈日不浇、天阴欲雨不浇。浇水要防止淤泥染叶及叶心，并避免积水。雨后或浇水时，有积水应及时排除。特别是在雨季时要注意田间排水，严防积水致病。

11. 如何对地黄进行田间管理？

（1）间苗、定苗及补苗。苗高 10～12 厘米时开始间苗，去掉病苗、弱苗，最后按株距 20～25 厘米定苗。若缺苗，可在阴雨天及时补苗。

（2）中耕除草。出苗后及时松土除草，宜浅锄，否则易切断根茎，影响根长粗，形成"串皮根"。当植株封行后，最好拔草，以利于地上和地下块根的生长发育。

（3）追肥。地黄整个生长期间需追肥 2～3 次。第一次在齐苗后 15～20 天，以氮肥为主，亩施尿素 20～25 千克；第二次在第一次追肥后 20～30 天，亩施含腐植酸水溶肥 8～12 千克，或复合肥 10～20 千克；第三次根据苗的生长强弱而定，以磷钾肥为主。封行后到根茎膨大前结合打药喷施 3～4 次含腐植酸固体叶面肥 500 倍液，7 月中下旬到 9 月中旬根茎膨大期喷施根茎专用叶面肥，每 7～10 天 1 次，连续 2～3 次。

（4）摘蕾。花蕾应及时摘除，以免消耗养分。对沿地表生长的"串皮根"也要去掉，以集中养分，供给块根生长。

（5）排灌。必须做到及时排灌。缓苗后，应适当浇水，为防止伏天高温烧苗，早上或晚上可适量灌水。若夏季雨涝，应及时排水，以免造成根茎腐烂。

12. 地黄的主要病虫害及其防治措施有哪些？

（1）斑枯病。①危害症状。4 月始发，7—8 月多雨时危害严重，危害地黄的叶片，叶面上有圆形不规则的黄褐色斑，并带有小黑点，严重时病斑汇合，叶折卷干枯。②防治措施。发病初期喷 1∶1∶150 波尔多液，每 13 天 1 次，连续3～4 次；用 65％代森锌 500 倍液，每 7 天 1 次，连续 2～3 次；烧毁病叶，并做好排水工作。

（2）根腐病。①危害症状。5 月始发，6—7 月发病严重，危害根部和地上茎。发病初期叶柄呈水浸状的褐色斑，叶柄腐烂，地上部枯萎下垂。②防治措施。选地势高燥地块种植；与禾本科作物轮作，4 年左右轮作 1 次；设排水沟；选用无病种根留种，并用 50％多菌灵可湿性粉剂 1 000 倍液浸种；发病初期用 50％胂·锌·福美双可湿性粉剂 1 000 倍液或用 50％多菌灵可湿性粉剂 1 000 倍液浇灌，每 8 天 1 次，连续 2～3 次。

（3）轮纹病。①危害症状。主要危害叶片，病斑呈圆形或近圆形，有的受叶脉限制呈半圆形或不规则形，大小 2～12 毫米，初期呈浅褐色，后期中央略呈褐色或紫褐色，具同心轮纹，病部出现黑色小点，即病菌分生孢子器，严重时病叶枯死。②防治措施。发病初期喷洒 70％代森锰锌可湿性粉剂 500 倍液或 75％百菌清可湿性粉剂 600～700 倍液，每 7 天 1 次，连续 2～3 次。

（4）胞囊线虫病。①危害症状。由大豆胞囊线虫引起，多发生在 7 月，发病后上部枯黄，叶子和块根瘦小，生许多根毛。病根和根毛上有许多白毛状线虫和棕色胞囊。严重时可造成绝收。②防治措施。与禾本科作物轮作；注意选无病品种；收获或倒栽时将病残株，尤其是老株附近的细根集中处理；采用倒栽法留种，选留无病种栽；用 0.6％阿维菌素乳油 2 500 倍液灌根。

（5）棉红蜘蛛。①危害症状。红蜘蛛成虫和若虫 5 月在叶背面吸食汁液，被害处出现黄白色小斑，严重时叶片褐色干枯。②防治措施。可喷施 48％毒死蜱乳油 1 000～2 000 倍液或 50％辛硫磷乳油 800～1 000 倍液等高效低毒杀虫、杀螨剂，连喷 2 次即可控制虫害的发生。

13. 如何对地黄进行采收、加工及储藏？

（1）采收。怀地黄 9 月下旬地上部的生长基本停滞，心部叶片开始枯死，叶片开始老化，营养物质全部转移到块根中。10 月上旬地上部基本枯死。因此，采收期一般在 10 月底至 12 月底。采收时先除去地上叶片，然后在畦的一端起挖深 35 厘米的沟，依次小心挖取根茎。人工挖取怀地黄块根，采挖时尽量避免伤及块根。

（2）加工。地黄采收后的块茎，抖去泥土，除净基部叶和不适宜加工的小块茎、须根。按大小分为大、中、小三级，如有太阳，则摊开晒几天，再入炉烘焙。①建炉。烘焙前，在室内靠墙的一面，用砖砌一个高 116 厘米、宽 117 厘米、长 226 厘米的烘炉，在墙根处开一个小火道，在外墙中间挖一个高 30 厘米、宽 30 厘米的火口，连接在一起，筑成小火灶，可烧煤、炭加温。火道建好后，在烘炉内侧离地 90 厘米处横架 6～9 根木棒，棒上铺上用竹片编成的疏竹帘即成。②烘焙。在建好的炉内铺放鲜地黄 200～300 千克，初入炉时用 50℃左右温度烘焙 2 天，翻堆后可用 70～75℃烘焙，至七八成干时把温度降至 40～45℃。地黄入炉烘焙 1～2 天内翻动 1 次，温度升高后可每天翻动 2 次，以后随翻随拣出干货（以表面顶手，心无硬心为标准）。③堆闷。鲜地黄烘焙至八成干后，即从烘炉内取出，进行堆放，外用麻袋或草席盖严发汗 3～4 天，使内部水分往外渗出，表里干湿一致。④复焙。经过堆闷的地黄，再放入烘炉内摊开焙，这时温度保持在 50℃左右，边烘焙边翻动，至足干可取出。一般每亩产干货 300～400 千克，高产可达 400～500 千克。

（3）储藏。秋收地黄时，挑选无病、中等大小的块根储藏。鲜地黄埋在沙土中，防冻；生地黄置通风干燥处，防霉，防蛀。而防霉的重要措施是保证药材的干燥、入库后防湿、防热、通风，对已生霉的药材，可以撞刷、晾晒等方法简单除霉，发霉较重的可用水、醋、酒等洗刷后再晾晒。

14. 生地黄有何质量标准？

药典规定，生地黄中含水分不得过 15.0%，总灰分不得过 8.0%，酸不溶性灰分不得过 3.0%，水溶性浸出物不得少于 65.0%，含梓醇（$C_{15}H_{22}O_{10}$）不得少于 0.20%，地黄苷（$C_{27}H_{42}O_{20}$）不得少于 0.10%。

（十三）党参

1. 党参的来源及性味功效是什么？

党参为桔梗科多年生草本植物党参、素花党参或川党参的干燥根。党参性平，味甘。归脾、肺经。具有补中益气、生津养血、扶正祛邪的功效。用于脾肺气虚、食少倦怠、咳嗽虚喘、气血不足、面色萎黄、心悸气短、津伤口渴、内热消渴等症。

2. 党参有怎样的形态特征？

（1）党参。呈长圆柱形，稍弯曲，长 10～35 厘米，直径 0.4～2.0 厘米。表面灰黄色、黄棕色至灰棕色，根头部有多数疣状突起的茎痕及芽，每个茎痕的顶端呈凹下的圆点状；根头下有致密的环状横纹，向下渐稀疏，有的达全长的一半，栽培品环状横纹少或无；全体有纵皱纹和散在的横长皮孔样突起，支根断落处常有黑褐色胶状物。质稍柔软或稍硬而略带韧性，断面稍平坦，有裂隙或放射状纹理，皮部淡棕黄色至黄棕色，木部淡黄色至黄色。有特殊香气，味微甜。

（2）素花党参（西党参）。长 10～35 厘米，直径 0.5～2.5 厘米。表面黄白色至灰黄色，根头下致密的环状横纹常达全长的一半以上。断面裂隙较多，皮部灰白色至淡棕色。

（3）川党参。长 10～45 厘米，直径 0.5～2.0 厘米。表面灰黄色至黄棕色，有明显不规则的纵沟。质较软而结实，断面裂隙较少，皮部黄白色。

3. 党参对生长环境有什么要求？

党参喜温和凉爽气候，耐寒，根部能在土壤中露地越冬。幼苗喜潮湿、荫蔽，怕强光。播种后缺水不易出苗，出苗后缺水导致大面积死亡。高温易引起烂根。适宜在海拔 1 800～3 000 米、土层深厚、排水良好、土质疏松而富含腐殖质的沙质壤土种植。

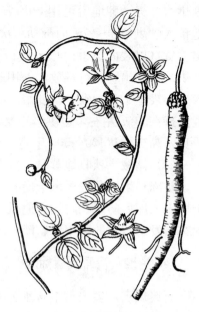

党参植株形态

4. 党参有哪些优良品种？特征是什么？

党参优良品种主要有潞党、渭党 1 号、渭党 2 号、渭党 3 号等。

（1）潞党。呈长圆柱形，稍弯曲，长 12～35 厘米，直径 0.3～2 厘米。表面黄棕色至灰棕色，根头部有多数疣状突起的茎痕及芽，每个茎痕的顶端呈凹下的圆点状；根头下常有致密环状横纹，向下渐疏，栽培品环状横纹少或无；全体有纵纹和疏生横长皮孔突起，支根断落处和根破损处可见黑褐色胶状物。质稍硬或柔润，断面稍平坦，有放射状纹理，外侧多有裂隙，皮部黄白色或黄棕色，木部淡黄色；有特殊香气，味微甜。

（2）渭党 1 号。初生茎绿色，生长后期转为淡绿色且稍带紫色，茎上疏生短刺毛。叶片淡绿色，长 1～6 厘米、宽 1.0～4.5 厘米。花冠淡黄绿色，长 1.5～2.3 厘米、直径 0.8～2.1 厘米。地下茎长圆柱形，稍弯曲，长 10～35 厘米、直径 0.4～2.0 厘米，表面黄棕色至灰棕色，基部具多数疣状茎痕，质地稍硬或略带韧性，断面有裂隙或放射状纹理，皮质部淡黄色至淡棕色，木质部淡黄色。种子卵形、棕黄色，千粒重 0.26～0.31 克。有特殊香气，味微甜。花期 8—9 月，果期 9—10 月。

（3）渭党 2 号。根肉质纺锤状，色泽淡黄白色，上端 3～5 厘米部分有细密环纹，下部疏生横长皮孔。初生茎绿色，生长后期转为淡绿色，茎上疏生短刺毛，地下茎基部具多数瘤状茎痕。叶片色泽淡绿，叶柄长 0.5～3.3 厘米，叶片长 1～6 厘米，宽 1～4.5 厘米。花期 7 月下旬至 9 月下旬，花冠宽钟状，淡黄绿色，长 1.5～2.3 厘米，直径 0.8～2.1 厘米。果期 9 月下旬至 10 月中旬，种子卵形，棕黄色，种子千粒重 0.26～0.31 克。

（4）渭党 3 号。根肉质纺锤状，表皮淡黄白色，主根长 27.5 厘米，粗 3～5 厘米，部分有细密环纹，下部疏生横长皮孔。初生茎绿色，生长后期转为半紫色，茎长 157 厘米，茎粗 0.20～0.36 厘米。叶片色泽淡绿，叶柄长 1.48 厘米，叶长 3.84 厘米，叶宽 3.02 厘米。花冠长钟状，淡黄绿色，长 1.6～2.5 厘米，直径 0.8～2.2 厘米，种子千粒重 0.27 克。

5. 如何选购优质党参种苗?

（1）党参种苗鉴别真伪。购买党参种苗时，先看是不是党参，这个很重要，种苗价格高时，经常有不法商贩将其他药材种苗掺混其中，冒充党参种苗，应引起高度重视。真的党参种苗放到鼻子跟前闻一下，如有党参特有气味，即为真品。芽为紫红色，呈小圆锥形，单独 1～2 个，这种党参种苗比较好。如果芽簇生，可能是多年生党参苗，不能选用。温度高时，叶片会展开。

（2）优质种苗选择标准。在栽植前一定要进行种苗挑选，首先看芦头是否完整，芽是否饱满；其次要将表皮粗糙、分杈多、侧根较多、苗质硬、苗心已木质化的种苗淘汰；并剔除腐烂、发霉、有病虫害的种苗。小老苗、分杈苗以及根茎粗 2 毫米以下，难以快速生长的特小苗也应除去。优质的党参种苗，应当健壮饱满、表皮幼嫩光滑、粗细均匀、无病虫感染、无机械损伤、质地柔软，直径 2～5 毫米，苗长 15 厘米以上，百苗鲜重 40～80 克为宜。

（3）党参种苗分级。生产上，一般将党参种苗分三级。大苗，根头直径≥5 毫米；中苗，根头直径在 2～5 毫米；小苗，根头直径≤2 毫米。所选种苗长度要达到 15 厘米以上。其中，根头直径在 2～5 毫米的为优质种苗。优质种苗栽植后成活率高、生长快、抗逆性强、高产稳产且品质好。

6. 党参种苗如何处理?

如果移栽地病虫害比较多，易导致党参发生死苗、烂根、品质退化等。因此，在种苗栽植前，要进行药剂处理，一般用高效低毒杀虫剂、杀菌剂制成混合液，进行蘸根，防治效果较好，亦可用 0.06% 腐植酸钠溶液蘸党参苗根部，取出稍晾干后栽植，对预防根病和促进生长效果较好。

7. 党参育苗地及移栽地应如何选择?

育苗地宜选地势平坦、靠近水源、无地下病虫害、无宿根杂草、土质疏松肥沃、排水良好的沙质壤土。移栽地除盐碱地、涝洼地外,生地、熟地、山地、梯田等均可种植,但以土层深厚、疏松肥沃、排水良好的沙质壤土为佳。

8. 党参种植选择哪种方式比较好?

党参种植可以采用种子直播和育苗移栽的方式,以育苗移栽为好。

(1)种子直播。党参种子直播时,必须要用新采收的种子,因为隔年种子发芽率很低或丧失发芽力。从早春解冻后至冬初封冻前均可播种,一般常在7、8月雨季或秋冬封冻前播种,出苗率高,幼苗生长健壮。春播常因春旱而较难出苗或出苗不齐,有灌溉条件的地方可采用春播。为使种子发芽率提高,可用温烫浸种处理。即用40~50℃的温水,边搅拌边放入种子,至水温与室温差不多时,再放5分钟,然后将种子置于纱布内,用清水冲洗数次,再放在温度15~20℃的室内沙堆上,每隔3~4小时用清水淋洗一次,5~6天种子裂口即可播种。种子在温度10℃左右、湿度适宜的条件下开始萌发,最适发芽温度是18~20℃。采用撒播或条播。撒播,将种子均匀撒于畦面,盖薄土,以盖住种子为度,随后轻轻镇压使种子与土紧密结合,以利出苗,每亩播种量约1千克;条播,按行距10厘米,开1厘米深的浅沟,将种子均匀撒于沟内,同样盖以薄土,每亩播种量0.5~1.0千克。播后畦面用玉米秆、谷草或松杉枝等覆盖保湿,以后还需适当浇水,经常保持土壤湿润,以利出苗。

(2)育苗移栽。党参苗生长一年后于第二年4月中下旬起苗移栽至大田。起苗移栽时,要防止伤害主根,才能促进生长,质量好。移栽时要进行选苗,先移栽主根粗而直的壮苗,按行距20~30厘米,开15~20厘米深的沟,株距为8~10厘米,斜摆于沟内,覆土约5厘米,注意覆土至与芦头相齐即可。每亩用参苗40~50千克。

9. 党参的种植密度是多少?

坡地(坡度较小)或畦栽,应按行距20~30厘米,开深20~25厘米的沟,以株距5~8厘米栽植;山坡地(坡度较大)应顺坡横行开沟,行距20~30厘米,以株距5~10厘米栽植。

10. 党参幼苗期应注意什么？

党参幼苗期根据气候、土质等自然条件适当浇水，不可大水浇灌，以免冲断参苗。党参幼苗期喜湿润，怕旱涝，喜阴凉，怕强光直射，应进行遮阳。

11. 党参田间管理应注意哪些问题？

早春和苗期要注意除草；在搭架前追施一次厩肥，每亩1 000～1 500 千克；移栽后要及时灌水，以防苗干枯，保证出苗，成活后可以不灌或少灌水。

12. 党参锈病防治措施有哪些？

党参锈病发生时感病叶片叶背略隆起（夏孢子堆），后期破裂散出橙黄色的粉末（夏孢子），严重时叶片枯死，影响生长，6—7 月发病最为严重。防治措施：冬季清除枯枝落叶；发病期用 65％代森锌可湿性粉剂 500 倍液，或 97％敌锈钠原粉 400 倍液喷洒，或 15％三唑酮可湿性粉剂 500～800 倍液喷雾，阴雨天5～7 天防治 1 次，晴天 7～10 天防治 1 次，连续 3～4 次，药剂交替使用，有较好的防治效果。

13. 高温干旱导致党参死亡严重，如何进行田间管理？

（1）有条件的地方进行适当灌水。党参苗期喜湿润，成药期具有一定的抗旱性，但与小麦等粮食作物相比，仍有较大差距，高温干旱条件下，一定要及时补灌。但切忌大水漫灌，因为党参的肉质根怕涝。

（2）喷施叶面肥。选择在晴天傍晚用 2％的磷酸二铵或其他叶面肥、植物生长素等进行叶面喷施，既有补水作用，又有补充养分的作用，可通过促进生长，提高党参的抗旱性。

（3）喷施抗旱剂。抗旱剂具有使作物气孔开张度缩小、抑制蒸腾、增加叶绿素含量、提高根系活力、减缓土壤水分消耗等作用，从而增强作物的抗旱能力。如生产上使用的抗旱剂一号（又称黄腐酸、腐植酸或富里酸）、新型植物抗旱剂[2-（乙酰氧基）苯甲酸]等等。

（4）加强病虫草害防治。生长健壮的植物，抵抗干旱的能力强，病虫害会使植物长势差，显著降低植株抗旱能力，因此要做好病虫草害防治工作，以此来提高党参抗旱能力。另外，杂草与党参争水争肥，所以，及时除草也能提高党参抗旱能力。

14. 党参如何采种留种?

选二年生或二年生以上的党参,在 9 月下旬至 10 月上旬大部分果实的果皮变成黄褐色、种子变成黑褐色时即可采收留种。

党参留种需要注意以下几点:①在田间选择品种纯正、生长健壮、病虫害发生轻或无病虫草害的党参留种。②在有 2/3 党参蒴果黄褐色,种子变为黑褐色,并具有金属光泽时收获党参藤蔓,收获过早种子成熟度差,不饱满,秕粒多,种子质量差,收获过晚种子虽成熟度好,但落粒严重,种子产量低。③党参藤蔓收割后堆放 4～7 天后再来脱离种子,让种子充分成熟,堆放时要注意通风,防止发热和防雨。④党参种子不能在水泥地打碾,一般用木棒来敲击脱粒,防止种子破碎。⑤及时晒干,晾晒温度不能高于 30℃,温度过高容易造成种子走油。⑥干燥的党参种子,等种子温度降低后,要用布袋或编织袋分装,不能用塑料袋装,防止种子窒息死亡。分装好的党参种子应放阴凉、干燥、避光处,避免烟熏,防止发芽率快速下降。党参种子小,不耐储藏,储藏期一般不超过一年。

15. 种植的党参质松、不甜的原因有哪些?

党参以色黄白至淡棕色,质稍硬带韧性,断面有放射状纹理(菊花心),且断面黄白色,有特殊香气,味微甜为佳。种植的党参质松、不甜的原因有以下几点:①所选种苗不好。如果选择了柴党种苗,则得到的党参就质硬、不甜、品质差。因此,党参种植时应选择优质种苗。②种植环境不适宜。党参是喜光耐旱植物,适宜生长在年降水量 430～550 毫米的半干旱冷凉地区。干旱地的党参虽甜,但产量低;过湿环境生长的党参质地松泡。昼夜温差大的环境所种植的党参较甜。③收获过早。成熟度不够的党参质地松泡,不甜。④洗药时用水浸泡的时间过长。浸泡时间过长,党参里的多糖和易溶于水的成分损失多,干燥后表现为党参质地松泡,不甜。⑤干燥方法不正确。将采挖的党参根除去残茎,抖去泥土,用水清洗干净,分级后分别晾晒至三四成干,至表面略起皱发软(绕指而不断)后白天在日光下晾晒,夜晚收回揉搓,再堆放重压发汗,反复 3～4 次,促进党参体内物质转化,这样干燥的党参才皮松肉紧、条直、甘甜、有菊花心,外观和内在品质俱佳。

16. 党参如何进行采收、加工?

(1)采收。直播党参需经 3 年才能采挖,育苗移栽的, 2 年收获为宜。地瘦、管理差的直播党参4年后进行采挖，育苗移栽的3年后进行采挖。采挖期一般为农作物收获完毕后到地冻前，挖时要避免创伤折断、流失参液而降低质量。

（2）加工。将挖出的参根抖去泥土，加水洗涤，先按其大小、长短、粗细分为老、大、中条，分别晾晒至柔软（绕指而不断），将党参一把把地顺握或放木板上揉搓，如参梢太干可先放水中浸泡后再搓，握或搓后再晒，反复3~4次，使皮肉紧贴，充实饱满并富有弹性。搓的次数过多会变成油条，影响质量。搓完后置室外摊晒，以防霉烂，晒至八成干后即可包装储藏。一般干鲜比（干重：鲜重）为1：2。

17. 党参对包装材料、储藏环境及运输工具有何要求？

党参应选用以质地较结实、干燥、清洁、无异味以及不影响品质的材料制成的专用袋包装，以保证药材在运输、储藏、使用过程中的质量。党参应放在凉爽、干燥通风处，勿受潮湿，并防止虫蛀变质；要注意防鼠害，且经常检查。党参富含糖类，味甜、质柔润，夏季易吸潮、生霉、走油、虫蛀，储藏温度应保持在28℃以下，安全空气相对湿度为65%~75%。运输工具必须清洁、干燥、无异味、无污染，具有较好的通气性，以保持干燥，并有防晒、防潮等措施。

18. 党参有何质量标准？

干燥党参，以条粗壮、质柔润、气味浓、嚼之无渣者为佳。药典规定，党参中含水分不得过16.0%，总灰分不得过5.0%，醇溶性浸出物不得少于55.0%；二氧化硫残留量不得过400毫克/千克。

（十四）当归

1. 当归的来源及性味功效是什么？

当归为伞形科植物当归的干燥根。当归性温，味甘、辛。归肝、心、脾经。具有补血活血、调经止痛、润肠通便的功效。用于血虚萎黄、眩晕心悸、月经不调、经闭痛经、虚寒腹痛、风湿痹痛、跌打损伤、痈疽疮疡、肠燥便秘等。酒当归活血通经，用于经闭痛经、风湿痹痛、跌打损伤等症。主产于甘肃、陕西、云南、四川等省。甘肃主产县有岷县、宕昌、漳县、渭源等。

2. 当归有怎样的形态特征?

当归为二至三年生草本,株高 0.4～
1.2 米,茎直立,紫色或绿色,有纵直槽纹,
主根粗短。叶为 2～3 回奇数羽状复叶,叶柄
长 3～10 厘米,基部膨大成鞘。花白色,双
悬果,椭圆形,翅果有 5 棱,侧有宽而薄的
翅,翅缘淡紫色,每棱槽有 1 个油管,接合
面有 2 个油管。根略呈圆柱形,下部有支根
3～5 条或更多,长 15～25 厘米。表面浅棕
色至棕褐色,具纵皱纹和横长皮孔样突起。
根头(归头)直径 1.5～4.0 厘米,具环纹,
上端圆钝,或具数个明显突出的根茎痕,有

当归植株形态

紫色或黄绿色的茎和叶鞘的残基;主根(归身)表面凹凸不平;支根(归
尾)直径 0.3～1.0 厘米,上粗下细,多扭曲,有少数须根痕。质柔韧,断
面黄白色或淡黄棕色,皮部厚,有裂隙和多数棕色点状分泌腔,木部色较
淡,形成层环黄棕色。有浓郁的香气,味甘、辛、微苦。

3. 当归对生长环境有什么要求?

当归为高山植物,适宜在海拔 2 000～3 000 米的高寒地区生长,怕高温干
旱,喜凉爽湿润的环境条件。产区一般采用高海拔育苗,低海拔移栽,育苗地海
拔范围为 2 500～3 000 米,移栽地海拔范围为 2 000～3 000 米。有研究表明,当
归抽薹率随海拔高度的增加而减少,在海拔 1 894～2 384 米,海拔每增高 100
米,抽薹率就会降低 2.9%。优质当归的生产适宜在平均气温 4.5～5.7℃,7—8
月平均气温 15～17℃,≥0℃积温 2 460℃左右,年降水量 570～650 毫米,3—5
月需水关键期降水量在 110 毫米以上,成药期降水量达 450 毫米以上,海拔高度
在 2 200～2 400 米的区域进行。

4. 适合甘肃种植的当归高产优质新品种有哪些?

(1)岷归 1 号。苗期株高 16～20 厘米,茎半直立,叶色、叶柄淡绿;成药
期株高 30～40 厘米,叶片深绿色,叶柄紫色,为典型的 2 或 3 回奇数羽状复叶,
根长 40 厘米,平均鲜根重 80.9 克,主根淡黄白色,圆锥形,百苗重 70 克左右;
茎秆紫色,花顶生、白色,种子淡白色、长卵形,千粒重 1.9 克,发芽率

92.5%；总灰分 5.0%，酸不溶性灰分 0.6%，浸出物 58.8%；特级、一级品出成率分别为 24.1%和 29.3%。根病平均发病率 6.0%，病情指数 2.4；提前抽薹率平均 19.0%，较对照降低 1.3 个百分点；岷归 1 号平均亩产鲜当归 767.9 千克，较对照增产 19.4%。

（2）岷归 2 号。苗期株高 15～20 厘米，茎半直立，叶色、叶柄淡绿，主根淡黄白色，圆锥形，百苗重 65 克；成药期株高 30～40 厘米，叶片绿色，叶柄绿色，根长 40 厘米左右，平均鲜根重 78.5 克；结籽期株高 140 厘米左右，茎秆绿色，花顶生，白色，种子淡黄白色，长卵形，千粒重 1.9 克，种子发芽率 90.5%；总灰分 3.9%，酸不溶性灰分 0.3%，浸出物 68.6%，阿魏酸 0.148%，特级、一级品出成率分别为 23.2%和 29.7%。岷归 2 号麻口病平均发病率 4.4%，病情指数 1.8；提前抽薹率平均 14.8%；岷归 2 号平均亩产鲜当归 808.2 千克，较对照增产 12.2%。

（3）岷归 3 号。苗期株高 25～35 厘米，主茎淡紫色，叶绿色，叶边缘缺刻状或有钝锯齿，根长 23～31 厘米，芦头径粗 2～7 厘米；第三年结籽期，主茎高 108 厘米左右，花顶生，白色，未开放的花苞呈淡紫色，果为双悬果，由二分果，分果内有种子一枚，种子白色；千粒重 1.97 克，种子发芽率 65.5%。总灰分 4.2%，酸不溶性灰分 0.4%，浸出物 61.4%，阿魏酸 0.148%，麻口病平均发病率 6.1%，病情指数为 1.8。提前抽薹率平均为 15.0%。岷归 3 号平均亩产鲜当归 708.1 千克，较对照增产 15.0%。特等归出成率 25.1%，一等归出成率 29.4%。

（4）岷归 4 号。结籽期主茎深紫色，平均株高 72 厘米；叶片长 34.5 毫米，宽 24.0 毫米；双悬果长 4～6 毫米，宽 3～5 毫米，种果千粒重 1.895 克，种子发芽率 73.3%；成药期根系黄白色，平均根长 28 厘米，芦头径粗 4.5 厘米左右。内在质量：总灰分 4.1%，酸不溶性灰分 0.4%，浸出物 59.0%，阿魏酸 0.127%，无麻口病株率 85.0%，早期抽薹率 15.0%；平均亩产鲜归 759.8 千克，较对照增产 21.9%。

（5）岷归 5 号。根为肉质性圆锥状直根系。幼苗期根长 13.4 厘米，侧根数 2.4 条/株，单株鲜根重 0.87 克；成药根长 35.2 厘米，芦头径粗 3.7 厘米；主茎、侧茎均为淡紫色，结籽期主茎高 81 厘米左右，具 4～7 节，叶柄长 3～7 厘米。成药期冠幅 17～31 厘米，长 2～3.5 厘米，有 2 或 3 个浅裂；结籽期叶柄长 8.8 厘米左右，小叶片宽 3 厘米、长 4.3 厘米。花白色，未开放的花苞呈淡紫色，花期在 6—8 月。果为双悬果，长 4～6 毫米，宽 3～5 毫米。种子淡白色，长卵形，长 1.0～1.5 毫米，宽 0.2～0.3 毫米。种果平均千粒重 1.9 克，种子发芽率 87.4%。总灰分 4.6%，酸不溶性灰分 0.6%，浸出物 60.4%，阿魏酸 0.125%，田间病株率 27.86%，病情指数 9.29；岷归 5 号平均亩产鲜当归 701.1 千克。

5. 当归育苗时对种子应如何处理？

播前除去种子中的杂质、秕籽、霉变、虫伤等劣质种子。温水浸种：将种子置入 30~40℃ 温水中，边撒籽边搅拌，捞去浮在水面上的秕籽，将沉底的饱满种子浸 24 小时之后，取出催芽，待种子露白时，即可播种。

6. 当归育苗时如何选择育苗地及如何进行苗床管理？

育苗地宜选择在背风、荫蔽的山坡或荒地，于 5 月清理杂草并翻地，耙平作畦，从芒种到夏至间（6 月上旬）将种子均匀撒在深翻整平的苗床上，每亩需种子 3~5 千克。覆盖 3 厘米细土，再覆草 3 厘米保墒，使透光度 ≤10%。当归在播后 20 天左右出苗，待苗齐且高 1 厘米以上，即播后 40 天时，须把覆草轻轻挑松 1 次，并拔除杂草。当苗高 3 厘米，叶子 3 片时，再松土 1 次，拔除杂草。伏天过后（8 月中旬），可将覆草轻轻揭去，再拔草松土 1 次，促其生长。

7. 当归优质种苗如何选择？

选择当归苗龄 70~90 天，地上部生长健壮，叶色浓绿；当归根苗根皮色正，芦头完整，外表皮细嫩，质地柔软，无明显木心，无病虫感染，不得有机械损伤、破裂、畸形、腐烂、发霉等；中部直径 3~5 毫米，侧根少，百苗重 40~70 克。另外，不同等级种苗应分类存放。

8. 当归苗子有哪几种储藏方法？如何起苗储藏？

当归苗储藏方法有窖藏（湿藏）和干藏（坑栽子）。

当归起苗时间在寒露前后，起出的苗子，去掉叶子，扎成直径 8 厘米的小把（0.15~0.20 千克），稍晾干，运回进行越冬储藏。堆放储藏方法：将当归种苗扎成直径 5~10 厘米的小把，选阴凉通风处，芦头朝外，一层种苗一层潮细土，含水量在 18%~25%，堆放成圆锥形或方形垛，堆体长、宽（或直径）为 50 厘米，高 50 厘米的立方体或圆锥体，外覆 5 厘米左右的细潮土，细潮土水分过高容易引起当归种苗腐烂，造成损失。水分太低易引起当归种苗脱水。

9. 当归在规范化种植过程中如何移栽?

(1) 整地作垄。翻前施优质农家肥,深翻土地 30～40 厘米,垄栽者需作垄:垄宽 60～80 厘米,垄高 20 厘米,垄距 30 厘米。

(2) 移栽时间。当归移栽以春栽为主,一般春分开始,清明大栽,谷雨扫尾。

(3) 移栽方法。①平栽。在整好的地块上,挖坑打穴,穴距 25 厘米,穴深 18～22 厘米,直径 12～15 厘米,每穴 1～2 苗,分开垂直放入穴内,用土压实;再覆土 2 厘米,盖住苗头,但不可过厚。②垄栽。一般在热量不足,有灌水条件时采用,栽培方法与平栽相同。

(4) 栽植密度。无论平栽或垄栽,亩保苗数均应保持在 6 000～7 000 株。

10. 当归如何施肥?

(1) 基肥。结合整地深翻,每亩施优质农家肥 3 000 千克以上,适当增加炕土施用量,并混以化肥,纯量为 15 千克,其中 N∶P∶K 比例为 1∶1∶1。

(2) 追肥。全生育期需追肥两次,苗高 10～15 厘米时追肥 1 次,磷酸二铵 5～10 千克/亩、硫酸钾 3～5 千克/亩(根部追肥);2‰磷酸二氢钾 50 千克/亩、钼酸铵 0.2 千克/亩、硫酸锰 2 千克/亩、氨基酸肥(叶面追肥)等。

11. 当归在生长过程中如何控制其抽薹?

选择苗子的大小,通过肥料及选地,通过提高移栽和栽培的海拔高度,综合来控制当归早期抽薹。选择苗子的时候不要太大,要小苗子,海拔在 2 200～2 800 米的地块里生长 110 天,直径 2～3 毫米的苗子是最为理想的当归种苗,这样的苗子在移栽后最不容易发生抽薹现象。

12. 当归主要病虫害及其防治措施有哪些?

(1) 根腐病。①危害症状。病原主要为镰刀菌属燕麦镰刀菌。发病植株根部组织初呈褐色,进而腐烂变成黑色水浸状,只剩下纤维状物。地上部叶片变褐至枯黄,变软下垂,整株死亡。5 月初开始发病,6 月危害严重。②防治措施。栽植前进行土壤消毒,每亩用 70%五氯硝基苯粉剂 1 千克;选无病种苗,用 1∶1∶150 波尔多液浸泡,晾干栽植;拔除病株,在病穴中施入 1 把石灰粉,用 2%石灰水或 50%多菌灵可湿性粉剂 1 000 倍液全面浇灌病区,防止蔓延。

（2）褐斑病。①危害症状。病原属壳针孢属真菌。病原菌主要以分生孢子器在病残组织中越冬，成为第二年的初次侵染源。生长期产生分生孢子，借风雨传播，扩大危害，5月下旬开始发病，危害叶片，7—8月较重，一直延至10月，高温多湿条件有利发病，初期叶面上产生褐色斑点，之后病斑扩大，外围有褪绿晕圈，边缘呈红褐色，中心灰白色后期出现小黑点，严重时全株枯死。②防治措施。冬季清扫田园，彻底烧毁病残组织，减少菌源；发病初期摘除病叶，喷1：1：150波尔多液；5月中旬后喷1：1：150波尔多液或喷65％代森锌可湿性粉剂500倍液，每7～10天喷1次，连续2～3次。

（3）水烂病。①危害症状。由细菌引起的当归病害，主要危害当归根茎交界处，发病初期叶片基部呈现水渍状，发病中期叶片基部开始腐烂，叶片萎蔫，整个植株枯萎，后期地上部分完全枯死，造成地下根腐烂。当归水烂病在田间的发病规律：于5月上中旬左右开始发病，7月底至8月初达到发病高峰期。②防治措施。77％氢氧化铜可湿性粉剂，防效最好，相对防效达88％；另外30％的扫细（琥胶酸铜）悬浮剂、85％三氯异氰尿酸可溶性粉剂、农用青霉素对水烂病也有较好的防效。

（4）金针虫。①危害症状。属鞘翅目叩头虫科，为叩头虫的幼虫，种类较多，危害当归严重的有细胸金针虫和沟金针虫两种。幼虫吞食根部，使幼苗和植株黄萎枯死，造成缺苗、断垄。②防治措施。每50千克种子可用75％辛硫磷乳油50克拌种；豆饼、花生饼或芝麻饼炒香后添加适量水分，按50：1的比例拌入60％甲萘威粉剂，即成毒饼，于傍晚在害虫活动区诱杀，或与种子混播。

（5）黄凤蝶。①危害症状。属鳞翅目凤蝶科，又名茴香凤蝶。以幼虫危害，幼虫于夜间咬食叶片，造成缺刻，严重时将叶片吃光，仅剩叶柄和叶脉。②防治措施。幼虫较大，初期和3龄期以前，可人工捕杀；用90％晶体敌百虫800倍液喷杀，7～10天喷1次，连续2～3次。

13. 当归经霜前后有哪些管理措施？

（1）经霜前预防措施。①坚持因地制宜的原则，选择种植抗霜冻力较强的药用植物品种。②加强栽培管理措施，提高药用植物抗性。如加强土肥水管理，运用好施肥、排灌技术，促进植株生长，增加营养物质积累，保证植株健壮，长势良好。其中要注重叶面追肥，增加细胞液浓度，从而增强对霜冻的抵御力。③根据气象预报，掌握好防治时机，采取相应措施改善药用植物生长的小气候环境。具体方法有喷湿：在霜冻发生时期，在夜晚或黎明对易受危害植物进行喷水，以提高近地表层空气湿度，减少地面辐射热的散失，防止冻害的发生；覆盖：覆盖防止霜害简易而有效。覆盖时对具一定承受压力的植物可将覆盖物直接覆盖于其上，反之，应利用支撑物适当悬空覆盖。覆盖物一般选择棚膜、草席或废旧麻袋等；搭棚架遮盖：搭棚时，棚架大小视树体而定，既要紧凑又要尽量使枝梢舒展不受压，同时还要注意其稳固性。棚架可用竹、木作支撑材料，有条件时也可采用金属材料、草席、塑料膜或加密遮光网作遮盖物。

（2）经霜后的管理措施。①加强土肥水管理，尽快恢复药用植物植株长势。结合危害程度，可施一些化学肥料，促进药用植物尽快恢复生长。②对枯死枝叶应进行剪除。③若有全株死亡应根据需要及时补栽。

14. 当归如何进行采收加工？

（1）采收。当归种植 2 年才可以采收，采收时间在 10 月上旬，当归叶已发黄时，割去地上部分使太阳晒到地面，促使根部成熟，10 月下旬采挖当归根部。

（2）加工。挑选、扎把收回的当归要及时挑选，把根部腐烂的，特别是得水烂病的挑出来，以免水烂病蔓延传染。选出的当归摊放在干燥通风的屋檐下晾 7 天左右，使其水分蒸发，根条变柔软后用柳条或树皮进行扎把。每把鲜重 0.5～1.0 千克，形状以扁平为宜。把子若扎得太大，熏炕时通风透气不良，容易腐烂；扎得太小，则费工费时。熏炕当归不能采用阴干或晒干的办法。阴干的质虚体轻，皮粗发青，品质差。晒干的会使当归皮色变红，散失油分，品质降低。甘肃岷县都是搭棚进行熏炕。

熏棚有特制的，也有在干燥通风的屋内搭设的。熏棚的一侧敞开，或棚顶设置烟道，以便走烟排气。在熏棚内搭 120～150 厘米高的木架，架上铺竹条，将当归把子堆放在上面。堆放方法一般是平放 1～2 层，立放 1 层；也有平放 1 层，立放 1 层，再平放几层的。厚 30～45 厘米，再厚就不易干燥。然后用湿柴如豆秆、湿白杨、柳木柴等生火熏烟，不能用明火，烟熏才能使当归上色。10～15 天，当归表皮呈现出红赤色或金黄色时，再用煤火烤 10 天左右进行翻炕。翻炕后，先急火熏 2 天，再用慢火熏 10 天左右，日夜烘炕，干燥度全部达到 70%～80% 时才可以减少烟火或让其自干。一般需 1～2 个月才能制成符合质量要求的当归。熏炕时生火很重要，烟熏要均匀，火力大小要适中。所以火堆一般离棚架 72 厘米左右，不可太近，并随时注意移动火堆，应一天移动一次，这样才能熏炕均匀。少量当归可放于炕上用火盆熏炕，上色后再放于煮饭灶上用烟火熏炕，1～2 个月即可熏干。熏干的当归下棚后，抖净泥土，将扎把时所用的柳条、树皮去掉，清除杂质、烂根或细小毛须，然后按大小重量和规格，包装出售，一般 1.3～1.5 千克鲜当归可干燥 0.5 千克干当归。

15. 当归叶子大部分干枯时能马上采挖吗?

不能马上采挖。须首先查看当归叶子干枯的原因,若是干旱造成的,则进行灌溉;若是病害造成的,则喷洒农药使其改善;若是当归叶片正常枯萎,则割去地上部分,裸露地表,通过阳光暴晒加快成熟。

16. 当归在采挖时股枝断折多,晾晒时也有断折的,造成产量损失,如何解决?

在当归生产或加工中,一般把较大侧根称为股枝。当归股枝断折,既影响产量,又影响品质,有必要引起重视。

(1)采挖时从田块的一边起,用三齿耙在当归后侧深挖25厘米,使带土的当归植株全部露出土面,然后轻轻抖去泥土,不得伤到当归块根,保证块根全数挖出,个体完好无缺。

(2)采挖后抖净泥土,晾晒到根体略发软时再进行运输,当归股枝就不容易断折。

(3)当归晾晒时不能暴晒,翻动次数要少,翻动要轻,在晾晒前期,每2~4天翻动一次,不能用三齿耙抖翻。另外,生产上把当归的根扎把干燥和低湿烘干,也是保护股枝断折的重要方法,可根据情况选择使用。

(4)运输时要轻装轻卸,以免造成股枝断折。

17. 当归种子如何安全储藏?

(1)不能采收二年生当归结的种子。这种当归种子被药农习称为"火药籽",种子播种出苗率差,容易早期抽薹,希望药农不以此作为播种用种子,这是确保质量的前提。

(2)三年生的当归种子要充分成熟。当归的花为复伞形无限花序,种子成熟度不整齐,一般在当归花后60%种子由绿色变为粉白色时,即可割下花薹,扎成小把,倒挂在阴凉通风干燥的地方,让其后熟干燥后再脱离,这样的当归种子质量才有保证。

(3)降低当归种子含水量。当归种子安全储藏的含水量在8%以下时,存放较长时间种子质量安全才有保障,含水量高的种子储藏时间长会使发芽率大幅下降。

(4)避光储藏。避光有利于延长当归种子储藏期,提高储藏种子质量。

(5)低温储藏。低温有利于延长当归种子保质期。

18. 当归的气调包装技术有什么好处？

气调养护的当归水分较常规养护的当归低 5%左右，且避免了生虫长霉、泛油，横切面仍呈黄白色，而常规养护的当归横切面呈黄棕色，药典规定当归横切面黄白色为佳。气调养护的当归中的挥发油和内酯含量高于常规养护的当归，说明气调有利于保存有效成分。通过与传统加工储藏工艺成分比较分析，采用真空包装，保质储藏时间长，药材外观色泽良好，品质优良，且减少了储藏期间翻库、晾晒和熏蒸等环节所带来的人工成本、药材损耗和品质下降，并能防止储藏期间药材污染，是一种高效优质的储藏方法。

19. 当归有何质量标准？

当归头部大而且头部没有分股为上品；当归身部分股比较少而且比较粗为好；当归皮黄棕色至深褐色，切面黄白或淡黄棕色，以主根粗长、饱满、油润、外皮黄棕色、断面颜色黄白、气味浓郁者为佳。药典规定，当归中含水分不得过 15.0%，总灰分不得过 7.0%，酸不溶性灰分不得过 2.0%，挥发油不得少于 0.4%（毫升/克）；重金属铅不得过 5 毫克/千克，镉不得过 1 毫克/千克，砷不得过 2 毫克/千克，汞不得过 0.2 毫克/千克，铜不得过 20 毫克/千克；醇溶性浸出物不得少于 45.0%，按干燥品计算，阿魏酸（$C_{10}H_{10}O_4$）不得少于 0.050%。

（十五）独活

1. 独活的来源及性味功效是什么？

独活为伞形科植物重齿毛当归的干燥根。独活性微温，味苦、辛。归肾、膀胱经。具有祛风、除湿、散寒、止痛的功效。用于风寒湿痹、腰膝疼痛、少阴经伏风头痛、风寒挟湿头痛等症。

2. 重齿毛当归有怎样的形态特征？

重齿毛当归根略呈圆柱形，下部 2～3 分枝或更多，长 10～30 厘米。根头部膨大，圆锥状，多横皱纹，直径 1.5～3.0 厘米，顶端有茎、叶的残基或凹陷。表面灰褐色或棕褐色，具纵皱纹，有横长皮孔样突起及稍突起的细根痕。质较硬，受潮则变软，断面皮部灰白色，有多数散在的棕色油室，木部灰黄色至黄棕色，形成层环棕色。有特异香气，味苦、辛、微麻舌。

3. 重齿毛当归对生长环境有什么要求?

重齿毛当归生长于海拔1 400～2 600米的高寒山区的山谷、山坡林下、林缘草丛或稀疏灌木林、溪沟边。适宜冷凉、湿润的环境,耐寒。重齿毛当归喜阴、喜肥、怕涝,以土层深厚、肥沃、富含腐殖质的沙质壤土栽培为宜,黏重或贫瘠土壤不宜种植。

4. 重齿毛当归的生长发育习性是怎样的?

重齿毛当归整个生长周期为3年,第一至二年为营养生长期,一般只生长根、叶,茎短

重齿毛当归植株形态

缩并为叶鞘包被,有少数抽薹开花。第三年为生殖生长期,一般直播苗到第三年的5—6月,茎节开始伸长,抽出地上茎,形成生殖器官,并开花结子;花期7—9月,果期9—10月,完成整个生长过程。重齿毛当归种子不耐储藏,隔年种子不能用。种子发芽需变温,发芽率在50%左右,生产上采用春播,如温度适宜,30天左右可出苗。

5. 重齿毛当归播种前如何选地整地?

重齿毛当归耐寒、喜潮湿环境,适宜生长在高寒山区,可选择处于半阴坡的土层深厚、土质疏松、富含腐殖质、排水良好的沙壤土。土层浅、积水坡和黏性土壤均不宜种植。一般深翻30厘米以上,每亩施圈肥或土杂肥3 000～4 000千克作基肥,肥料要捣细,撒匀,翻入土中,然后耙细整平,作成高畦,四周开好排水沟。

6. 重齿毛当归如何用种子繁殖?

重齿毛当归种子繁殖多采用直播,也可采用育苗移栽,但以直播为佳。冬播在10月土壤封冻前,采鲜种后立即播种;春播在3月,直播又分条播和穴播。条播按行距50厘米,开沟3～4厘米深,将提前用清水浸泡24小时的种子晾干后,均匀撒入沟内;穴播按行距50厘米、穴距20～30厘米点播,每穴播种10～20粒,覆土2～3厘米,稍压实,并盖一层麦草以保温保湿,每亩用种约1千克。

7. 重齿毛当归如何进行田间管理?

(1) 间苗定苗。苗高20～30厘米时及时间苗,通常每30～50厘米的距离内留1

或2株大苗就地生长，余苗另行移栽，春栽2—4月，秋栽9—10月，以春栽为好。

（2）中耕除草。春季苗高20～30厘米时进行中耕除草，第一年5—8月每月1次。

（3）施肥。一般结合中耕除草时施肥，结合施稀腐熟粪水肥，以促苗壮。春夏季施入腐熟粪水肥或尿素，冬季施入饼肥，每亩40～50千克，过磷酸钙30～50千克，堆肥1 000～1 500千克，在堆沤腐熟之后施入。施肥后培土，防止倒伏，并确保安全越冬。

（4）摘蕾。重齿毛当归根部营养少，根干瘪，使药材质量下降，甚至不能作为药用，所以除采种外应及时摘除花蕾。

8. 重齿毛当归主要病虫害及其防治措施有哪些？

（1）根腐病。①危害症状。高温多雨季节在低洼积水处易发生，是由真菌或细菌引起的根部病害，发病时叶片出现枯黄，植株矮小，根部逐渐变黑腐烂。②防治措施。注意排水；选用无病种苗；用1：1：150波尔多液浸种后，晾干再播种；发病初期用50％多菌灵可湿性粉剂1 000倍液喷施；忌连作。

（2）叶斑病。①危害症状。5月初发生，6—7月发病严重。发病初期，叶片出现深褐色病斑，近圆形或不规则形，后逐渐融合成大斑，严重时叶片枯死。②防治措施。实行轮作，同一块地种植贯叶连翘、重齿毛当归不能超过2个周期；收获后将枯枝残体及时清理出田间，集中烧毁；增施磷钾肥，或于叶面上喷施0.3％磷酸二氢钾，以提高重齿毛当归的抗病力；发病初期用50％多菌灵可湿性粉剂配成800～1 000倍液喷洒于叶面，隔7～10天喷1次，连喷2～3次；或用50％多菌灵可湿性粉剂800倍液或70％甲基硫菌灵可湿性粉剂500倍液，每隔10天喷1次，连喷2～3次，注意喷洒茎基部。

（3）蚜虫和红蜘蛛。①危害症状。蚜虫和红蜘蛛是重齿毛当归上常见害虫，有日益严重的趋势。4月有翅蚜和红蜘蛛迁入重齿毛当归田块，在22～25℃发生严重，平均温度越高，繁殖越快。幼蚜和红蜘蛛常聚集在重齿毛当归嫩头、嫩茎和叶背面吸食汁液，使叶片皱缩、生长畸形，降低正常光合作用，减少干物质积累，影响产量，降低品质。严重时，叶片发黑霉烂，还能传播各类病害。②防治措施。清理病株；害虫发生期可喷50％杀螟硫磷乳油1 000～2 000倍液，或喷1.8％阿维·毒死蜱乳油1 000～1 500倍液，每7天1次，连续3次。

9. 重齿毛当归如何留种？

选取健壮、无病的植株，挂上留种标签，待花期时除去一些倒梢及残花，并施入磷钾肥，促进果实饱满，10月左右果实成熟时收取种子干燥即可。

10. 独活如何进行采收加工？

直播的独活生长2年后采收；育苗移栽的当年10—11月就可收获，即地上部分停止生长枯萎时及时采挖，防止冻害。收获时先割去地上茎叶，挖出根部。挖根时忌挖伤挖断，挖出后抖掉泥土。

采挖后的独活，除去须根泥沙，切去芦头和细根，分摊于干净场地晾晒，同时除去病根残根。充分晒干后装袋或搭架晾干存放，一般向阳搭架，架高距地面30厘米，宽50～60厘米，将独活头向阳平铺摆放5～6层，每层摆放2排，注意防雨、防水、防冻害。也可待水分稍干后堆放于炕房内烘烤，经常检查翻动，至六七成干时堆放回潮，抖掉灰土后扎成小捆，根头部朝下放入炕房内，用温火烘烤至全干后切片食用。

11. 独活有何质量标准？

药典规定，独活中含水分不得过10.0%，总灰分不得过8.0%，酸不溶性灰分不得过3.0%，按干燥品计算，蛇床子素（$C_{15}H_{16}O_3$）不得少于0.50%，二氢欧山芹醇当归酸酯（$C_{19}H_{20}O_5$）不得少于0.080%。

（十六）防风

1. 防风的来源及性味功效是什么？

防风为伞形科植物防风的干燥根。防风性微温，味辛、甘。归膀胱、肝、脾经。具有解表发汗、祛风除湿的功效。用于风寒感冒、头痛、发热、无汗、关节痛、风湿痹痛、四肢拘挛、皮肤瘙痒、破伤风等症。

2. 防风有怎样的形态特征？

防风根呈长圆锥形或长圆柱形，下部渐细，有的略弯曲，长15～30厘米，直径0.5～2.0厘米。表面灰棕色或棕褐色，粗糙，有纵皱纹、多数横长皮孔样突起及点状的细根痕。根头部有明显密集的环纹，有的环纹上残存棕褐色毛状叶基。体轻，质松，易折断，断面不平坦，皮部棕黄色至棕色，有裂隙，木部黄色。气特异，味微甘。

3. 防风对温度及土壤的要求有哪些?

野生防风多见于草原、山坡或林缘,耐寒性强,可耐受－30℃以下的低温。适宜生长的温度 20～25℃,高于 30℃ 或光照不足会使叶片枯黄或生长停滞。适宜土层深厚、排水良好的沙质壤土中生长,pH 6.5～7.5 生长良好,耐盐碱,固沙能力强。土壤过湿或雨涝,易导致根部和基生叶腐烂。黏土及白浆土种植,根短支根多,质量差,不宜选作种植地。

防风植株形态

4. 防风的生长发育过程是什么?

播种后种子发芽较慢,且不整齐,大约 1 个月才能出苗。第一年地上部位只长基生叶,生长缓慢;第二年基生叶长大,个别植株抽薹开花结果;第三年全部抽薹开花结果。返青期 5 月上旬,茎叶生长期 5 月至 6 月中旬,开花期 6 月至 7 月中旬,结果期 7 月中旬至 8 月下旬,果熟期 8 月上旬至 9 月上旬,枯萎期 9 月下旬至 10 月上旬。

5. 防风的根部特征是什么?

它为深根性植物,一年生根长 13～17 厘米,二年生根长 50～66 厘米。根具有萌生新芽和产生不定根、繁殖新个体的能力。植株生长早期,怕干旱,以地上部茎叶生长为主,根部生长缓慢;当植株进入生长旺期,根部生长加快,根的长度显著增加,8 月以后根部以增粗为主。植株开花后根部木质化、中空,甚至全株枯死。

6. 防风的繁殖方法及操作技术要点有哪些?

(1) 种子繁殖。播种分春播和秋播,春播 4 月中、下旬。秋播采收种子即可播种至地冻前,次春出苗,以秋播出苗早且整齐。防风种子春播时需将种子放在 35℃ 的温水中浸泡 24 小时,去掉漂浮在表面的瘪种子,并使其充分吸水以利发芽,浸泡后捞出晾干播种。秋播可用干籽,每亩播种量 2～5 千克,在整好的 60 厘米垄上开沟双苗眼条播或在整好的畦上按行距 25～30 厘米开沟,均匀播种于沟内,覆土 2 厘米左右,稍加镇压。如遇干旱要盖草保湿,浇透水,播后 20～25 天即可出苗。

(2) 插根繁殖。在收获时,取 0.7 厘米以上的根条,截成 3～5 厘米长的根段为插穗，按行距 30 厘米，株距 15 厘米开穴栽种，穴深 6～8 厘米，每穴垂直或倾斜栽入一个根段，栽后覆土 3～5 厘米。栽种时应注意根的形态学上端向上，不能倒栽，且防风栽种时用根量是 50 千克/亩。

7. 防风如何进行田间管理？

（1）选地整地。应选地势高燥、向阳、排水良好、土层深厚的沙质土壤。深耕 30 厘米以上，耕细耙平，作 60 厘米的垄，最好秋翻起垄。或作成高畦，宽 1.2 米，高 15 厘米，长 10～20 米。整地时需施足基肥，每亩施厩肥 3 000～4 000 千克及过磷酸钙 15～20 千克。

（2）间苗定苗。出苗后苗高 5 厘米时，按株距 7 厘米间苗，待高 10～13 厘米时，按 13～16 厘米株距定苗。

（3）除草培土。6 月前需进行多次除草，保持田间清洁无杂草。植株封行时，为防止倒伏，保持通风透光，可先摘除老叶，后培土，入冬时结合场地清理，再次培土保护根部越冬。

（4）追肥。每年 6 月上旬和 8 月下旬，需各追肥一次，分别施厩肥 1 000 千克，过磷酸钙 15 千克。结合中耕培土，施入沟内即可。

（5）排水灌水。播种或栽种后至出苗前，需保持土壤湿润，促使出苗整齐，防风成株抗旱力强，成株一般不浇水。雨季应注意及时排水，防止积水烂根。

8. 如何防止防风抽薹？

防风抽薹严重影响防风产量和质量。两年以上植株，除留种外，均应采取措施防止抽薹，可于秋季 9 月 20 日后割去地上部分，或第二年早春割去根茎可防止抽薹。

9. 防风的主要病虫害及其防治措施有哪些？

（1）白粉病。①危害症状。夏秋季危害叶片，被害叶片两面呈白粉状斑，后期逐渐长出小黑点，严重时叶片早期脱落。②防治措施。选择适宜防风生长发育的生态环境进行种植，加强田间管理，增强防风的抗病能力，7—8 月雨季应及时排除田间积水，忌黏重低洼地种植，降低湿度，减少病害发生；施肥应增施磷钾肥，少施氮肥，增强抗病力，厩肥一定经过充分腐熟后再施用；中耕除草时避免太深伤根，防止病菌从伤口侵入，注意通风透光；发病前喷 1：1：120 倍波尔多液，或 70%代森锰锌可湿性粉剂 300～500 倍液，每 7 天喷 1 次，连续 2～3 次；发病后喷 0.2～0.3 波美度石硫合剂，或用 50%甲基硫菌灵可湿性粉剂

800～1 000溶液或25％三唑酮可湿性粉剂1 000倍液喷雾防治。

（2）黄翅茴香螟。①危害症状。发生在现蕾开花期，幼虫在花蕾上结网，取食花与果实，8月上中旬是危害果实盛期，严重影响防风开花结实，造成产量损失。②防治措施。在清晨或傍晚用90％晶体敌百虫800倍液喷雾。

（3）黄凤蝶。①危害症状。幼虫危害花、叶，6—8月发生，被害花被咬成缺刻或仅剩花梗。②防治措施。人工捕杀；幼龄期喷90％晶体敌百虫800倍液或喷青虫菌（每克含100亿孢子）300倍液，每5～7天1次，连续2～3次。

10. 防风如何采收？

防风根的收获在华北地区一般第二年采挖，在东北地区，尤其是黑龙江省一般第三年采挖，此时收获的根质量最佳。耙荒平播的防风在生长6～7年后收获比较理想。收获时间为10月中旬至11月中旬，也可以在春季防风萌动前进行采挖。春季根插繁殖的防风，在水肥充足、生长茂盛的情况下，当年即可收获。秋季用根插繁殖的防风，一般在第二年的秋季进行采挖。防风的根较深，而且根较脆，很容易被挖断，因此在采挖时，需从畦田的端开深沟，按顺序进行采挖。挖掘工具可以用特制的齿长20～30厘米的四股叉为好。

防风在田间采挖后，要及时进行产地加工。具体方法是在田间就除去残留的茎叶和泥土，趁鲜切去芦头，进行分等晾晒。当晾晒至半干时，捆成1.2～2.0千克的小把，再晾晒几天，再紧一次把，待全部晾晒干燥后，即可成为商品。一般每亩可以收获干品150～300千克，折干率为25％。

11. 防风怎样留种？

防风种子目前还没有形成品种，而且种子的来源也比较混乱。为了提高种子的质量，防风的生产田不能生产种子，因此应该建立种子田，在种子田中留种，进行良种繁育。种子田应选择三年生健壮、无病的防风植株采集种子。为了保证种子籽粒饱满，提高种子的质量，种子田的田间管理应该更加认真和细致，同时可以在防风开花期间进行适当追施磷钾肥。当9—10月防风的果实成熟后，从茎基部将防风的花葶割下，运回后，放在室内进行干燥，一般应以阴干为好。干燥后进行脱粒，用麻袋或胶丝袋装好，放在通风干燥处储存。防风种子不宜在阳光下进行晾晒，以免降低种子的发芽率。新鲜的防风种子千粒重应在5克左右，发芽率应在50％～75％。储藏1年以上的种子，发芽率明显降低，一般不宜再作为播种的种子。

12. 防风储藏及运输过程中需要注意什么问题?

包装后置于通风、干燥、低温、防鼠的库房中储藏,定期检查,防止霉变、虫蛀、变质、鼠害等,发现问题及时处理。车厢、工具或容器要保持清洁、通风、干燥,有良好的防潮措施,不与有毒、有害、有挥发性的物质混装,防止污染,轻拿轻放,防止破损、挤压,尽量缩短运输时间。

13. 防风有何质量标准?

药典规定,防风中含水分不得过 10.0%,总灰分不得过 6.5%,酸不溶性灰分不得过 1.5%,醇溶性浸出物不得少于 13.0%,按干燥品计算,升麻素苷($C_{22}H_{28}O_{11}$)和 5-O-甲基维斯阿米醇苷($C_{22}H_{28}O_{10}$)的总量不得少于 0.24%。

(十七) 甘草

1. 甘草的来源及性味功效是什么?

甘草为豆科多年生草本植物甘草、胀果甘草或光果甘草的干燥根及根茎。甘草性平,味甘。归心、肺、脾、胃经。具有补脾益气、清热解毒、祛痰止咳、缓急止痛、调和诸药的功效。用于脾胃虚弱、倦怠乏力、心悸气短、咳嗽痰多、脘腹、四肢挛急疼痛、痈肿疮毒等症,可缓解药物毒性、烈性。

2. 甘草有怎样的形态特征?

(1) 甘草。根呈圆柱形,长 25~100 厘米,直径 0.6~3.5 厘米。外皮松紧不一。表面红棕色或灰棕色,具显著的纵皱纹、沟纹、皮孔及稀疏的细根痕。质坚实,断面略显纤维性,黄白色,粉性足,形成层环明显,放射状,有的有裂隙。根茎呈圆柱形,表面有芽痕,断面中部有髓。

(2) 胀果甘草。根和根茎木质粗壮,有的分枝,外皮粗糙,多灰棕色或灰褐色。质坚硬,木质纤维多,粉性小。根茎不定芽多而粗大。

(3) 光果甘草。根和根茎质地较坚实,有

甘草植株形态

的分枝，外皮不粗糙，多灰棕色，皮孔细而不明显。

3. 甘草对生长环境的要求有哪些？

甘草对温度具有较强的适应性。野生甘草分布区的年均温度为 3.5～9.6℃，温度在－30～38.4℃的范围内时均可正常生长。

甘草具有较强的耐干旱、耐沙埋的特性。野生甘草分布区的降水量一般在 300 毫米左右，不少地区甚至在 100 毫米以下，在干旱的荒漠地区甘草仍能形成单独的种群。

甘草对土壤具有广泛的适应性。在栗钙土、灰钙土、黑垆土、石灰性草甸黑土、盐渍土上均能正常生长，但以含钙土壤最为适宜。在土壤 pH 为 7.2～9.0 的条件下均可生长，但以 pH 8.0 左右较为适宜。在沙壤、轻壤、重壤及黏土中都能生长，在上层为沙的覆沙壤土中生长最好。

甘草具有一定的耐盐性。在总含盐量为 0.08％～0.89％的土壤上均可生长，但不能在重盐碱土上生长。

甘草是深根性植物，适宜于土层深厚、排水良好、地下水位较低的沙土或沙壤土上生长，不宜在涝洼地和地下水位高的土中生长。

4. 甘草的生长发育习性是怎样的？

甘草 4 月根茎长出新芽，5 月中旬出土返青，6 月上旬枝繁叶茂，6 月下旬进入花期，7 月上旬进入盛花期与结实始期，7 月中旬进入结实盛期，8 月中旬进入果实成熟期，8 月下旬至 9 月上旬进入枯黄始期，9 月中下旬进入枯黄盛期，10 月上旬进入枯黄末期。

5. 甘草人工栽培方法及甘草种子催芽处理方法有哪些？

（1）甘草人工栽培方法。人工栽培方法有种子繁殖和地下茎繁殖。①种子繁殖。以浅沟条播为主，于 3 月下旬至 4 月上旬，在平整的土地上按行距 30 厘米开 2～3 厘米深的浅沟，将种子均匀地撒入土内，种子表面覆土 3 厘米左右，播后 15 天左右可出苗，每亩播种量 2～3 千克。②地下茎繁殖。在春秋季采挖甘草，将较细根茎截成 15 厘米的小段，每段必须带有根芽 2～3 个，按行距 30 厘米开 10 厘米左右的沟，株距 10～15 厘米，将根茎平摆于沟内，覆土浇水即可，每亩用种秧 75～100 千克。

（2）甘草种子催芽处理方法。由于甘草的种皮致密，不易透水透气，存在着大量硬实现象，成熟的种子硬实率高达 80％以上，种子萌发困难。因此播种前需要对种子进行催芽处理，目前催芽方法主要有机械碾磨法、硫酸处理法、湿沙埋藏法和增温复浸法。①机械碾磨法。将种子放在碾盘上，厚3厘米，随碾随翻动，碾到种皮呈黄白色即可，然后将碾过的种子放入40℃的温水中浸泡2～4小时，捞出用清水冲洗掉黏液即可播种。这种方法操作简单，但种子破损率较高，发芽率较低。②硫酸处理法。用80％工业硫酸按种子与硫酸的比例为10∶1拌种，以种子表面浸满硫酸液为度，然后堆积升温烧种皮，每隔15分钟翻动一次，待种皮颜色变为深褐色时开始洗种，即用清水将种子表面的硫酸冲洗干净，然后晒干种子，储藏待用。③湿沙埋藏法。先将种子在70℃的温水中浸泡8～10小时捞出后埋藏在湿沙土里面，用湿布或草帘覆盖，经常洒水，保持湿润，待气温回升到18～20℃时，取出播种。④增温复浸法。将种子放入60℃的温水中浸泡，大约6～8小时后种子就会吸水饱满，用清水冲洗掉黏液，即可作为播种用种。用增温复浸法处理的甘草种子发芽率达91.3％，出苗率达90.0％。

6. 甘草种植地如何选择?

选择地势高燥、土层深厚、疏松、排水良好的向阳坡地。土壤以略偏碱性的沙质土、沙质壤土或覆沙土为宜。

7. 甘草如何进行田间管理?

(1) 施肥整地。育苗地播种前年秋季深翻晒土，每亩施充分腐熟的农家肥3 000千克，第二年春季播种前每亩施3 000千克腐熟的农家肥作基肥，耙碎、耱平、碾实。甘草追肥时应以磷肥、钾肥为主，少施氮肥，一般追施磷酸二铵15千克/亩。

(2) 间苗定苗。当幼苗出现3片真叶、苗高6厘米左右时，结合中耕除草间去密生苗和重苗，定苗株距以10～15厘米为宜。

(3) 中耕除草。一般在幼苗出现5～7片真叶时，进行第一次除草松土，结合起垄培土，提高地温，促进根生长。做到除早、除小、除了。

8. 甘草的主要病虫害及防治措施有哪些?

甘草病害主要有锈病、褐斑病和白粉病；虫害主要有蚜虫、甘草种子小蜂、跗粗角莹叶甲、小绿叶蝉和大青叶蝉。

(1) 锈病。①危害症状。一般于5月甘草返青时始发，危害幼嫩叶片，感病叶背面产生黄褐色疱状病斑，表皮破裂后散出褐色粉末，即为夏孢子。8—9月形成黑色冬孢子堆。②防治措施。早春夏孢子堆未破裂前及时拔除病株；选用未感染锈病的生长健壮的植株留种；春冬灌水，秋季适时割去地上部茎叶，收获后彻底清除田间病株残体，集中病株残体烧毁，以减轻病害的发生；发病初期喷90%敌锈钠原粉400倍液，也可喷0.3～0.4波美度石硫合剂。

（2）褐斑病。①危害症状。病原是真菌，危害叶片。受害叶片产生圆形和不规则形病斑，病斑中央灰褐色，边缘褐色，在病斑的正反面均有灰黑色霉状物。②防治措施。集中烧毁病残株；发病初期喷1∶1∶120波尔多液或70%甲基硫菌灵可湿性粉剂1 000～1 500倍液。

（3）白粉病。①危害症状。病原是真菌中的一种子囊菌。危害叶片，被害叶正反面产生白粉，后期叶变黄枯死。②防治措施。喷0.2～0.3波美度石硫合剂，或喷洒58%甲霜·锰锌可湿性粉剂100～150克/亩；还可用25%三唑酮胶悬剂或可湿性粉剂800～1 000倍液喷洒消毒。

（4）蚜虫。①危害症状。蚜虫属同翅目蚜科，成虫及若虫危害嫩枝、叶、花、果，刺吸汁液，严重时使叶片发黄脱落，影响结实和产品质量。②防治措施。冬季清园，将植株和落叶深埋；发生期喷50%杀螟硫磷乳油1 000～2 000倍液或5%吡虫啉乳油2 000～3 000倍液，每7～10天喷1次，连续数次。

（5）甘草种子小蜂。①危害症状。甘草种子小蜂属膜翅目广肩蜂科，危害种子。成虫产卵于青果期的种皮上，幼虫孵化后即蛀食种子，并在种子内化蛹，成虫羽化后，咬破种皮飞出。被害籽被蛀食一空，种皮和荚上留有圆形小羽化孔。此虫对种子的产量、质量影响较大。②防治措施。清园，减少虫源；去除虫籽或用甲萘威粉拌种。

（6）跗粗角萤叶甲。①危害症状。为叶甲科萤叶甲亚科的食叶害虫，于6—7月始发，严重时可将甘草叶子全部吃光，是发展甘草生产的主要障碍之一。②防治措施。可用90%晶体敌百虫1 000倍液于11∶00喷雾杀虫。

（7）小绿叶蝉。①危害症状。为同翅目叶蝉科害虫。成虫和幼虫危害叶片，刺吸汁液，使之失绿，初期正面出现黄白色小点，严重时全叶苍白，甚至早期落叶。一年发生5代，以成虫在杂草、落叶或树皮缝内越冬。翌年4月开始活动、产卵、繁殖。若虫6月中旬开始变为成虫，以8月发生数量最多，10月末开始越冬。②防治措施。入冬后，彻底清除植株周围落叶及杂草，集中烧毁或深埋，消灭越冬害虫；喷洒50%马拉松乳剂2 000倍液，或90%晶体敌百虫1 000～1 500倍液。

（8）大青叶蝉。①危害症状。为同翅目叶蝉科害虫。成虫和若虫刺吸叶片汁液，造成白色小斑点，严重时叶片失绿，植株生长衰弱。一般一年发生3代，以卵越冬，越冬卵在3月下旬孵化。6月中旬至7月中旬，第一代发生盛期；7月下旬至8月下旬发生严重。②防治措施。成虫期利用灯光诱杀，可以大量消灭成虫；成虫早晨很不活跃，可以在露水未干时，进行网捕；可以用 90%晶体敌百虫 1 000 倍液喷杀。

9. 甘草如何采收加工？

（1）采收时间。甘草的采收时间，要根据甘草的种植方法进行合理的调整。如果是种子直播的话，那么在种植第四年的时候进行采收。如果是根茎或者是分株繁殖的话，那么可在第三年采收。而如果是育苗移栽的话，那么在翌年便可采收。甘草在种植 3 年内，甘草酸的分泌较多，然后在第四年，甘草酸含量达到 2.5%左右。所以这也是为什么播种后第四年采收的原因。在采收的时候根据种植地区的气候等因素选择在春秋两季进行，一般在秋季等到甘草植株茎叶枯萎之后进行采挖。

（2）采收方法。采收方法同样要根据种植方法来合理确定，如果是直播与育苗移栽的话，那么一般以人工、机械为主。人工采收时，先在植株两行旁将表土挖开 25 厘米左右，露出甘草植株根头后再抓住将其拔出，然后再将第二行挖出的土放在第一行上，以此类推，能够明显提高产量，并且保护土壤质量。如果是利用机械采收的话，那么首先要将犁深切 35 厘米左右，将植株侧根切断。再将根搂出，在采收后理顺好甘草根茎部，将其捆起来，及时加工。

（3）加工方法。甘草的加工场所不宜过远，要选择在地势高燥、通风正常且干净的地方。采收后的鲜甘草要将芦头、侧根及烂了的地方切除。然后按照层次将其切成 30 厘米左右的条，再扎成小堆进行晾晒。大约 5 天后堆成大草垛，再放在适宜的环境中阴干。最后根据国家的标准做好打捆工作，或者人工将半加工的甘草切成片进行风干。

10. 甘草如何储藏及运输？

地面整洁、无缝隙易清洁；库内保持清洁、通风、干燥和避光。严禁与有毒、有害、易串味物质混装。

11. 甘草有何质量标准？

药典规定，甘草中含水分不得过 12.0%，总灰分不得过 7.0%；重金属铅、镉、砷、汞、铜分别不得过 5 毫克/千克、0.3 毫克/千克、2 毫克/千克、0.2 毫克/千克、20 毫克/千克，DDT 不得过 0.2 毫克/千克，五氯硝基苯不得过 0.1 毫克/千克；按干燥品计算，甘草苷（$C_{21}H_{22}O_9$）不得少于 0.50%，甘草酸（$C_{42}H_{62}O_{16}$）不得少于 2.00%。

（十八）黄芩

1. 黄芩的来源及性味功效是什么？

黄芩为唇形科多年生草本植物黄芩的干燥根。黄芩性寒，味苦。归肺、胆、脾、大肠、小肠经。具有清热燥湿、泻火解毒、止血安胎的功效。用于湿温、暑湿、胸闷呕恶、湿热痞满、泻痢、黄疸、肺热咳嗽、高热烦渴、血热吐衄、痈肿疮毒、胎动不安等症。黄芩主产于河北、山东、陕西、内蒙古、辽宁、黑龙江等地。

2. 黄芩有怎样的形态特征？

黄芩主根粗壮，略呈圆锥形，扭曲，长8～25厘米，直径1～3厘米，外皮褐色，断面黄色，有稀疏的疣状细根痕，上部较粗糙，有扭曲的纵皱纹或不规则的网纹，下部有顺纹和细皱纹。质硬而脆，易折断，断面黄色，中心红棕色；老根中心呈枯朽状或中空，暗棕色或棕黑色。茎钝四棱形，具细条纹，无毛或被上曲至开展的微柔毛，绿色或常带紫色，自基部分枝，多而细。黄芩叶对生，无柄或几乎无柄，叶片披针形至线状披针形，先端钝，基部近圆形。黄芩为总状花序顶生或腋生，偏生于主茎或分枝顶端的一侧，花对生，每个花枝有4～8对花，花柱细长，先端微裂。

黄芩植株形态

3. 黄芩对生长环境有什么要求？

黄芩多野生于山坡、地堰、林缘及路旁等向阳较干燥的地方，喜阳较耐阴。喜温和气候，耐严寒也较耐高温。黄芩种子发芽的温度范围较广，15～30℃均可正常发芽，10℃亦可发芽，但发芽极为缓慢，持续10天方能达半数发芽。发芽最适温度为20℃，此时发芽率、发芽势均高。黄芩对土壤要求不甚严格，以土层深厚、疏松肥沃、排水渗水良好，中性或近中性的壤土、沙壤土最为适宜。

4. 黄芩的生长发育习性是怎样的?

(1) 根的生长发育习性。黄芩为直根系,主根在前三年生长正常,其主根长度、粗度、鲜重和干重均逐年增加,主根中黄芩苷含量较高。第四年以后,生长速度开始变慢,部分主根开始出现枯心,以后逐年加重,八年生的家种黄芩几乎所有主根及较粗的侧根全部枯心,而且黄芩苷的含量也大幅度降低。

(2) 茎叶生长发育习性。黄芩出苗后,主茎逐渐长高,叶数逐渐增加,随后形成分枝并现蕾、开花、结实,5—6月为茎叶生长期,一年生黄芩主茎约可长出 30 对叶,其中前五对叶每 4~6 天长出 1 对,其后叶片每 2~3 天长出 1 对。

(3) 开花结果习性。黄芩一年生植株一般出苗后 2 个月开始现蕾,二年生及其以后的黄芩,多于返青出苗后 70~80 天开始现蕾,现蕾后 10 天左右开始开花,40 天左右果实开始成熟,如环境条件适宜黄芩开花结实可持续到霜枯期。

5. 黄芩如何进行分株繁殖和扦插繁殖?

(1) 分株繁殖。黄芩收获时注意选高产优质植株,把根剪下供药用,留下根茎部分用作繁殖材料,如冬季挖收,把根茎埋于室内阴凉处,第二年春再分根栽种,如春季收获,则随挖、随栽,把根茎分开为若干块,每块都带有几个芽眼,再按行株距 30 厘米×20 厘米于大田、山坡地采用此法栽种,成活率较高。

(2) 扦插繁殖。黄芩的最适宜扦插期为 5、6 月,植株正处于旺盛的营养生长期,剪取茎枝上端半木质化的幼嫩部分(茎的中下部作插条成活率很低),剪成 6~10 厘米长,再把下面 2 节的叶去掉,保留上面叶片,插床最好用沙土或比较疏松的沙壤土,一般随剪、随插,按行株距 10 厘米×5 厘米于床内,插后及时浇水,并搭棚遮阳,要经常喷水保持土壤湿润,但不宜太湿,否则插条会变黑腐烂,管理得当,成活率可达 90% 以上,插后 40~50 天即可移栽大田。

6. 黄芩种植前种子如何处理?

种植前将黄芩种子用 40~45℃ 的温水浸泡 5~6 小时,或室温下自来水浸泡 12~24 小时,捞出稍晾,置于 20℃ 左右温度下保湿催芽,待部分种子裂口出芽时即可播种。

7. 黄芩如何进行田间管理?

(1) 选地整地。选择土层深厚,排水渗水良好,疏松肥沃,阳光充足,中性或近中性的壤土、沙壤土。深耕 25 厘米以上，整平耙细，去除石块杂草和根茬，达到土壤细碎、地面平整。

（2）间苗、定苗及补苗。黄芩齐苗后，应视保苗的难易程度分别采用 1 次或 2 次的方式进行间定苗，结合间定苗，对严重缺苗部位进行移栽补苗。

（3）中耕除草。黄芩幼苗生长缓慢，出苗后应结合间苗、定苗、追肥以及杂草生长和降雨、灌水情况，经常进行松土除草，直至田间封垄。

（4）施肥。苗高 10～15 厘米时，追肥 1 次，每亩均匀撒施腐熟的农家肥 2 000～4 000 千克，磷酸二铵等复合肥 10～15 千克。6 月底至 7 月初，每亩追施过磷酸钙 20 千克，尿素 5 千克，行间开沟施下，覆土后浇水。翌年收获的植株枯萎后，于行间开沟每亩追施腐熟厩肥2 000 千克、过磷酸钙 20 千克、尿素 5 千克、草木灰 150 千克，然后覆土盖平。

（5）排灌。应适时适量灌水，土壤水分不足时应结合追肥适时灌水。黄芩怕涝，雨季应注意及时松土和排水防涝。

（6）摘除花蕾。在抽出花序前，将花梗减掉，可减少养分消耗，促使根系生长，提高产量。

8. 黄芩主要病虫害及其防治措施有哪些?

（1）白粉病。①危害症状。一般在 7—8 月发生。主要危害叶片，也可危害荚果。受害的叶片和荚果表面具白粉，后在病斑上出现小黑点，造成早期落叶或整株枯萎。②防治措施。发病初期用 0.3 波美度石硫合剂，每 15 天喷 1 次；用 50％甲基硫菌灵可湿性粉剂 800～1 000 倍液喷雾，每 10 天喷 1 次，连续 2～3 次。

（2）根腐病。①危害症状。发病期多在 6—8 月，在高温多湿、土质黏重的情况下容易发病，主要危害根部造成烂根，发病后植株自上而下萎蔫、枯黄、死亡。②防治措施。加强田间管理，及时拔除病株，病穴用生石灰消毒；整地时每亩施 70％五氯硝基苯粉剂 1 千克进行土壤消毒，并可施石灰氮 20～25 千克作基肥。

（3）根结线虫病。①危害症状。一般在 6 月上中旬至 10 月中旬均有发生。黄芩根部被线虫侵入后，导致细胞受刺激而加速分裂，形成大小不等的瘤结状虫瘿。瘤状物小的直径为 1～2 毫米，大的可以使整个根系变成一个瘤状物。患病植株枝叶枯黄或落叶。②防治措施。忌连作；及时拔除病株；施用农家肥应充分腐熟；用 50％多菌灵可湿性粉针剂 1 000 倍液进行土壤消毒。

（4）蚜虫。①危害症状。一般 6—8 月发生，主要危害植株上部嫩茎叶，常聚集在嫩叶的背面吸取汁液，严重时造成叶片皱缩变形，甚至干枯，严重影响顶部幼芽的正常生长。②防治措施。50％杀螟硫磷乳油 1 000 倍液喷洒，每 7 天喷 1

次，连续 2～3 次。

(5) 豆荚螟。①危害症状。一般在 6—9 月发生，成虫产卵于嫩荚或花苞上，幼虫孵化后危害种子，在豆荚上结一白色薄丝茧，从茧下蛀入荚内取食豆粒，造成瘪荚、空荚，从而降低黄芩产量和影响种子的质量。②防治措施。在成虫盛发期，于傍晚喷洒 80% 晶体敌百虫 1 500～2 000 倍液，每 7～10 天喷 1 次，连续喷 3～5 次，直到种子全部成熟。

9. 黄芩如何留种?

待整个花枝中下部宿萼变为黑褐色，上部宿萼呈黄色时，手捋花枝或将整个花枝剪下，稍晾晒后及时脱粒、清选，放阴凉干燥处备用。

10. 黄芩如何进行采收加工?

栽培 1 年的黄芩虽然可以刨收，但质量较差不符合药典标准。通常种植 2～3 年的才能收获。一般于秋末茎叶枯萎后或春天解冻后、萌芽前，选择晴朗天气将根挖出，刨挖时注意操作，切忌挖断，对收获下来的根部，去掉附着的茎叶，抖落泥土，晒至半干，撞去外皮，然后迅速晒干或烘干，也可切片后再晒干。但不可用水洗，也不可趁鲜切片，否则在破皮处会变绿色。在晾晒过程避免因阳光太强、晒过度会发红，同时还要防止被雨水淋湿，因受雨淋后黄芩的根先变绿后发黑，影响生药质量。以坚实无孔洞内部呈鲜黄色的为上品。

新刨收的鲜根经过干燥加工，大致 3～4 千克可以加工成 1 千克干货。一般每亩能收获鲜品 560～860 千克，加工后可得 150～280 千克的商品生药。

11. 黄芩有何质量标准?

药典规定，黄芩中含水分不得过 12.0%，总灰分不得过 6.0%，醇溶性浸出物不得少于 40.0%，按干燥品计算，黄芩苷（$C_{21}H_{18}O_{11}$）不得少于 9.0%。

（十九）红芪

1. 红芪的来源及性味功效是什么?

红芪为豆科草本植物多序岩黄芪的干燥根。红芪性微温，味甘。归肺、脾经。具有补气升阳、固表止汗、利水退肿、生津养血、行滞通痹、托毒排脓、敛疮生肌的功效。用于气虚乏力、食少便溏、中气下陷、久泻脱肛、便血崩漏、表虚自汗、气虚水肿、内热消渴、血虚萎黄、半身不遂、痹痛麻木、痈疽难溃、久溃不敛等症。多序岩黄芪主产于内蒙古、山西、甘肃、黑龙江等地，为国家三级保护植物。

2. 多序岩黄芪有怎样的形态特征？

多序岩黄芪根呈圆柱形，少有分枝，上端略粗，长10～50厘米，直径0.6～2厘米。表面灰红棕色，有纵皱纹、横长皮孔样突起及少数支根痕，外皮易脱落，剥落处淡黄色。质硬而韧，不易折断，断面纤维性，并显粉性，皮部黄白色，木部淡黄棕色，射线放射状，形成层环浅棕色。叶长5～9厘米；托叶披针形，棕褐色干膜质，合生至上部；通常无明显叶柄；

多序岩黄芪植株形态

小叶11～19，具长约1毫米的短柄；小叶片卵状披针形或卵状长圆形，长18～24毫米，宽4～6毫米，先端圆形或钝圆，通常具尖头，基部楔形，上面无毛，下面被贴伏柔毛。荚果2～4节，被短柔毛，节荚近圆形或宽卵形，宽3～5毫米，两侧微凹，具明显网纹和狭翅。气微，味微甜，嚼之有豆腥味。

3. 多序岩黄芪对生长环境有什么要求？

多序岩黄芪为深根植物，性喜凉爽，有较强的抗旱、耐寒能力，怕热怕涝，气温过高就会抑制地上部分植株生长，土壤湿度大会引起根部腐烂。适宜生长在土层深厚、肥沃疏松、排水良好的沙质土壤。土质黏重则主根短，侧根多，生长缓慢，产量低。

4. 多序岩黄芪的生长发育习性是怎样的？

多序岩黄芪花期6月下旬至7月上旬，果期7—9月。多序岩黄芪种皮较坚硬，吸水力差，发芽率60%～70%。种子萌发不喜高温，地温7～8℃，湿度适宜时，10～15天即可出苗，土壤干旱则不易萌发出苗。播种两年后开花结实。

5. 多序岩黄芪如何进行播种？

选择优质、健壮的种子，75%的乙醇浸泡1小时，将种子与粗沙混匀，用石碾碾至划破种皮或放在碾米机碾磨5～10分钟，然后放入30～40℃温水中浸泡2～4小时，待种子膨胀后捞出播种。生产中多采用鲜籽秋播、撒播、条播。将地耙细整平后，将多序岩黄芪种子均匀撒入地内，用耙轻耙一遍，或用树枝扫一下，使种子覆土1厘米左右；或整地后按行距30厘米，深3厘米开沟，将种子均匀撒入沟内，覆土1厘米左右即可，播种量为8～12千克/亩。

6. 多序岩黄芪田间管理措施有哪些？

（1）选地整地。多序岩黄芪是深根性植物，种植以排水良好、向阳和土层深厚的黄绵土坡地为宜，黑土和半阴半阳的坡地亦可，不宜在凹地种植；深翻25～30厘米，耕翻后用50％辛硫磷乳油500～750倍液进行消毒。

（2）定苗。苗高10～12厘米时，按株距20厘米左右定苗，每亩株数保持在16 000株左右，留籽田以800株为宜。

（3）中耕除草。待苗高4～5厘米时第一次中耕除草，苗高7～8厘米时再次中耕除草，定苗后进行第三次中耕除草。

（4）施肥。多序岩黄芪种植前每亩施优质农家肥3 000～4 000千克，有机肥1 600千克，过磷酸钙20千克，尿素40千克，磷酸二氢铵45千克作基肥；多序岩黄芪第一、二年茎及根部生长较快，可结合中耕除草施圈肥或堆肥1～2次。

7. 多序岩黄芪主要病虫害及其防治措施有哪些？

（1）白粉病。①危害症状。白粉病是由豌豆白粉病菌侵染多序岩黄芪而引起，主要危害叶片和荚果，初期生有白色绒状霉斑，严重时霉斑布满叶片和荚果，后期在病斑上出现很多小黑点，造成叶片早期脱落，严重时叶片和荚果变褐或逐渐干枯死亡，病叶发黄脱落。②防治措施。采挖后，清除田间病残体，集中烧毁深埋，以减少越冬菌源；禁止连作；与其他科作物合理轮作倒茬；发病初期喷洒25％三唑酮可湿性粉剂1 000倍液，或50％甲基硫菌灵可湿性粉剂1 000倍液分别于5月下旬、6月下旬、7月下旬各喷1次进行防治。

（2）紫纹羽病。①危害症状。由紫卷担子菌侵染寄主引起，俗称"红根病"，主要危害根部，发病后根部变成红褐色。先由须根发病，而后逐渐向主根蔓延。发病初期，白色丝绒状物缠绕根上，此为病菌菌丝层或菌索，后期菌索变为紫褐色，并互相交织成为一层菌膜和菌核，在根茎交界地面部分尤为明显。根部自皮层向部腐烂，最后根全部烂完，受害植株地上部表现为弱衰，叶片黄萎枯落，后期全株死亡。②防治措施。清除田间病残组织，严禁连作或与小麦、玉米、高粱等作物轮作，轮作年限在3年以上；增施磷、钾肥，选择生理酸性肥料，如硫酸铵等；发现病株及时拔除，并在病穴用生石灰消毒，以防蔓延；施用70％五氯硝基苯粉剂 1.5 千克/亩，或 70％敌磺钠可湿性粉剂 1.5～2.0 千克/亩进行土壤消毒，苗床用 98％噁霉灵可湿性粉剂 2 000～2 400 倍液进行消毒。

（3）蚜虫。①危害症状。危害多序岩黄芪的蚜虫是槐蚜（又称豆蚜）与无网长管蚜的混合群体，以槐蚜为主，成、若蚜多聚集在嫩头、嫩茎、花序及嫩荚等处取食，受害植株生长矮小、顶叶片卷缩，影响开花结荚，发生严重时，对产量影响大。3 月平均温度 10℃时，冬豆蚜在寄主上开始繁殖后代，4 月下旬至 5 月上旬，气温上升到 18℃时，为全年盛发高峰，成、若蚜多群集于多序岩黄芪嫩梢危害，并大量繁殖，6—8 月是危害盛期，虫口密度大，受害亦较大，直接影响根部生长。②防治措施。育苗时适期早播，做到均匀播种；多施磷钾肥，促进多序岩黄芪生长；忌与豆科作物连作和邻作；用宽 30～50 厘米、长 80～100 厘米的黄色木板，涂上机油诱杀蚜虫；用 50％氰戊菊酯乳油 1 500 倍液喷雾，每 7～10 天喷 1 次，直至种子全部成熟。

（4）豆荚螟。①危害症状。属鳞翅目螟蛾科，以幼虫蛀入多序岩黄芪及其他豆科植物荚内，食害豆粒，被害籽粒重则蛀空，仅剩种子柄，轻则蛀成缺刻，几乎不能作种子，被害籽粒内充满虫粪，发褐似腐烂。②防治措施。合理轮作，避免与豆科植物连作和轮作；灌溉灭虫，可在秋、冬灌水数次，使越冬幼虫大量死亡；老熟幼虫出荚入土前，用辛硫磷制成毒土，撒施于地表，毒杀幼虫；成虫盛发期，用 90％晶体敌百虫 700～1 000 倍液，每 15 天喷 1 次，连续喷施至种子成熟。

8. 红芪如何采收加工？

红芪播种三年后就可采挖，在秋末茎叶枯黄时先采摘种子，阴干，防止发霉，否则种子无发芽能力，割去地上茎秆，挖出根后，捆扎成 3～4 千克小把，堆起发热，以使糖化，然后去掉茎基须根，晒至柔软，手搓再晒，直至全干。

9. 红芪如何储藏？

用麻袋或编织袋包装，储藏于仓库干燥处，要定期检查，防止虫蛀，虫害严重时可用磷化铝熏杀。

10. 红芪有何质量标准？

药典规定，红芪中含水分不得过 10.0％，总灰分不得过 6.0％，醇溶性浸出物不得少于 25.0％。

（二十）何首乌

1. 何首乌的来源及性味功效是什么？

何首乌为蓼科植物何首乌的干燥块根。何首乌性微温，味苦、甘、涩。归肝、心、肾经。具有解毒、消痈、截疟、养血滋阴、润肠通便的功效。用于血虚头昏目眩、心悸、失眠、肝肾阴虚之腰膝酸软、须发早白、耳鸣、遗精、肠燥便秘、久疟体虚、风疹瘙痒、疮痈、瘰疬、痔疮等症。何首乌主要分布于华东、华中及河北、山西、陕西、甘肃、四川、贵州、云南等地。

2. 何首乌有怎样的形态特征？

何首乌呈团块状或不规则纺锤形，长6～15厘米，直径4～12厘米，表面红棕色或红褐色，皱缩不平，有浅沟，并有横长皮孔样突起和细根痕。体重，质坚实，不易折断。断面浅黄棕色或浅红棕色，显粉性，皮部有4～11个类圆形异型维管束环列，形成云锦状花纹，中央木部较大，有的呈木心。叶片卵形，长

何首乌植株形态

5～7厘米，宽3～5厘米，顶端渐尖，基部心形，两面无毛；托叶鞘短筒状，花序圆锥状，长约10厘米，大而开展；苞片卵状披针形；花小，白色，花被5深裂，裂片大小不等，结果时增大，外面3片肥厚，背部有翅；雄蕊8枚，短于花被；花柱3裂。瘦果椭圆形，有3棱，黑色，平滑。气微，味微苦而甘涩。

3. 何首乌对生长环境有什么要求？

何首乌适应性强，喜阳，耐半阴，忌干旱，喜湿，畏涝，耐寒，喜欢温暖气候和湿润的环境条件。适宜在排水良好、土层深厚、疏松肥沃、富含腐殖质、湿润的沙质壤土中生长。何首乌为多年生缠绕藤本，野生于灌木丛、丘陵、坡地、林缘或路边土坎上。

4. 何首乌的育苗地有哪些要求？

选择山丘平缓处、灌溉方便、土层疏松肥沃的沙质壤土地块育苗。冬季深翻

30厘米，第二年春进行多次犁耙，拾去草根、树枝和石块，整平耙细，起宽100厘米、高10～20厘米的畦。

5 何首乌的施肥技术要点是什么？

基肥：每亩施腐熟的堆肥或厩肥、草木灰等混合肥1 000～1 500千克，均匀撒在畦上，然后浅翻入土。

追肥：5月追施腐熟粪水肥，每亩施1 000～1 500千克，秋末清园时每亩施土肥2 000千克，并培土，苗长到1米以上时，一般不施氮肥。9月以后，块根开始形成和生长时重施磷钾肥，施厩肥、草木灰混合肥3 000千克和过磷酸钙50～60千克，氯化钾40～50千克。

6. 何首乌主要病虫害及其防治措施有哪些？

（1）叶斑病。①危害症状。在高温多雨季节发病，田间通风不良时发病严重，主要危害叶片。发病初期叶片产生黄白色病斑，后期变褐色，中心部分有时穿孔，病斑多时，可使整片叶子变褐枯死。②防治措施。清洁田园，注意田园通风透光，防积水，清除病株残叶；发病初期可用50％多菌灵可湿性粉剂1 000～1 500倍液或70％甲基硫菌灵可湿性粉剂1 000倍液喷施叶面防治，每10～15天喷1次，连续2～3次；发病后期可剪除病叶，再喷65％代森锌可湿性粉剂500倍液防治。

（2）根腐病。①危害症状。多出现在夏季，危害根部，染病后根部腐烂，地上部分植株逐渐死亡。该病先是须根腐烂，随后发展到主根，随着病情的加剧，对水肥的吸收能力减弱，夏季地上部蒸腾能力较强，容易出现死苗。②防治措施。拔除病株，在病穴撒生石灰后盖土压实；发病初期可用50％甲基硫菌灵悬浮剂800倍液或50％多菌灵可湿性粉剂1 000倍液灌根；发病后期可用40％敌磺钠可湿性粉剂1 000倍液喷雾或浇灌病株，也可用80％乙蒜素乳油1 500倍液灌根。

（3）立枯病。①危害症状。主要危害何首乌幼苗的基部或地下根部。发病初期可见暗褐色病斑，染病植株白天枯萎，夜间转好，随着病情的加剧，植株最后干枯死亡。②防治措施。可用50％多菌灵可湿性粉剂500倍液喷雾或75％百菌清可湿性粉剂600倍液喷雾，2～3次即可。

（4）炭疽病。①危害症状。主要危害何首乌的叶、茎和花，使其出现各种颜色的凹陷斑，随着斑点数的增加而导致枯萎、组织死亡。②防治措施。可用75％百菌清可湿性粉剂800～900倍液喷雾防治。

（5）锈病。①危害症状。常发生在3—8月。先在叶背出现针头状大小突起的黄点，即夏孢子堆，病斑扩大后呈圆形或不规则形。夏孢子堆可在藤叶沿周缘发生，但以叶背为主，严重者可造成叶片破裂、穿孔，以致脱落。②防治措施。清除病枝残叶，减少病原；发病初期喷75%敌锈钠粉剂300～400倍液，或喷30%固体石硫合剂150倍液，每7～10天喷1次，连续2～3次；发病后期用75%百菌清可湿性粉剂1 000倍液或75%甲基硫菌灵悬浮剂1 000～2 000倍液喷洒，每7天喷1次，连续2次。

（6）红蜘蛛。①危害症状。属蜱螨目叶螨科。以成虫、若虫危害叶部。6月开始危害，7—8月高温干旱时危害严重。植株下部叶片先受害，逐渐向上蔓延，被害叶片出现黄白小斑点，扩展后全叶黄化失绿，最后叶片干枯死亡。②防治措施。选用73%炔螨特乳油1 000～2 000倍液或用25%灭螨猛乳油1 000～1 500倍液喷洒防治，每5～7天喷1次，连续2～3次。

（7）地老虎。①危害症状。属鳞翅目夜蛾科，主要有小地老虎和黄地老虎。以幼虫危害，昼伏夜出，咬断根茎，造成缺苗。②防治措施。人工捕杀；选用75%辛硫磷乳油制成毒饵诱杀；用20%灭多威乳油100克兑水1千克，喷在100千克新鲜的草或切细的菜上拌成毒饵，于傍晚在田间每隔一定距离放一小堆，毒饵用量25千克/亩。

7. 何首乌如何采收加工？

何首乌一般种植2～3年可以收获，每年秋冬季叶片脱落或春末萌芽前采收为宜。首先把支架拔除，割除藤蔓，再把块根挖起，洗去泥沙，削去尖头和木质部分，按大小分级。直径15厘米以上或长15厘米以上的块根，宜切成厚3.3厘米，长、宽各5厘米的厚片，然后按大、中、小分成3类，分别摊放在烘炉内，堆厚约15厘米，用50～55℃烘烤，每隔7～8小时翻动1次，烘4～5天。待七成干时取出，在室内堆放回润24小时，使内部水分向外渗透，再入炉内烘至充分干燥，每亩可产干货400～500千克，高产可达600千克。以体重、质坚、粉性足者为佳。

8. 不同规格的何首乌商品的质量要求有哪些？

（1）拳首乌。足干，原个，体重结实，形似拳头，外皮红褐色，无烤焦、空心，无芦头、须根。

（2）统首乌。足干，结实，有肉，原个或砍成块状，无烤焦、空心，无芦头、须根，无虫蛀，无霉变。

（3）首乌块。足干，成块，长、宽、厚各3厘米以上，无烤焦，无空心，无虫蛀，无霉变。

9. 何首乌有何质量标准?

传统经验认为，何首乌以休重、质坚实、粉性足者为好。药典规定，何首乌中含水分不得过 10.0%，总灰分不得过 5.0%；按干燥品计算，含结合蒽醌以大黄素（$C_{15}H_{10}O_5$）和大黄素甲醚（$C_{16}H_{12}O_5$）的总量计，不得少于 0.10%，含 2，3，5，4'-四羟基二苯乙烯-2-O-β-D-葡萄糖苷（$C_{20}H_{22}O_9$）不得少于 1.0%。

（二十一）黄芪

1. 黄芪的来源及性味功效是什么?

黄芪为豆科植物蒙古黄芪或膜荚黄芪的干燥根，黄芪性温，味甘。归肺、脾经。具有补气升阳、固表止汗、利水消肿、生津养血、行滞通痹、托毒排脓、敛疮生肌的功效。用于气虚乏力、食少便溏、中气下陷、久泻脱肛、便血崩漏、表虚自汗、气虚水肿、内热消渴、血虚萎黄、半身不遂、痹痛麻木、痈疽难溃、久溃不敛等症。

2. 黄芪有哪几个基原植物? 分别有什么形态特征?

黄芪有两种基原植物，即蒙古黄芪和膜荚黄芪，均为多年生草本。蒙古黄芪主根长而粗壮，根条顺直。茎直立，高 40～80 厘米。小叶较多，背面密生短茸毛，花黄色至淡黄色，荚果光滑无毛，花期 6—7 月，果期 7—9 月。膜荚黄芪高 50～100 厘米。主根肥厚，木质，分枝灰白色。茎直立，上部多分枝，有细棱。小叶较少，叶背面伏生白色柔毛，花黄色至淡黄色，或有时稍带淡紫色，荚果被柔毛。

膜荚黄芪植株形态

3. 适合甘肃种植的黄芪新品种有哪些?

（1）陇芪 1 号。茎秆绿色，花蝶形淡黄色。主根圆柱状，长 50～120 厘米，外表皮浅褐色，内部黄白色，根断面有明显的豆腥味。平均亩产鲜黄芪 659.3 千克，增产 19.9%。田间根腐病病株率平均为 4.25％，病情指数为 1.34，抗病性表现较好。

（2）陇芪 2 号。主茎淡紫色，淡紫色蝶形花，种子扁肾形，色泽棕褐色。千粒重 7.75 克左右；平均亩产鲜黄芪 606.1 千克，增产 15.8％；田间根腐病病株率为 2.78％，病情指数为 0.93，田间抗病性表现较好。

（3）陇芪 3 号。辐照选育，对陇芪 1 号采用快中子束进行辐照。主根外表皮淡褐色，内部黄白色，根长 58.9 厘米。一年生植株茎高 25～30 厘米，二年生植株茎高 45.8 厘米。主茎半紫色，冠幅 49.4 厘米，茎上白色伏毛较密。叶长 3～10 厘米，小叶 27 枚，小叶长 6 毫米，宽 6.6 毫米；花枝着生小花 3～12 枚，花蝶形，淡黄色，花期 6—7 月；荚果长 1.5～3.2 厘米，内含种子 3～8 粒。种子色泽棕褐色，千粒重 7.47 克左右，发芽率 85.8％；陇芪 3 号平均亩产鲜黄芪 655.2 千克，增产 17.1％。

（4）陇芪 4 号。外表皮淡黄褐色，内部淡黄白色，主根长 50 厘米左右。一年生植株茎高 30～45 厘米，二年生植株茎高 48 厘米左右。主茎黄绿色，冠幅 50 厘米左右，茎上白色伏毛较稀。奇数复叶，叶长 10 厘米左右，小叶长 8 毫米、宽 5 毫米左右；花枝着生小花 5～12 枚，花蝶形，淡黄色，花期 5—7 月；荚果长 2 厘米左右，内含种子 5～8 粒。种子色泽浅褐色，千粒重 7.4 克左右，发芽率 92％；平均亩产 729.3 千克，增产 22.94％。

4. 黄芪对生长环境有什么要求？

黄芪喜阳光，耐干旱，怕涝，喜凉爽气候，耐寒性强，可耐受 −30℃ 以下低温，怕炎热，适应性强。多生长在海拔 800～1 300 米的山区或半山区的向阳草地上，或向阳林缘树丛间；植被多为针阔混交林或山地杂木林；土壤多为山地森林暗棕壤土。忌重茬。

对土壤要求虽不甚严格，但土壤质地和土层厚薄不同，对根的产量和质量有很大影响。土壤黏重，根生长缓慢，主根短，分枝多，常畸形；土壤沙性大，根纤维木质化程度大，粉质少；土层薄，根多横生，分枝多，呈鸡爪形，品质差。在 pH 7～8 的沙壤土或冲积土中黄芪根垂直生长，长可达 1 米以上，俗称"鞭竿芪"，品质好，产量高。

5. 黄芪选地、整地、施肥有什么要求？

选地时应选通风向阳、地势高燥、土层深厚、质地疏松、通气性良好、排水渗水力强、地下水位低，且 pH 为 6.5～8 的沙壤土地，以防鸡爪根的发生。地选好后，在秋末冬初整地、除草，深耕 30 厘米左右，进行冬晒、冬冻，以减少病虫草的危害。耕地前每亩施入农家肥2 500～3 000千克、饼肥 50 千克、过磷酸钙 25～30 千克，耙细整平。

6. 缓解黄芪连作障碍的途径有哪些？

黄芪忌连作，缓解连作障碍途径有以下几个：

（1）调整种植制度。采用合理轮作制度，避免黄芪连年种植，使黄芪与多种作物和中药材进行轮作，不但可以改善土壤的营养状况，改善土壤质量，减少病虫害，还可以平衡土壤微生物。减少黄芪根腐病发病率，提高黄芪产量，同时可以增加其他作物与中药材产量和质量，减少病虫害。

（2）施用有机肥。长期使用农家肥不但无污染，而且可以平衡土壤营养。黄芪根腐病发病与土壤钾肥有关，适量使用草木灰，可以降低根腐病发病率。

（3）秸秆还田。可利用高温季节将作物秸秆进行耕翻还田，有条件的地方可进行灌溉，促进秸秆腐烂，这一措施可以起到培肥地力、消灭病原菌的作用。

7. 黄芪的繁殖方式是什么？

黄芪繁殖方式是种子繁殖，包括种子直播和育苗移栽。

（1）种子直播。可春播或秋播。播种方法一般采用条播或穴播。条播按行距 20 厘米开浅沟（沟深 1 厘米），种子与适量细沙和菊酯类农药拌和，均匀撒于沟内，覆土 1.0～1.5 厘米镇压，每亩播种量以 1.5～2.0 千克为宜。播种至出苗期要保持地面湿润或加覆盖物以促进出苗。穴播按行距 33 厘米、穴距 20～25 厘米开穴，挖浅坑，每穴点种 3～10 粒，覆土 1.5 厘米，踩平，播种量每亩 1 千克。

（2）育苗移栽。育苗方法同直播。可于秋季或翌年春天边挖边移栽，忌日晒，一般采用斜栽，起苗时应深挖，严防损伤根皮或折断芪根，并将细小、自然分岔苗淘汰。沟深 30 厘米左右，按株距 10～15 厘米将黄芪苗摆进沟前坡，根系自然平展，黄芪芽头和地面相距 2～3 厘米，当一行摆完后，依照行距 25 厘米再进行开沟，并覆盖前沟，整体栽完后快速对种植地进行耙平、镇压处理，栽培株数为每亩 2.0 万～2.5 万株。

8. 黄芪种子处理常用哪几种方法？

（1）温汤浸种法。将选好的种子放入沸水中搅拌 1 分钟，立即加入冷水，将水温调到 40℃后浸泡 2～4 小时，将膨胀的种子捞出，未膨胀的种子再以 40～50℃水浸泡到膨胀时捞出，加覆盖物闷 12 小时，待萌动时播种。

（2）沙磨法。将种子拌入 2 倍的细沙揉搓，擦伤种皮，以种皮起毛刺为度，即可带沙下种。

（3）硫酸处理。对老熟硬实的种子，可用 70％～80％浓硫酸溶液浸泡 3～5 分钟，取出迅速置于流水中，冲洗半小时后播种，此法能破坏硬实种皮，发芽率达 90％以上。

9. 黄芪生长经历哪几个时期?

（1）幼苗生长期。黄芪种子萌发后，在幼苗五片复叶出现前，根系发育不完全，入土浅，吸收差，怕干旱、高温、强光。

（2）枯萎越冬期。一般在 9 月下旬叶片开始变黄，地上部枯萎，地下部根头越冬芽形成。

（3）返青期。返青初期生长迅速，这一时期受温度和水分的影响很大。

（4）孕蕾开花期。二年生以上植株一般在 6 月初出现花芽，逐渐膨大，花梗抽出，花蕾逐渐形成，7 月初花蕾开放，花期为 20～25 天。

（5）结果种熟期。二年生黄芪 7 月中旬进入果期，约为 30 天。黄芪的种子为半卵圆形，千粒重 5.83 克。

10. 黄芪田间管理的事项有哪些?

（1）防践踏、虫鸟及破板结。

（2）间苗、定苗、补苗。播种后 7 天开始出苗，30 天左右苗木出齐。当苗高 5～7 厘米时进行第一次间苗，通过 2～3 次间苗后，每隔 8～10 厘米留壮苗 1 株。如遇缺苗，应将小苗带土补植，也可用催芽种子重播补苗。

（3）中耕除草。黄芪幼苗生长缓慢，如果不注意除草易造成草荒，因此，在苗高 5 厘米左右时，要结合间苗及时进行中耕除草。第二次于苗高 8～9 厘米时进行，第三次于定苗后进行中耕除草 1 次。第二年以后于 5 月、6 月及 9 月各除草 1 次。要经常保持田间无杂草，地表层不板结。

（4）追肥。追肥要根据气候条件及长势而定，一般追肥 2 次或 3 次。在生长期可喷施锌、铜、钼等微肥进行叶面追肥，亩用云大-120 生长调节剂 0.01 毫克/升 50 千克在黄芪地上，黄芪地上部茎秆高 15 厘米、30 厘米、45 厘米时各喷雾一次，增产效果明显。

（5）灌水防涝。出苗前保持土壤湿润，出苗后要少浇水，促进根系下扎。在将要开花时适当灌水，种子成熟后应不浇水或少浇水，黄芪有两个需水高峰期，即种子发芽期和开花结荚期。

11. 黄芪主要病虫害及其防治措施有哪些?

(1) 白粉病。①危害症状。先在下部叶片正面或背面长出小圆形白粉状霉斑，逐渐扩大，厚密，不久连成一片。发病后期整个叶片布满白粉，菌丝老熟后变灰白色，最后叶片呈黄褐色干枯。茎和叶柄上也产生与叶片类似的病斑，密生白粉霉斑。在秋天，有时在病斑上产生黄褐色小粒点，后变黑色，即有性世代的子囊壳。此病在叶片布满白粉，发病初期霉层下部表皮仍保持绿色。②防治措施。亩用 100 克 15% 三唑酮粉剂兑水 40～50 千克，分别于 6 月上旬、7 月中旬、9 月中旬各喷雾 1 次。

(2) 霜霉病。①危害症状。主要危害叶片，由基部向上部叶发展。发病初期在叶面形成浅黄色近圆形至多角形病斑，容易并发角斑病，空气潮湿时叶背面产生霜状霉层，有时可蔓延到叶面。后期病斑枯死连片，呈黄褐色，严重时全部外叶枯黄死亡，类似黄萎病。②防治措施。亩用 72% 霜脲·锰锌可湿性粉剂 150 克兑水 90 千克于 6 月中旬、7 月中旬、9 月中旬各喷 1 次。

(3) 枯萎病。①危害症状。由真菌或细菌导致的植株病害，发病突然，症状包括严重的点斑、凋萎或叶、花、果、茎甚至整株植物的死亡。②防治措施。清除土壤中的残留秸秆及根，不在酸性土壤上种植，不在低洼地栽培，不重茬。还可用 5% 石灰水或 50% 多菌灵可湿性粉剂 1 000 倍液灌浇病穴。

(4) 芫菁。①危害症状。成虫在 6—9 月均有发生，但于 6—7 月发生较多。成虫白天活动，咬食黄芪叶片，将叶片吃成缺刻，仅剩叶脉，亦咬食豆荚，使豆荚残缺不全，影响产量和质量。②防治措施。冬季翻耕土地，消灭越冬幼虫。人工网捕成虫，因有群集危害习性，可于清晨网捕。还可喷施 90% 晶体敌百虫 1 000 倍液。

(5) 蚜虫。①危害症状。主要以成、若蚜吸食叶片和茎秆汁液，幼叶向下畸形卷缩，使植株矮小。②防治措施。可用溴氰菊酯等菊酯类农药 1 500 倍液喷雾防治。

12. 黄芪种子如何采收?

种子的采收宜在 9 月果荚下垂、种子变绿褐色时立即进行，否则果荚开裂，种子散失，难以采收。因种子成熟期不一致，应随熟随采。若小面积留种，最好分期分批采收，并将成熟果穗剪下，舍弃果穗先端未成熟的果实，留用中下部成熟的果荚。若大面积留种，可待 70%～80% 果实成熟时一次采收。采收后先将果枝倒挂阴干，使种子后熟，再脱粒、晒干、净制、储藏。

13. 黄芪应如何选种苗?

秋季收获时，选植株健壮、主根肥大粗长、侧根少、当年不开花的根留作种苗，芦头下留 10 厘米长的根。

14. 黄芪应如何进行采挖和初加工?

一般生长 2～3 年后采收为佳，生长年限过久可产生黑心，影响品质。在 10 月中下旬采收，用工具小心挖取全根，避免碰伤外皮和断根，抖净泥土，趁鲜切去芦头，修去须根，晒至半干，将白天晾晒的黄芪晚上堆放并覆盖 1～2 天，使其发汗，反复 2～3 次，揉搓，晾晒，直至全干，分级，扎成小捆，即为黄芪个子货。质量以条粗、皱纹少、断面色黄白、粉性足、味甘者为佳。每亩可产干品 300 千克左右。

15. 黄芪包装、储藏与运输有何要求?

黄芪晒干后，选用不易破损、干燥、清洁的编织袋进行包装。储藏药材的仓库应通风、干燥、避光，运输运载容器应具有较好的通气性，以保持干燥，并有防潮、防蛀措施。

16. 黄芪有何质量标准?

药典规定，黄芪中含水分不得过 10.0%，总灰分不得过 4.0%，按干燥品计算，含黄芪甲苷（$C_{41}H_{68}O_{14}$）不得少于 0.060%，毛蕊异黄酮葡萄糖苷（$C_{22}H_{22}O_{10}$）不得少于 0.020%。铅不得过 5 毫克/千克，镉不得过 1 毫克/千克，砷不得过 2 毫克/千克，汞不得过 0.2 毫克/千克，铜不得过 20 毫克/千克，五氯硝基苯不得过 0.1 毫克/千克。分为四个等级。

特等：干货。呈圆柱形的单条，斩去疙瘩头，顶端尖有空心。表面灰白色或淡褐色，质硬而韧。断面外层白色，中部淡黄色或者黄色，有粉性。味甘，有生豆气。长 70 厘米以上，上中部直径 2 厘米以上，末端直径不小于 0.6 厘米。无根须、老皮、虫蛀、霉变。

一等：干货。呈圆柱形的单条，斩去疙瘩头，顶端尖有空心。表面灰白色或淡褐色，质硬而韧。断面外层白色，中部淡黄色或黄色，有粉性。味甘，有生豆气。长 50 厘米以上，上中部直径 1.5 厘米以上，末端直径不小于 0.5 厘米。无根须、老皮、虫蛀、霉变。

二等：干货。呈圆柱形的单条、斩去疙瘩头，顶端尖有空心。表面呈灰白色或淡褐色，质硬而韧。断面外层白色，中部淡黄色或黄色，有粉性。味甘，有生豆气。长40厘米以上，上中部直径1厘米以上，末端直径不小于0.4厘米。无根须、虫蛀、霉变。

二等：干货。呈圆柱形的单条，斩去疙瘩头，顶端尖有空心。表面灰白色或淡褐色，有粉性。味甘，有生豆气。上中部直径0.7厘米以上，末端直径不小于0.3厘米。无须根、虫蛀、霉变。

（二十二）桔梗

1. 桔梗的来源及性味功效是什么？

桔梗为桔梗科植物桔梗的干燥根。桔梗性平，味苦、辛。归肺经。具有宣肺、利咽、祛痰、排脓的功效。用于咳嗽痰多、胸闷不畅、咽痛音哑、肺痈吐脓。在我国东北地区常被腌制为咸菜，在朝鲜半岛被用来制作泡菜。

2. 桔梗的形态特征是什么？

桔梗茎高20～120厘米，通常无毛，偶密被短毛，不分枝，极少上部分枝。叶全部轮生、部分轮生至全部互生，无柄或有极短的柄，叶片卵形，卵状椭圆形至披针形，长2～7厘米，宽0.5～3.5厘米，基部宽楔形至圆钝，顶端急尖，上面无毛而绿色，下面常无毛而有白粉，有时脉上有短毛或瘤突状毛，边缘具细锯齿。

花单朵顶生，或数朵集成假总状花序，或有花序分枝而集成圆锥花序；花萼钟状五裂

桔梗植株形态

片，被白粉，裂片三角形，或狭三角形，有时齿状；花冠大，1.5～4.0厘米，蓝色、紫色或白色。

蒴果球状，或球状倒圆锥形，或倒卵状，长1.0～2.5厘米，直径约1厘米。花期7—9月。

3. 桔梗应如何选地、整地、施肥？

桔梗喜凉爽气候，耐寒、喜阳光，宜栽培在海拔1 100米以下的丘陵地带。

种植时应选背风向阳、土壤深厚、疏松肥沃、有机质含量丰富、湿润而排水良好的沙质壤土。适宜 pH 6.0～7.5，土地要精耕细作，每亩施腐熟农家肥3 500千克、草木灰 150 千克、过磷酸钙 30 千克，最好深翻 30 厘米以上，犁耙 1 次，整平作畦，整好畦面，畦高 15～20 厘米，宽 1.0～1.2 米，以利于干旱时喷灌水。

4. 桔梗栽培时如何选种子？

生产上，直立型桔梗根鲜重与干重远远大于倒伏型桔梗。栽培主要以直立型桔梗为主。种子应选择至少二年生的当年采收的种子，种植前要进行发芽试验，保证种子发芽率在 70％以上。发芽试验的具体方法是：取少量种子，用40～50℃的温水浸泡 8～12 小时，将种子捞出，沥干水分，置于棉布上，拌上湿沙，在 25℃左右的温度下催芽，注意及时翻动喷水，4～6 天即可发芽，测定发芽种子占总种子的百分数即为发芽率。

5. 播种前桔梗种子需要经过哪些处理？

将种子置于30℃温水中浸泡，浸泡 24 小时捞出，用湿布包上，放在 25～30℃的地方，上用湿麻片盖好，进行催芽，每天用温水冲滤一次。约 5 天时间，种子萌动，即可播种。50～250 毫克/升的赤霉素拌种能够提高桔梗种子的发芽率。

6. 桔梗有哪些繁殖方法？

桔梗繁殖方法有种子繁殖、扦插繁殖和切根繁殖。

（1）种子繁殖。生产中常用。有冬播或春播，冬播于 11 月至翌年 1 月进行，春播于 3—4 月进行。以冬播为好。

直播：一般采用撒播。播时将种子用潮细沙土拌匀，撒于畦面上，用扫帚轻扫一遍，以不见种子为度，稍作镇压。要使出苗整齐，必须进行种子处理，或播后盖草保湿，长期保持土壤湿润，一般 15 天左右出苗。亩用种量 2.5 千克。翌年春出苗整齐。

育苗移栽：育苗方法同直播。一般培育一年后，在当年秋冬季至翌年春季萌芽前进行，选择一年生直条桔梗苗，大、小分级，分别栽植。栽植时，在整好的栽植地上，按行距 20 厘米开深 20 厘米的沟，株距 5～7 厘米，然后将桔梗苗 45°斜插在沟内，按株距 5～7 厘米，将根舒展地以 75°斜插栽入沟内，覆土略高于根头，将土稍微压实即可，浇足定根水。

（2）扦插繁殖。从地里发出的当年生枝条茎的中下部，小段插条长约 10 厘米，去掉下半部叶，以 10^{-4} 摩/升 NAA（萘乙酸）处理 3 小时，插入基质约 1/2

长，插后及时浇透水，以后经常喷水保湿。

（3）切根繁殖。在收获桔梗时，选取中等大小、无病虫害、健康饱满植株，距顶芽2～3厘米横切，然后根据芽的分布进行纵切，每个切块上有芽2～3个，切面要求平滑整齐。切口用生根粉处理后即可进行栽种。栽植地选择沙土地，床面宽1米，高20厘米，按照株行距14厘米×10厘米开沟栽植，栽后覆4～5厘米细土。

7. 为什么桔梗多采用种子直播？

因为种子繁殖的产量高于移栽的产量，且根条直顺，分叉少，便于刮皮加工，质量好，在生产上多用。

8. 桔梗田间管理主要内容有哪些？

（1）间苗定苗。桔梗在出苗后，苗高4厘米时进行间苗。当桔梗苗高8厘米时按株距5～7厘米留壮苗1株，进行定苗，在此期间拔除小苗、弱苗、病苗。

（2）中耕除草。由于桔梗株行距小，种植密度大，故不宜中耕、锄草，应及时进行人工拔草。

（3）摘蕾。桔梗除留种田外，其余需要及时除去花蕾，以提高根的产量和品质。

（4）合理追肥。桔梗一般进行4～5次追肥。齐苗后追施1次，每亩腐熟粪水肥2 000千克，以促进壮苗；6月中旬每亩追施腐熟粪水肥2 000千克及过磷酸钙50千克；8月再追施1次；入冬植株枯萎后结合清沟培土，施草木灰或土杂肥2 000千克及过磷酸钙50千克。翌年春季齐苗后，施1次腐熟粪水肥以加速返青，促进生长。根据桔梗生长状况适当施用氮肥，以农家肥和磷肥、钾肥为主，对培育粗壮茎秆，防止倒伏，促进根的生长有利。二年生桔梗，植株高，易倒伏。若植株徒长可喷施矮壮素或多效唑以抑制增高，使植株增粗，减少倒伏。

9. 桔梗主要病虫害及其防治措施有哪些？

桔梗病害有轮纹病和炭疽病，害虫有蚜虫和地老虎。

（1）轮纹病。①危害症状。初期在叶片上出现紫红色至紫褐色冻伤状斑点，扩大后呈不规则形。当部分病斑发展到叶脉时，病害突然加剧，以叶脉为顶端呈V形枯萎。发展过程中的病斑，叶脉部位呈红褐色，周围是暗绿色至黄绿色，内部呈褐色或暗褐色。小叶的病斑较少，不久后呈轮纹状，形成许多小粒黑点。②防治措施。冬季注意清园，将枯枝、病叶及杂草集中处理；发病初期喷1∶1∶

100 波尔多液或 50％多菌灵可湿性粉剂 1 000 倍液，连续喷 2～3 次。

（2）炭疽病。①危害症状。从幼苗到成株皆可发病。幼苗发病多在子叶边缘出现半椭圆形淡褐色病斑，上有橙黄色点状胶质物；成叶染病，病斑近圆形，灰褐色至红褐色，严重时，叶片干枯；茎蔓与叶柄染病，病斑椭圆形或长圆形，黄褐色，稍凹陷，严重时病斑连接，绕茎一周，植株枯死。②防治措施。在幼苗出土前用 20％胂·锌·福美双可湿性粉剂 500 倍液喷雾预防；发病初期喷 1：1：100 波尔多液或 50％甲基硫菌灵可湿性粉剂 800 倍液，每 10 天喷 1 次，连续喷 3～4 次。

（3）蚜虫。①危害症状。主要咬食桔梗叶片，使叶片卷曲萎缩。②防治措施。喷 2.5％溴氰菊酯悬浮剂 4 000 倍液防治。

（4）地老虎。①危害症状。主要以幼虫危害幼苗。从地面将桔梗幼苗植株咬断拖入土穴，使整株死亡，造成缺苗断垄。②防治措施。可采用药剂拌种（600克/升 48％吡虫啉悬浮剂以种药比 80：1 拌种）防治。

10. 桔梗应如何采收？

桔梗生长 2～3 年后，可在秋季地上茎叶枯萎后至翌年春季萌芽前进行采收，以秋季 9—10 月采收为好，秋季采收者体重质实，品质好，桔梗皂苷 D 含量最高。采收时先将茎叶割去，从地的一端起挖，依次深挖取出，或用犁翻起，将根拾出，去净泥土，运回加工。

11. 怎样对桔梗进行初加工？

将采收的桔梗鲜根冲洗后浸入清水中，去掉芦头，趁鲜用竹刀或瓷片等刮去根皮，洗净，并及时晒干或烘干。一般 4.0～4.5 千克鲜根可加工 1 千克干货。桔梗以条粗壮、色白，质柔润坚实，气味浓，嚼之无渣，微有黏滑感，味微甜而后苦者为佳。

12. 桔梗的包装储藏有哪些要求？

桔梗可用编织袋包装，每件 30 千克，或使用压缩打包机压缩为规则的几何形状的压缩打包件，每件 50 千克。桔梗的包装材料必须牢固、防潮、整洁、美观、无异味，便于装卸、仓储和集装化运输。桔梗应储藏于干燥通风处，温度在30℃以下，空气相对湿度为 70％～75％，商品安全水分为 11％～13％。

13. 桔梗有何质量标准？

桔梗以条粗均匀、坚实、洁白、味苦者为佳。药典规定，桔梗中含水分不得过 15.0％，总灰分不得过 6.0％，醇溶性浸出物不得少于 17.0％，按干燥品计算，含桔梗皂苷 D（$C_{57}H_{92}O_{28}$）不得少于 0.10％。

（二十三）苦参

1. 苦参的来源及性味功效是什么？

苦参为豆科植物苦参的干燥根。苦参性寒，味苦。归心、肝、胃、大肠、膀胱经。具有清热燥湿、杀虫、利尿的功效。用于热痢、便血、黄疸尿闭、赤白带下、阴肿阴痒、湿疹、湿疮、皮肤瘙痒、疥癣麻风等症；外治滴虫性阴道炎。外用适量，煎汤洗患处，不宜与藜芦同用。

2. 苦参对生长环境有什么要求？

苦参喜温暖气候。生长于东经 112°～113°，北纬 36°～37°，海拔 1 000～1 400 米处，适宜气温 20～25℃，适宜空气相对湿度为 50％～70％，适宜的 pH 为 6.0～7.5，最佳光照时数 12～14 小时。苦参具有喜沙耐黏、喜肥耐瘠、喜湿耐旱、喜光耐阴、喜凉耐寒耐高温、喜群耐虫等特点，对土壤要求不严格，具有较强的适应性。尽管如此，低洼易积水地带不宜种植。

苦参植株形态

3. 苦参的形态特征是什么？

（1）苦参为草本或亚灌木，少呈灌木状，通常高 1 米左右。茎具纹棱，幼时疏被柔毛，后无毛。

（2）羽状复叶长达 25 厘米；托叶披针状线形，渐尖，长 6～8 毫米；小叶 6～12 对，互生或近对生，纸质，形状多变，椭圆形、卵形、披针形至披针状线形，长 3～4 厘米，宽 1.2～2.0 厘米，先端钝或急尖，基部宽楔形或浅心形，上面无毛，下面疏被灰白色短柔毛或近无毛。中脉下面隆起。

（3）总状花序顶生，长 15～25 厘米；花多数，疏或稍密；花梗纤细，长约 7 毫米；苞片线形，长约 2.5 毫米；花萼钟状，明显歪斜，具不明显波状齿，完全发育后近截平，长约 5 毫米，宽约 6 毫米，疏被短柔毛；花冠比花萼长 1 倍，白色或淡黄白色，旗瓣倒卵状匙形，长 14～15 毫米，宽 6～7 毫米，先端圆形或微缺，基部渐狭成柄，柄宽 3 毫米，翼瓣单侧生，强烈皱褶几达瓣片的顶部，柄与瓣片近等长，长约 13 毫米，龙骨瓣与翼瓣相似，稍宽，宽约 4 毫米，雄蕊 10 枚，分离或近基部稍连合；子房近无柄，被淡黄白色柔毛，花柱稍弯曲，胚珠多数。

（4）荚果长 5～10 厘米，种子间稍缢缩，呈不明显串珠状，稍四棱形，疏被短柔毛或近无毛，成熟后开裂成 4 瓣，有种子 1～5 粒；种子长卵形，稍压扁，深红褐色或紫褐色。花期 6—8 月，果期 7—10 月。

4. 苦参播种时如何选地、整地、施肥?

苦参为深根性植物，种植地选择土层深厚、质地疏松肥沃、排水良好的沙质壤土和黏质壤土为佳。整地在上一年的秋末冬初进行，整地时，施充分腐熟的厩肥作基肥，施肥量为每亩 1 500～3 000 千克，此外，为防蛴螬危害，可同时撒施每亩 10 千克的硫酸亚铁复合肥，耕翻 25～30 厘米，耙平整细，开宽 1.3 米、高 15～20 厘米、长度根据实际情况而定的条畦。

5. 苦参的繁殖方法有哪些?

繁殖方法有种子繁殖和分株繁殖。

（1）种子繁殖。为了保证出苗率，播前对苦参种子进行催芽处理，用 40～50℃的温水浸泡 10～12 小时，取出后稍沥干即可播种。每亩用种量 1.5 千克左右，深度为 2～3 厘米。春播或秋播均可。秋播宜早不宜迟，种子成熟之后即可播种，最迟要在土壤解冻前播完。春播应在清明前后下种，此时土壤墒情较好，利于出苗，目前以春播为主。大田直播：行距 40 厘米、株距 20～27 厘米，每穴留苗 1～2 株，采用机械播种。

（2）分株繁殖。春、秋两季均可进行。秋栽于落叶后进行，春栽于萌芽前进行。将母株挖出，粗根剪下后，切成带根和有 2～3 芽的数株。按行株距（40～50）厘米×（20～30）厘米开穴，穴深度 4～5 厘米，每穴 1 株，覆土浇水与畦面相平。

6. 苦参田间管理的内容是什么?

（1）间苗定苗。穴播的种子发芽出苗后，当苗高 10～15 厘米时，进行间苗，每穴留壮苗 2～3 株。条播的苗高 5～10 厘米时，按株距 5 厘米间苗，苗高 10～15 厘米时，按 15～20 厘米定苗。

（2）中耕除草。齐苗后，进行 1 次中耕除草，以后每隔 1 个月锄草 1 次。

（3）追肥。在施足基肥的基础上，每年追肥 2 次：第一次在 5 月中下旬进行，每亩施腐熟粪水肥 2 000 千克；第二次在 8 月上中旬进行，以磷、钾肥为主。贫瘠的地块要适当增加施肥次数。

（4）摘花。除留种地外，要及时剪去花薹，以免消耗养分。

7. 苦参主要病虫害及其防治措施有哪些？

苦参病害主要有白粉病、叶斑病、根腐病和白锈病等；虫害主要有小地老虎和蝼蛄。

（1）白粉病。①危害症状。于 7 月开始发病，9 月中旬达高峰，发病初期为白色病斑，而后颜色逐渐变为浅棕色。一般情况下部叶片比上部叶片多，叶片背面比正面多。霉斑早期单独分散，后联合成一个大霉斑，甚至可以覆盖全叶，严重影响光合作用，使正常新陈代谢受到干扰，产量受到损失，严重可导致死亡。②防治措施。选取土层深厚、排水良好的沙壤土种植，同时增施有机肥料，此外，也可采取移栽前用 0.5％哈茨木霉菌粉剂 300 倍液浸根，发病初期用 1％申嗪霉素悬浮剂 1 000 倍液灌根，7 天灌 1 次，连灌 3 次的措施。

（2）叶斑病。①危害症状。一般仅在 7 月发病，叶片上产生黑褐色小圆斑，后扩大或病斑连片呈不规则大斑块，边缘略微隆起，叶两面散生小黑点。②防治措施：可通过与禾本科作物轮作的方式预防，也可用农药多抗霉素（多氧清）、百菌清、甲基硫菌灵、波尔多液或石硫合剂等，按剂量规定防治，一般 7～10 天喷施 1 次，连续喷施 3～5 次。

（3）根腐病。①危害症状。一般于高温多雨季节发生，发病初期，仅仅是个别支根和须根感病，并逐渐向主根扩展，主根感病后，早期植株不表现症状，后随着根部腐烂程度的加剧，地上部分因养分供不应求，新叶首先发黄，在中午前后光照强、蒸发量大时，植株上部叶片才出现萎蔫，但夜间又能恢复。病情严重时，萎蔫状况夜间也不能再恢复，整株叶片发黄、枯萎。此时，根皮变褐，并与髓部分离，最后全株死亡。②防治措施。轮作倒茬是防治根腐病的主要手段，此外也可在发病初期用 50％多菌灵可湿性粉剂 500～800 倍液，或 2.5％咯菌腈悬浮剂 1 000 倍液，或 30％噁霉灵水剂＋25％咪鲜胺乳油按 1∶1 复配 1 000 倍液灌根，7 天喷灌 1 次，喷灌 3 次以上。

（4）白锈病。①危害症状。多在秋末冬初或初春发生，在叶正面则显现黄绿色边缘不明晰的不规则斑，有时交链孢菌在其上腐生，致病斑转呈黑色。

②防治措施。主要采取烧毁或深埋病株、与禾本科或豆科作物轮作等措施防治，此外发病后可用10％苯醚甲环唑水分散颗粒剂1 500倍液，40％氟硅唑乳油5 000倍液，40％胳菌腈可湿性粉剂3 000倍液等喷洒治理，7～12天喷1次，连续喷2～3次。

（5）小地老虎。①危害症状。从地面将幼苗植株咬断拖入土穴、或咬食未出土的种子，使整株死亡，造成缺苗断垄。②防治措施。结合黏虫用糖、醋、酒诱杀液或甘薯、胡萝卜等发酵液诱杀成虫。用泡桐叶或莴苣叶诱捕幼虫，于每日清晨到田间捕捉；对高龄幼虫也可在清晨到田间检查，如果发现有断苗，拨开附近的土块，进行捕杀。

（6）蝼蛄。①危害症状。在播种至苗期发生，喜食刚发芽的种子，危害幼苗，不但能将地下嫩苗根茎取食成丝丝缕缕状，还能在苗床土表下开掘隧道，使幼苗根部脱离土壤，失水枯死。②防治措施。可采用药剂拌种（48％吡虫啉悬浮剂以种药比80：1拌种）防治。

8. 苦参种子如何进行采收?

在7—9月，当苦参荚果变为深褐色时，采回晒干、脱粒、簸净杂质，置干燥阴凉通风处备用，种子千粒重约50克。

9. 苦参如何进行采收加工?

2～3年可以采收，一般于秋季植株枯萎后进行，刨出全株，去掉芦头以上部分、须根、洗净泥沙、晒干或烘干。以无芦头、条匀、断面黄白色为佳。也可将鲜根切成1厘米厚的圆片或斜片，晒干或烘干。

10. 苦参的包装、储藏及运输有什么要求?

包装：选择不易破损、干燥、清洁、无异味的包装袋包装。
储藏：药材切片经包装后置于通风、干燥、避光的仓库中储藏。运输：运输时包装应完好，运输工具必须清洁、防晒、防雨水、干燥、无污染，具有较好的通气性。

11. 苦参有何质量标准?

药典规定，苦参中含水分不得过11.0％，总灰分不得过8.0％。水溶性浸出物不得少于20.0％，含苦参碱（$C_{15}H_{24}N_2O_1$）和氧化苦参碱（$C_{15}H_{24}N_2O_2$）的总量不得少于1.0％。

（二十四）木香

1. 木香的来源及性味功效是什么？

木香为菊科植物木香的干燥根。木香性温，味苦。归脾、胃、大肠、三焦、胆经。具有行气止痛、健脾消食的功效。用于胸胁、脏腹胀痛，泻痢后重、食积不消、不思饮食等症。煨木香实肠止泻，用于泄泻腹痛。

2. 木香的形态特征是什么？

木香为攀缘小灌木，高可达 6 米；小枝圆柱形，无毛，有短小皮刺；老枝上的皮刺较大，坚硬，经栽培后有时枝条无刺。

木香植株形态

小叶 3～5，稀 7，连叶柄长 4～6 厘米；小叶片椭圆状卵形或长圆披针形，长 2～5 厘米，宽 8～18 毫米，先端急尖或稍钝，基部近圆形或宽楔形，边缘有紧贴细锯齿，上面无毛，深绿色，下面淡绿色，中脉突起，沿脉有柔毛；小叶柄和叶轴有稀疏柔毛和散生小皮刺；托叶线状披针形，膜质，离生，早落。

花小，多朵成伞形花序，花直径 1.5～2.5 厘米；花梗长 2～3 厘米，无毛；萼片卵形，先端长渐尖，全缘，萼筒和萼片外面均无毛，内面被白色柔毛；花瓣重瓣至半重瓣，白色，倒卵形，先端圆，基部楔形；心皮多数，花柱离生，密被柔毛，比雄蕊短很多。花期 4—5 月。

3. 木香对生长环境有什么要求？

在海拔 2 500～3 200 米，≥10℃ 活动积温 2 000～3 200℃，极端最高温度 <28℃，极端最低温度 >－14℃，无霜期 120～200 天，年降水量 800～1 200 毫米，全年空气相对湿度 68%～75% 的地区生长良好。木香在 8～25℃ 的温度范围内均可萌发，适宜温度为 12～20℃，温度低于 8℃ 或高于 30℃，萌发均受到抑制。土壤水分要求常年保持在 22%～35%，土壤湿度低于 15%，木香植株会出现萎蔫。

4. 木香如何进行选地、整地施肥？

（1）选地。在选择木香栽培地时，要保证坡向为东坡向或者朝北，最好选择阴坡地。同时选择的土壤要疏松、肥沃，土层深厚，最好为富含腐殖质且 pH 为 6.5～7.0 的壤土或者沙质壤土，保证排水良好，如果地势低洼很容易发生洪涝灾害，并且出现烂根的情况。

（2）整地施肥。对于新开垦的土地要彻底处理荒地上的杂草等植物，通过深翻处理将枯枝和杂草等翻埋在地下，直至第二年的春季再做一次深翻处理，也可以在种植过马铃薯、玉米等作物的土地上种植木香。种植地应在播种前深翻 30 厘米左右，施厩肥和羊粪等腐熟肥料 2 000～3 000 千克作为基肥。需要注意的是在翻土过程中要保证粪土的均匀性，将土块打碎、耙平，作成高畦。

5. 木香如何种植？

春秋季用种子直播。土壤湿润地区，一般在春分前后播种；干旱地区，在雨季来临之前播种。选干净的种子，用 30℃温水浸泡 24 小时，并晾至半干后播种。若土壤干燥，无灌溉条件，种子不宜处理，以免播后失水，丧失发芽能力。9 月上旬秋播，不浸种，按行距 50 厘米开沟，播种，覆土 3～5 厘米，稍镇压。每亩播种量为 0.7～1.0 千克；点播穴距 15 厘米，每穴播 3～5 粒种子，覆土 3～5 厘米，稍镇压。如果土壤潮湿，覆土宜薄些。木香幼苗期怕强光，一般早春在畦面垄间按适当距离点播玉米等高秆作物。既能遮阳，又能充分利用土地。

6. 木香如何进行田间管理？

（1）间苗、补苗、定苗。当幼苗长出 3～4 片真叶时，结合中耕除草进行间苗，每穴留壮苗 3 株；缺株者进行补苗，苗高 4～6 厘米时定苗。

（2）中耕除草。在幼苗叶片将枯时进行第一次除草，浅锄，并培土覆盖幼苗；等到木香幼苗长出 6 片或者 7 片叶子进行第二次除草；待到 7 月的中下旬进行第三次除草。

（3）追肥。木香在幼苗期间需要施稀腐熟粪水肥 1 000 千克。在木香生长的第二年需要施过磷酸钙 25 千克/亩、尿素 2.5 千克/亩和腐熟粪水肥 2 000 千克/亩等。

（4）摘除花薹。在抽薹孕蕾时将花薹除去，促进根的生长发育。

7. 木香主要病虫害及其防治措施有哪些？

木香病害主要有根腐病和褐斑病；虫害主要有银纹夜蛾、介壳虫、地老虎等。

（1）根腐病。①危害症状。主要危害幼苗，成株期也能发病。发病初期，仅仅是个别支根和须根感病，并逐渐向主根扩展，后随着根部腐烂程度的加剧，吸收水分和养分的功能逐渐减弱，地上部分因养分供不应求，新叶首先发黄，病情严重时，整株叶片发黄、枯萎。此时，根皮变褐，并与髓部分离，最后全株死亡。②防治措施。发现病株及时拔除，可用70％五氯硝基苯粉剂4千克拌在植株旁边或用福尔马林进行土壤消毒。

（2）褐斑病。①危害症状。真菌性病害，下部叶片开始发病，逐渐向上部蔓延，初期为圆形或椭圆形，紫褐色，后期为黑色，直径为5～10毫米，界线分明，严重时病斑可连成片，使叶片枯黄脱落，影响开花。②防治措施。在晴天喷洒160倍的波尔多液，每12～15天喷1次，共喷2～4次可有效防治褐斑病。一旦发现木香苗发病要在木香叶面上喷洒的50％肿·锌·福美双可湿性粉剂800倍液或75％百菌清可湿性粉剂75～100克兑水30～40千克喷雾，同时要保证药剂交替使用。

（3）银纹夜蛾。①危害症状。幼虫食叶，将叶片吃成孔洞或缺刻，并排泄粪便污染植株。②防治措施。可用80％敌百虫可湿性粉剂800～1 000倍液喷杀。

（4）地老虎。①危害症状。主要以幼虫危害幼苗。幼虫将幼苗近地面的茎部咬断，使整株死亡，造成缺苗断垄。②防治措施。可以使用50％辛硫磷乳油1 000倍液于傍晚浇灌，连续每7天用药一次，连续使用2～3次。

（5）介壳虫。①危害症状。介壳虫往往是雄性有翅，能飞，雌虫和幼虫一经羽化，终生寄居在枝叶或果实上，造成叶片发黄、枝梢枯萎，且易诱发煤烟病。②防治措施。初龄期，使用25％亚胺硫磷乳油200倍液喷洒叶片正反面即可杀死介壳虫，连续每7天用药一次，连续使用2～3次。

8. 怎样进行木香的采收加工？

秋、冬二季，选晴天挖掘根部，去除泥土、茎秆和叶柄，洗净，切段，粗者纵切成2～4块，风干或50～60℃低温烘干，装大麻袋内撞去须根、粗皮即可，以质坚实、气味芳香、油性大者为佳。

9. 木香的包装及储藏有何要求？

包装材料选用干燥、清洁、无异味以及不影响品质的专用袋包装，以保证木香运输、储藏、使用过程中药材品质。每袋30千克左右，包装要牢固、密封防潮，能保护品质。包装材料还应易回收、易降解。包装明确标明品名、批号、规格、重量、产地、采收日期、注意事项等，并附有质量合格标志。

储藏仓库应通风、干燥、避光，必要时安装空调及除湿设备，并具有防止昆虫、鸟类、鼠类等动物进入的设施，温度控制在 28℃ 以下，空气相对湿度为 70%～75%。药材按品种、规格分开存放。

10. 木香有何质量标准？

药典规定，木香中含水分不得过 14.0%，总灰分不得过 4.0%，含木香烃内酯（$C_{15}H_{20}O_2$）和去氢木香内酯（$C_{15}H_{18}O_2$）的总量不得少于 1.5%。

（二十五）羌活

1. 羌活的来源及性味功效是什么？

羌活为伞形科植物羌活或宽叶羌活的干燥根茎和根。羌活性温，味辛、苦。归膀胱、肾经。具有解表散寒、祛风除湿、止痛的功效。用于风寒感冒、头痛项强、风湿痹痛、肩背酸痛等症。

2. 羌活的主要产地有哪些？其生长环境如何？

羌活属大宗药材，主产于四川，甘肃、青海边沿地区亦有少量产出。羌活喜冷凉、耐寒，怕强光，喜肥，适应寒冷湿润气候，在质地疏松、肥沃的酸性或中性土中生长较好。多生长在海拔1 700～3 500米，年平均气温 4～6℃、年平均降水量 500 毫米以上、日照时数 2 100～2 500小时的高山灌木林边缘地，尤以土壤疏松、含腐殖质较多的地方多见。

羌活植株形态

3. 羌活的形态特征是什么？

羌活根圆柱状略弯曲，有香气，表面棕褐色至黑褐色，内呈黄色，节间长短不等。节间缩短，呈紧密隆起的环状，习称"蚕羌"。节间延长，形如竹节，习称"竹节羌"。节间特别膨大，习称"大头羌"。根类圆锥形，有纵皱纹及皮孔，表面棕褐色，近根处有较密的环纹，习称"条羌"。茎直立，中空，表面淡紫色，具有纵直条纹，无毛。叶互生，有长柄，柄长 10～20 厘米，基部扩大成鞘，边缘有不等的钝锯齿。复伞形花序，白色，伞幅 10～15 条，各顶端有 20～30 条花梗（小伞梗），花期 7 月。双悬果卵圆形，无毛，背棱及侧棱有翅，果期 8—9 月。

4. 羌活如何进行选地、整地施肥？

（1）育苗地。应选阴湿、肥沃、质地疏松、pH 为 6.5～7.0 的棕色森林土为宜。在种植前深耕、耙细、整平，施足基肥，在整好的地上起高畦，畦高 10 厘米、宽 1.5 米，畦长视地形而定。

（2）移栽地。应选土层深厚、质地疏松、肥沃的沙质壤土为好。质地黏重，低洼积水的土地不易种植。选前茬种植谷物、豆类、薯类作物耕地为宜。整地时，结合深翻每亩地施入腐熟有机肥 2 000～3 000 千克，磷酸二铵 15～20 千克或尿素 15 千克，为了防治土壤病虫害，耙糖时每亩用 4 千克辛硫磷与细沙土搅拌均匀施入土壤，然后耙细整平。达到地表平整，无坷垃、上虚下实，为覆膜播种出苗打好基础。

5. 羌活种子如何进行采收及处理？

每年 9 月采收种子，选用生长 3 年以上羌活植株的种子。羌活种子一般在 8 月中下旬成熟，在种子没有完全成熟前进行分批采收，采收时用剪刀将成熟的果穗剪下，放置于阴凉通风处晾干后脱粒，储藏备用。用于春季种苗繁育的种子采收后要及时处理，先清除杂质，晒干，然后将种子和净沙以 1：10 的比例掺匀拌水，湿度为 60%～70%，进行冷处理，每隔 10 天搅翻 1 次，待翌春播种。秋季种苗繁育的种子直接进行播种。

6. 羌活的繁殖方式是什么？

羌活进行种子繁殖。一般采用育苗移栽。

（1）育苗。在已整好的畦上，按行距 6 厘米开沟，沟深 1 厘米，宽 4～5 厘米，将处理过的种子均匀地撒于沟内，然后覆土 2～3 厘米。每亩用种量 3 千克左右。播后采用秸秆覆盖，厚度 2 厘米。有条件的可一次浇透水，以保持地面湿度，利于出苗。

（2）移栽。首先要覆膜：覆膜原则是盖湿不盖干，盖早不盖晚，当 0～20 厘米土壤中水分含量≥160 克/千克时为覆膜最佳时期。在已整好的耕地上，按行距 30 厘米，作 60 厘米平畦，选用宽 90 厘米黑色除草膜，畦面按照地形而定，每亩用地膜 5 千克。移栽前用强力生根粉 3 000 倍液浸泡强化苗根 3～6 小时，温度为 30℃，提高移栽成活率。按照每行膜上穴栽 3 行，行距 30 厘米，株距 20 厘米，采用人工穴播，开穴深度 15 厘米左右，放入种苗，大苗每穴 1 株，弱小苗每穴 2 株，苗头露出地膜 2 厘米，覆土 5 厘米。

7. 羌活如何进行苗期管理？

羌活幼苗怕光，应搭棚遮阳，苗前期不宜除草，苗期要视杂草生长情况及时进行除草，做到苗床无杂草；长出真叶后结合中耕进行除草，追肥。多以腐熟粪水肥和厩肥为主，亩施 1 000 千克，在 6—7 月追施磷酸二铵 3 千克/亩。多雨季节，注意排水，以免积水造成根茎腐烂，冬季倒苗后可培土越冬，一般能自然越冬。

8. 羌活种苗如何采挖及储藏？

10 月下旬种苗地上部分枯萎后采挖储藏。采挖后除去病虫苗、残苗，用草绳按 0.5 千克扎把。在地势较高的通风阴凉处挖深 50 厘米，长、宽视苗量而定的长方形坑，苗头朝上，在坑内一层苗覆一层湿土进行摆放，土层厚 5 厘米，要求埋严每层苗把根部，最后在坑顶覆盖一层土，厚 50 厘米左右，凸出地面。

9. 移栽后羌活如何进行田间管理？

（1）中耕除草。5 月中旬苗齐后进行第一次除草，除草时应坚持人工无公害除草，不用除草剂除草，以后视田间杂草生长情况随时除草，一般年除草三四次，以移栽地不见杂草为好。

（2）间苗补苗。移栽地出苗不齐时，选择在阴雨天及时补苗。当苗长 10～15 厘米时，结合除草及时间苗，每穴栽种两株的要除去弱苗、病苗，确保每穴留有一株。

（3）追肥。定苗后第一次追肥，每亩地施尿素 5 千克；在苗高 20 厘米时第二次追肥，亩施磷酸二铵 20 千克，无机肥在收获前 1 个月内不再追施。具有灌溉条件的地块随灌水施入，旱地追肥要在降雨后或结合中耕进行。

（4）灌溉排水。羌活生长前期水分不宜太多，以促进根部向下生长，后期可适当多浇水，不耐旱，遇干旱时应及时灌水。

（5）摘花除蕾。羌活在现蕾后，除留种植株外，应摘除花蕾，以防养分消耗。

10. 羌活主要病虫害及其防治措施有哪些？

羌活病害主要有根腐病和白粉病；虫害主要有蚜虫和黄凤蝶幼虫。

（1）根腐病。①危害症状。发病初期，仅个别支根和须根感病，后逐渐向主根扩展，主根感病后，随着根部腐烂程度的加剧，新叶首先发黄，病情严重时，整株叶片发黄、枯萎。此时，根皮变褐，并与髓部分离，最后全株死亡。②防治措施。在中耕除草后及时排水，选用无病种苗，此外还可以用40％药材病菌灵可湿性粉剂或70％甲基硫菌灵可湿性粉剂800～1 000倍液灌根。

（2）白粉病。①危害症状。发病初期为白色病斑，而后颜色逐渐变为浅棕色，一般情况下部叶片比上部叶片多，叶片背面比正面多。霉斑早期单独分散，后联合成一个大霉斑，甚至可以覆盖全叶，严重影响光合作用，使正常新陈代谢受到干扰，造成早衰，产量受到损失，严重可导致植株死亡。②防治措施。未发病前可用70％代森锰锌可湿性粉剂400～600倍液喷雾，发病初期可用40％多硫悬浮剂600～800倍液或30％醚菌酯可湿性粉剂1 000～1 500倍液叶面喷施，7～10天喷雾1次。注意必须交替使用，不能连续使用同一种药物。

（3）蚜虫。①危害症状。成、若蚜吸食叶片和茎秆汁液，使叶片卷曲萎缩。②防治措施。用5％吡虫啉乳油1 500～2 000倍液或20％高效溴氰菊酯悬浮剂2 000倍液喷雾。

（4）黄凤蝶幼虫。①危害症状。幼虫蚕食寄主叶片成缺刻，或仅留主脉和叶柄。②防治措施。用20％氰戊菊酯水剂3支，每支2毫升，共兑水60千克喷雾防治。必须交替使用，不能连续使用同一种药物。同时加强田间管理，清除田间枯枝落叶，减少越冬虫源与下年虫口基数。

11. 羌活如何进行采收加工？

移栽栽培羌活采挖时间为3年以上，在10月下旬至11月上旬，土壤冻结前全部挖完。采挖时先将枯萎茎叶割去，然后从地边深挖40厘米，逐渐向里挖，将羌活挖出，尽量保全根系，防止断根。收获后及时抖尽泥土、切去芦头和毛根、去除病残根，分摊于场地晾晒，待水分干至6成后堆垛存放或搭架晾干存放。

12. 羌活的储藏有何要求？

储藏过程中需要用容器将干燥的羌活存放于环境清洁、通风良好的库房中，可以用麻袋、透气编织袋或纸箱包装，切忌与有毒有害物品混存，禁止使用有损药材品质的保鲜剂；存放过程中，预防雨淋暴晒，加强仓库清洁卫生管理，严格控制室内温度（30℃以下）与空气相对湿度（70％以下），同时经常检查羌活有无霉变、虫蛀和鼠害等现象发生，一经发现，需及时处理受污染的药材，防止污染扩大化。

13. 羌活有何质量标准？

药典规定，羌活中含总灰分不得过 8.0%，酸不溶性灰分不得过 3.0%，醇溶性浸出物不得少于 15.0%，挥发油含量不得少于 1.4%（毫升/克），按干燥品计算，含羌活醇（$C_{21}H_{22}O_5$）和异欧前胡素（$C_{16}H_{14}O_4$）的总量不得少于 0.40%。

（二十六）秦艽

1. 秦艽的来源及性味功效是什么？

秦艽为龙胆科植物秦艽，麻花秦艽、粗茎秦艽或小秦艽的干燥根。秦艽性平，味辛、苦。归胃、肝、胆经。具有祛风湿、清湿热、止痹痛、退虚热的功效。用于风湿痹痛、中风半身不遂、筋脉拘挛、骨节酸痛、湿热黄疸、骨蒸潮热、小儿疳积发热等症。

2. 秦艽对生长环境条件有什么要求？

秦艽分布于海拔 2 400～3 500米处，多生长在气候冷凉、雨量较多、日照充足的高山地区，怕积水、耐寒、耐瘠薄，对土壤的要求不太严格，主要以土质疏松、肥沃的腐殖土、沙质壤土为好，其他土壤次之。地下部分可忍受－25℃以下低温。秦艽适应性较强，适宜种植的土地资源较多。

秦艽植株形态

3. 秦艽的形态特征是什么？

秦艽为多年生草本，高 30～60 厘米，全株光滑无毛，须根多条，扭结或黏结成一个圆柱形的根。枝少数丛生，直立或斜升，黄绿色或有时上部带紫红色，近圆形。

莲座丛叶卵状椭圆形或狭椭圆形，长 6～28 厘米，宽 2.5～6.0 厘米，先端钝或急尖，基部渐狭，边缘平滑，叶脉5～7 条，叶柄宽，长 3～5 厘米，包被于枯存的纤维状叶鞘中；茎生叶椭圆状披针形或狭椭圆形，长 4.5～15.0 厘米，宽

1.2~3.5厘米，先端钝或急尖，基部钝，边缘平滑，叶脉3~5条，在两面均明显，并在下面突起，无叶柄至叶柄长达4厘米。

花多数，无花梗，簇生枝顶或轮状腋生；花萼筒膜质，黄绿色或有时带紫色，长7~9毫米，一侧开裂呈佛焰苞状，先端平截或圆形，萼齿4~5个，稀1~3个，甚小，锥形，长0.5~1.0毫米；雄蕊着生于冠筒中下部，整齐，花丝线状钻形，子房无柄，椭圆状披针形或狭椭圆形，先端渐狭，花柱线形。

蒴果内藏或先端外露，卵状椭圆形，长15~17毫米；种子红褐色，有光泽，矩圆形，长1.2~1.4毫米，表面具细网纹。花果期7—10月。

4. 秦艽如何选地、整地、施肥？

选择向阳、平缓、肥沃、质地疏松、土层深厚的腐殖质土或沙壤土栽培。于春季或秋季深耕30厘米左右，并施足基肥，亩施优质腐熟农家肥3 000千克以及过磷酸钙80千克、草木灰500千克，然后整平耙细，起墒或打垄，待播。秦艽育苗地按宽1.2~2.5米理成畦，畦面平整，用木块压实。

5. 秦艽播前种子如何处理？

用50~150毫克/升赤霉素溶液浸种24小时后用清水洗净，按种子量与清洁河沙1∶3按重量混合，先放在室外低温处理（温度不高于20℃）。待种子露白后，在整平的畦面上，用细筛均匀撒播。

6. 秦艽的繁殖方法有哪些？

秦艽的繁殖方法有种子繁殖和分株繁殖。种子繁殖分为种子直播和育苗移栽。

（1）种子繁殖。①种子直播。一般选择成熟饱满的种子，于早春在整好的地块上开沟，沟距24厘米，沟深1~2厘米，条播或撒播，将种子均匀地撒入沟内，然后覆土0.5厘米左右，略加镇压，有条件的地区，可以覆盖一层秸秆或地膜，进行保墒遮阳，以促进种子萌发。每亩播种量0.5~0.8千克。②育苗移栽。当幼苗长到2对真叶时去掉一半左右覆盖物，4片真叶时再去掉全部秸秆，干旱、高温天气可迟些撤除覆盖物，以利于保墒。在10月上中旬，开沟栽植。株距15~20厘米，行距20~25厘米。每亩保苗0.09万~0.14万株，每栽一行覆土压实后再继续栽，春季栽植在土壤解冻后进行，种苗一定不能露芽，露芽后成活率低。

（2）分株繁殖。春季萌动之前，挖出根，分成小蘖，每簇1~2个芽，按行距20~30厘米，株距10~20厘米栽植，穴深根据根的大小而定。栽根，埋上芽，覆土3厘米左右，压实。每亩1万株。

7. 秦艽如何进行田间管理？

（1）间苗定苗。秦艽长出2～4片叶时，进行间苗。撒播的当苗高4～5厘米时，按株行距20厘米×30厘米间苗，苗高6～8厘米时进行定苗。

（2）中耕除草。要及时除草，保持田间无杂草。

（3）灌溉排水。播种后至出苗前要经常浇水，使表土层保持湿润状态。当气温较高、土壤20厘米以下出现干土层时进行浇灌，最好采用滴灌。

8. 秦艽主要病虫害及其防治措施有哪些？

秦艽病害主要有锈病和叶斑病；虫害主要有蚜虫和地老虎。

（1）锈病。①危害症状。锈菌一般只引起局部侵染，受害部位可因孢子积集而产生不同颜色的小疱点或疱状、杯状、毛状物，严重时孢子堆密集成片，植株因体内水分大量蒸发而迅速枯死。②防治措施。选地时注意远离越冬作物，秋后清洁田园，枯枝落叶烧毁。发现中心病株时，立即每亩用25％三唑酮可湿性粉剂30克，兑水450千克喷施，间隔10天重复1次。

（2）叶斑病。①危害症状。叶片上产生黑褐色小圆斑，后扩大或病斑连片呈不规则大斑块，边缘略微隆起，叶两面散生小黑点。②防治措施。发病初期喷1：1：100波尔多液，每隔10天喷1次或用65％代森锌可湿性粉剂800倍液，每7天喷1次，连续喷1～2次。

（3）蚜虫。①危害症状。6—8月易发，成、若蚜吸食叶片和茎秆汁液，叶片卷曲。②防治措施。叶面喷洒40％辛硫磷乳油1 000倍液进行喷雾防治。

（4）地老虎。①危害症状。主要以幼虫危害幼苗。幼虫将幼苗近地面的茎部咬断，使整株死亡，造成缺苗断垄。②防治措施。可采用青草或桐树叶引诱地老虎，进行人工捕杀。

9. 秦艽种子如何采收？

秦艽生长到第三年以后，大量开花结果。一般在9—10月，种子呈浅黄色时，将果实带部分茎秆割回，置于通风处，后熟。待干后抖出种子，贮于阴凉干燥处。

10. 秦艽如何采收加工？

播种后2～3年即可采收。在9—11月倒苗时，全根挖起，去净茎叶、泥土，晒至半干，堆拔发汗1～2天，然后再摊开晒至全干。理顺根条，芦头约留1厘米长。根茎繁殖一年收获，每公顷产干货2 250～2 700千克。

11. 秦艽的包装及储藏有何要求？

选用安全无毒的包装材料（袋、盒、箱等），杜绝纤维、塑料碎屑等异物杂物混入药材中，包装前应再次检查并清除劣质品及异物。包装时应注意按净度、采收时间、大小等要素分出规格、等级，分别包装。置于干燥通风处储藏。

12. 秦艽有何质量标准？

药典规定，秦艽中含水分不得过 9.0%，总灰分不得过 8.0%，醇溶性浸出物不得少于 24.0%，按干燥品计算，含龙胆苦苷（$C_{16}H_{20}O_9$）和马钱苷酸（$C_{16}H_{24}O_{10}$）的总量不得少于 2.5%。

（二十七）白芍

1. 白芍的来源及性味功效是什么？

白芍是毛茛科植物芍药的干燥根。白芍性微寒，味苦、酸。归肝、脾经。具有养血调经、敛阴止汗、柔肝止痛、平抑肝阳的功效。用于血虚萎黄、月经不调、自汗、盗汗、胁痛、腹痛、四肢挛痛、头痛眩晕等症。

2. 芍药的品种有哪些？其形态特征是什么？

白芍主要有线条和蒲棒 2 个农家品种。线条叶芽大且长，生长周期五六年，根细长、质实、粉性足，不中空。蒲棒叶芽小、面密集，生长周期三四年，根短粗、质松、不分枝，四年生以上容易中空。

3. 种植芍药如何选地、整地、施肥？

栽培地宜选背风向阳、地势高燥之处，选择排水良好、土层深厚、肥沃疏松、富含腐殖质的壤土或黏壤土。白芍不宜连作，前茬选择豆科作物为宜。栽种前精细耕作，结合耕地亩施用经无害化处理的农家肥2 000～3 000千克

芍药植株形态

或商品有机肥100～200千克，加氮磷钾三元复混肥25～35千克。深翻土地30～60厘米，耙平作畦，畦宽1.2～1.5米、高30～40厘米，沟宽30厘米。四周开排水沟，以利排水。

4. 芍药常用的繁殖方式是什么?

芍药是分株繁殖，多在9月下旬及10月上旬进行，过早新芽尚未形成，过迟则天气变冷地温低，不利于生长发育。分株时，先将地上茎叶从靠近地面处割去，然后将根全部挖出，抖去泥土，根据原窝根的多少，3～5个萌生新芽为一丛，分为若干个丛株，其切口处用草木灰或硫黄粉涂抹，阻止细菌入侵，晾1～2天，使根变软栽植时不易折断即可，栽埋深浅以新苗芽头低于地面5～8厘米，不怕冻坏为宜。如果不能及时栽种，选不积水的阴凉处进行芍芽的短时沙藏保存，遮阳保湿。

5. 如何种植芍药?

一般秋季作物收获后，9月下旬至10月底均可种植芍药。进行穴栽，穴深5～7厘米，每穴放入芍芽1个，芽头向上。蒲棒按行距70厘米、株距40厘米开穴，每亩地种植2 400株左右；线条按行距70厘米、株距50厘米开穴，每亩地种植2 000穴左右。栽后压实，培土成垄，垄高11～15厘米，防冻保墒。

6. 芍药分株年限怎样确定?

可根据栽植需要来定，若是药用栽培以采根为目的，3～5年即可分株一次；若系观赏，可5～7年分株一次，年限长分株较好。

7. 芍药幼苗期要注意哪些事项?

要加强管理，经常除草，疏松土壤，排除积水。芍药为喜肥植物，除施用充足的基肥外，每年要追肥3～4次。第一、二次以氮肥为主，第三、四次以磷、钾肥为主，药用的每年花期要除蕾，只留顶生一个，冬季还要疏根，剪去多余的小根，留取肥大的粗根。

8. 芍药如何进行田间管理?

(1) 中耕除草。栽后翌年3月中旬进行松土保墒，以利出苗。每年应在追肥前中耕除草，做到田间无杂草。夏季结合抗旱中耕除草，冬季进行清园防病。

（2）培土。在根际培土 10～15 厘米。干枝枯叶应及时清出田外处理。

（3）晒根。从栽后第三年开始，每年春季 3 月下旬至 4 月上旬，把根部周围的土壤扒开，根上部露出 1/2，晾晒 5～7 天，把须根晒萎蔫。晾根后及时覆土压实，目的是抑制侧根发生，保证土根粗壮。

（4）追肥。芍药好肥性强，从栽后第三年开始，春季结合晾根，每亩地追施氮磷钾三元复混肥 50～60 千克。施用肥料时，应注意氮、磷、钾三要素的配合，特别对含有丰富磷质的有机肥料，尤为需要。

（5）浇水。栽种时浇一次定根水，以后遇干旱适量浇水，多雨时要及时排水，保持干湿相宜。

（6）摘花蕾。每年春季现蕾时，除有目的的保留外，应及时摘除全部花蕾，以减少养分消耗，有利于根部膨大。

9. 芍药主要病虫害及其防治措施有哪些?

芍药的病害主要有早疫病和白绢病；虫害主要有红蜘蛛和金龟子。

（1）早疫病。①危害症状。属真菌病害，苗期、成株期均可发病，苗期发病，幼苗的茎基部生暗褐色病斑，稍陷，有轮纹。成株期发病一般从下部叶片向上部发展。初期叶片呈水渍状暗绿色病斑，扩大后呈圆形或不规则轮纹斑，边缘具有浅绿色或黄色晕环，中部具同心轮纹。②防治措施。可选用 30％苯甲丙环唑乳油 1 500 倍液和 32.5％苯甲嘧菌酯悬浮剂 1 500 倍液，第一次用药时间为 4 月中旬，5 月上旬进行第二次施药，后续注意田间观察，如有病害发生趋势，可进行第三次防控，注意交换用药。

（2）白绢病。①危害症状。是白芍常见的根部病害，感病根茎部皮层逐渐变成褐色坏死，严重的皮层腐烂。根茎部受害后，影响水分和养分的吸收，以致生长不良，地上部叶片变小变黄，严重时枝叶凋萎，当病斑环茎一周后会导致全株枯死。在夏季多雨高温时节，土壤潮湿，发病严重。②防治措施。发病初期，使用 23％噻呋酰胺悬浮剂 2 500 倍液喷雾防治。农业防治为：选用健壮芍芽，培育健壮植株；实行轮作换茬；加强肥水管理；保持田园清洁，及时清除杂草、病残体、前茬宿根和枝叶。

（3）红蜘蛛。①危害症状。危害方式是以口器刺入叶片内吮吸汁液，使叶绿素受到破坏，叶片呈现灰黄点或斑块，叶片枯黄、脱落，甚至落光。②防治措施。可喷洒 5％阿维·毒死蜱颗粒剂 2 500～3 000 倍液杀除。

（4）金龟子。①危害症状。啮食植株根和块茎或幼苗等地下部分，成虫咬食叶片成网状孔洞和缺刻，严重时仅剩主脉，群集危害时更为严重。常在傍晚至

22:00 咬食最盛。②防治措施。可采用黑光灯诱杀金龟子。

10. 白芍何时采收?

白芍于栽种后 3～4 年采收。浙江于 6—7 月上旬采收;安徽、四川等地于 8 月采收;山东于 9—10 月采收。采收过迟根内淀粉消耗转化,干燥后不坚实,质地轻。选择晴天采收,割去茎叶,挖出全根。除留芽头作种外,切下芍根,加工药用。

11. 白芍如何进行加工?

(1) 烫根刮皮。先将芍根按其粗细分为大、中、小三个级别。然后,用锅烧沸水,把芍根放入锅内,以水浸过芍根为宜,每锅放芍根 15～20 千克,继续烧火煮,并不断翻动,使其受热均匀,保持锅内微沸。煮的时间一般小芍根 5～8 分钟,中等粗的芍根煮 8～12 分钟,大的芍根煮 12～15 分钟,煮到表皮发白,用竹针易穿透;用刀切下头部一薄片观察,切面色泽一致,即为煮熟,应迅速从锅内捞出放在冷水中浸泡,随即取出刮去外皮,切齐两端,摊开晒干。也可以刮去外皮而后煮,再晒干。

(2) 干燥。煮好的芍根必须马上送到晒场摊薄暴晒 2 小时,渐渐把芍根堆厚暴晒,使表皮慢慢收缩,这样晒出的芍根表皮皱纹细致,颜色好,晒时要上下翻动,中午太阳过猛,用竹席等物盖好芍根,15:00 以后再摊开晒。这样晒 3～5 天后,把芍根在室内堆放 2～3 天,促使水分外渗,然后继续摊晒 3～5 天,如此反复 3～4 次,才能晒干。晒芍根不宜过急,不可中午烈日暴晒,否则会引起外干内湿,表面干裂,易发霉变质。芍根煮好后,如遇上雨天,不能及时摊晒,可用硫黄熏 (1 000 千克芍根用硫黄 1 千克)。熏后摊放通风处,切勿堆置,否则芍根表面发黏。如久雨不晴,每天可用火烘 1～2 小时,芍根起滑发霉,应迅速置清水中洗干净,并用文火烤干,待有太阳再晒。

12. 白芍的包装及储藏有何要求?

干燥芍根的包装一般采用细竹篓,先在竹篓四角垫上棕片或笋壳,再将晒干的芍药装入篓内。也可用编织袋包装。置通风干燥地方储藏,严防受潮,要经常检查是否有受潮、霉变,要定期进行翻晒,翻晒要在温和的阳光下进行,忌烈日暴晒,以免变色翻红。为预防白芍在储藏过程中发生虫蛀、霉变,在储藏前可对芍根用挥发油熏蒸,方法是将芍根用10 000:1 比例的荜澄茄或丁香挥发油在密封状态下熏蒸 6 天。

13. 白芍有何质量标准？

药典规定，芍药中含水分不得过 14.0%，总灰分不得过 4.0%，水溶性浸出物不得少于 22.0%。按干燥品计算，含芍药苷（$C_{23}H_{28}O_{11}$）不得少于 1.6%。二氧化硫残留量不得过 400 毫克/千克。

（二十八）天麻

1. 天麻的来源及性味功效是什么？

天麻为兰科植物天麻的干燥块茎。天麻性平，味甘。归肝经。具有息风止痉、平抑肝阳、祛风通络的功效。用于治疗小儿惊风、癫痫抽搐、破伤风、头痛眩晕、手足不遂、体麻木、风湿痹痛等症。近年来的研究发现，天麻还具有增智、健脑、延缓衰老的作用。

2. 天麻的形态特征是怎样的？

天麻为多年生草本植物，其特殊的生活方式主要表现在从种子萌发的原球茎、营养繁殖茎、白麻到商品剑麻均需要真菌的侵染提供营养。天麻的地上部分只有在开花时才抽出一花茎，高 0.5～1.3 米，全体不含叶绿素。茎秆和鳞叶均为赤褐色，无根，地下只有肉质肥厚的块茎，长扁圆形，有均匀的环节，节处具膜质鳞片。自然条件下，每年夏季茎（即花葶）端开花，成总状花序，花黄或绿色歪壶形。果长卵形，淡褐色，每果具种子万粒以上，种子极微小，肉眼难以分辨，借助放大镜或显微镜方可看清。

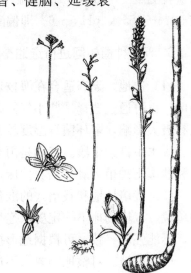

天麻植株形态

3. 天麻药材的外观形态有何特征？

块茎椭圆形或长条形，略扁，皱缩而稍弯曲，长 3～15 厘米，宽 1.5～6.0 厘米，厚 0.5～2.0 厘米。表面黄白色至淡黄棕色，有纵皱纹及由潜伏芽排列而成的横环纹多轮，有时可见棕褐色菌索。顶端有红棕色至深棕色鹦嘴状的芽或残留茎基；另端有圆脐形疤痕。

4. 食用天麻常见的不良反应有哪些?

头晕、恶心、胸闷、皮肤丘疹伴瘙痒等，个别人会出现面部或全身浮肿，甚至脱发现象。不仅单用天麻会发生这类反应，有的人服了含天麻的汤剂如半夏白术天麻汤等、中成药如天麻丸、天麻蜜环菌糖衣片后，同样会出现对天麻过敏的症状。

5. 天麻对生长环境有何要求?

自然生长的天麻一般在海拔1 300～1 500米的山地杂木林区或针叶与阔叶混交林区，因为在这些林下大量生活着为天麻提供营养的蜜环菌，给天麻的生长提供良好的条件。天麻的生长需要具有避光性、向气性和向湿性的环境。生长发育的适宜温度10～30℃，最适温度20～25℃，空气相对湿度80%左右，土壤含水量50%～55%，pH 5～6，即偏酸性的生态环境。

6. 天麻种植如何进行选地整地?

(1) 选地。天麻适合在海拔1 200～1 600米的山区栽种。在不同海拔高度的山区，也可通过选择一些小气候条件，适应天麻生长的需要。土壤质地对天麻生长有极大影响，蜜环菌喜湿度较大的环境条件；而天麻则不宜水浸土壤、黏性土壤、排水不良的土壤。特别是雨季穴中长期积水，天麻会染病腐烂，因此宜选沙土和沙壤土种植天麻和培养菌床。

(2) 栽培场地和栽培穴的准备。天麻栽培不以亩为单位，而是以窝、穴或窖为单位。栽培场地不一定要求连片，根据小地形能栽几窝即可栽几窝，窝不宜过大，不能强求一致，可根据地形扩大或缩小。

(3) 整地。对整地的要求不严格，只要砍掉地面上过密的杂树以便于操作，挖掉大块石头，把土表渣滓清除干净即可，不需要翻挖土壤，便可直接挖穴栽种。雨水多的地方栽培场不宜过平，应保持一定的坡度，有利于排水。陡坡地区作小梯田后，穴底稍加挖平，但为了方便排水，也应有一定的斜度。

7. 天麻如何进行无性繁殖?

(1) 蜜环菌的培养。蜜环菌为好气性兼性寄生真菌。在土壤板结、透气性不良及浸水环境下，生长不好。6～8℃开始生长，20～25℃生长最快，超过30℃停止生长。培养好的"菌材"是提高天麻产量的关键。①备料。能生长蜜环菌的树种很多，常用的有北方的柞树、桦树等。选直径3～7厘米的新鲜树干、枝条，锯成30～50厘米的小段，每一木段必须把树皮砍成深达木质部3毫米左右的鱼鳞口2～3列。②培植菌材。一般以每年封冻至翌年的春天树木开始生长以前采集木棒较好，此时树木不易脱皮，气温较低，湿度较大；所采木棒接菌后容易发菌。菌材的培养以窖培为好，选天麻栽培地附近较湿润的地方挖窖，深33～50厘米，大小根据地势及菌材数量而定。窖培时，将窖底挖松7～10厘米，放入适量沙或腐殖土，底部松土抚平后即可铺放木材、中间留有间隙，放平整后在鱼鳞口处接蜜环菌。一般用纯沙覆盖，材间可用沙或腐殖土充填缝隙超过木材1厘米，覆沙或腐殖土要求实而不紧，之后再放另一层木材和菌种，依次堆4～5层，最后盖沙或腐殖土10厘米，浇水保持穴内湿度。

（2）栽培时间。一般进行春栽，以早春解冻后栽培，越早越好。

（3）栽培层数和深度的确定。栽培层数多必然栽培穴也深，通常栽培两层，一般穴顶覆沙或腐殖土10～15厘米。高山地区雨水多空气相对湿度较大，土壤湿润，温度低，宜浅栽，一般覆土6～10厘米，但最好能有塑料薄膜覆盖，冬季应加强保温措施。

（4）栽培方法。用作无性繁殖的种麻材料米麻、白麻栽前必须进行严格选择，其标准是：无机械损伤、色泽正常、无病虫害、以有性繁殖后的第一至三代的米麻、白麻为好。种麻应摆在两棒之间靠近菌棒，种麻的放置数量以米、白麻的大小而定，但要有一定间隔，但棒两头应各放1～2个，大的米麻或小的白麻一般每穴栽种麻500克左右。米麻和白麻分开栽植为好，栽培米麻的菌床，棒间距离应稍窄些，两棒相距1.5～2.0厘米。在两棒之间均匀放米麻15～20个，每穴播种米麻100～150克。第一层栽后覆一层薄沙盖住蜜环菌菌材，再按上述方法栽第二层，最后覆沙10～15厘米。所有覆盖要求实而不紧。

8. 天麻种子培育需要经过哪些阶段？

培育种子要经过培土育麻、抽薹、开花授粉、打顶摘果，主要是授粉，杂交或异花授粉最好，天麻花是从下向上依次开放，开一朵授粉一朵。

9. 天麻如何进行有性繁殖？

（1）播种场地的选择。播种场地的选择与无性繁殖培养菌床和栽培天麻场地的条件基本相同，但种子发芽和幼嫩原球茎喜湿润环境，因此，在选择播种场地时就应考虑到水资源。

（2）菌材及菌床的准备。预先培养的菌材与菌床都可用来拌播天麻种子。选择蜜环菌培养时间短、菌索幼嫩、生长旺盛、菌丝已侵入木段皮层内，尤其是无杂菌感染的菌材、菌床播种天麻种子。并备好足够的生长良好的蜜环菌菌枝。

（3）播种期的选择。天麻种子在 15～28℃时都可发芽，因此，春季播种期越早，萌发后的原球茎生长越长，接蜜环菌的概率和天麻产量越高。

（4）播种量。一个天麻果中有万粒以上种子，而萌发后只有少数原球茎被蜜环菌侵染获得营养生存下来。利用天麻种子数量多的优势，加大播种量，保证发芽原球茎有较多的数量，增加与蜜环菌接触的概率，是目前生产中采取的有效措施。一般 60 厘米×60 厘米的播种穴，播 5～8 个果子。

（5）播种深度。天麻播种穴一般播两层，深 30 厘米左右，上面覆土 5～8 厘米，但在不同地区不同气候条件下，由于天麻、蜜环菌具有好气性，播种深度应有不同。

（6）播种方法。①菌叶拌种。播前先将已培养好的小菇属萌发菌的树叶生产菌种从培养瓶中掏出，放在洗脸盆、塑料薄膜或搪瓷盘中，每窝用菌叶 1～2 瓶，将粘在一起的菌叶分开备用。将成熟的天麻果撕裂把种子抖出，轻轻撒在菌叶上，边撒边拌均匀。菌叶拌种工作应在室内或背风处进行。②利用预先培养好的蜜环菌菌床或菌材拌播。如是菌床应播种时挖开菌床，取出菌棒，在穴底先铺一薄层壳斗科树种的湿树叶，然后将拌好种子的菌叶分为两份，一份撒在底层，按原样摆好下层菌棒，棒间仍留 3～4 厘米距离，覆沙或腐殖土至棒平，再铺湿树叶，然后将另一半拌种菌叶撒播在上层，放蜜环菌棒后覆土高菌材 8～10 厘米，覆沙或腐殖土同样要求实而不紧，穴顶盖一层树叶保湿。

10. 天麻如何进行田间管理？

（1）防寒。冬栽天麻在田间越冬，为防止冻害，必须在 11 月覆盖沙土或树叶 20～30 厘米以上，翌年开春后除去覆盖物。

（2）调节温度。开春后，为加快天麻长势，应及时覆盖地膜增温，5 月中旬气温升高又必须撤地膜，待 9 月下旬再盖上地膜，以延长天麻生长期。夏季高温时，要覆草或搭棚遮阳，把地温控制在 28℃以下。天麻生长期间不必拔草、追肥。

（3）防旱排涝。春季干旱时要及时浇水、松土，使沙土的含水量在 40%左右。夏季 6—8 月，天麻生长旺盛，需水量增大，可使沙土含水量达 50%～60%。雨季要注意排水，防止积水造成天麻腐烂。9 月下旬后，气温逐渐降低，天麻生长缓慢。但是蜜环菌在 6℃时仍可生长，这时水分大，蜜环菌生长旺盛，可侵染新生麻。这种环境条件下不利于天麻生长，而只利于蜜环菌生长，从而使蜜环菌进一步侵染入天麻内层，引起麻体腐烂。因此，9—10 月要特别注意防涝。

11. 天麻主要病虫害及其防治措施有哪些?

天麻的病害主要有块茎腐烂病和日灼病；虫害主要有蝼蛄和蛴螬。

（1）块茎腐烂病。①危害症状。发生软腐病的茎块、皮部萎黄，中心组织腐烂；剖开茎块，内部呈异臭稀浆状态，有的组织内部充满了黄白色或棕红色的蜜环菌菌索，严重时会整窖腐烂。②防治措施。杂菌污染的穴不能再栽天麻；培养菌枝、菌材、菌床时所选用的菌种一定要纯；培养菌材、菌床时尽量不用干材培菌；菌坑不宜过大过深。

（2）日灼病。①危害症状。为生理性病害，天麻抽薹后，茎秆向阳面因受强光照射而变黑，在雨天易受霉菌侵染而倒伏死亡。②防治措施。育种圃选择树荫下或遮阳的地方，太阳照射应搭棚遮阳。

（3）蝼蛄。①危害症状。蝼蛄为多食性害虫，以成虫或若虫在天麻表土层下开掘纵横隧道，嚼食天麻茎块，使天麻与蜜环菌断裂，破坏天麻与蜜环菌之间的养分供应关系。②防治措施。用晶体 90％敌百虫 0.15 千克，兑水制成 30 倍液拌成毒谷或毒饵进行诱杀。

（4）蛴螬。①危害症状。为金龟子的幼虫。以幼虫在窖内嚼食天麻茎块，将茎块咬成空洞或将正在发育中的天麻顶芽破坏，一方面造成减产，另一方面降低产品品质。②防治措施。选择无病虫害的栽培基质；可设置黑光灯或有效的药剂诱杀。

12. 天麻如何采收加工?

（1）采收。由于采收季节不同，在春季采的叫"春麻"。在冬季采的叫"冬麻"。"春麻"在春季待天麻的茎已长出地面，于 4、5 月采挖，茎秆超过 10 厘米时，则中心空，品质较差；"冬麻"在冬季雨雪后地上茎已枯萎，不易发现，一般多系开荒时或较熟悉的人，才能挖取，故冬麻产量较少。而有性繁殖的天麻一般可当年移栽或播后一年半收获；无性繁殖的白麻，栽后当年底或翌年春收获。

（2）加工。在收获期将天麻挖出，根据天麻块茎的大小分级，分别用水冲洗干净，量少时可在水盆中刷洗，或装入竹篓在河水中淘洗，量多时运输困难，可在竹篓中用水管冲洗，洗净泥土为止。采收的天麻应及时加工，尤其 3—6 月收挖的春麻不宜久放，以免影响质量。①洗搓。先搓去泥土，再用谷壳加少量水反复搓去块茎鳞片、粗皮、黑迹，亦可用竹片刮去外皮，然后用水洗干净，注意保留芽嘴。②蒸煮。按大、中、小分 3 个等级，一级麻单个重量 150 克以上，二级麻 75～150 克，三级麻 75 克以下，分开蒸，大者一般蒸半小时，小者蒸 10～15 分钟，蒸至透心，断面无白点（对着光看没有黑心）。蒸后摊开晾干水汽，以防变色霉烂。蒸的作用是杀死块茎细胞，并易于干燥，但不可过熟，否则会降低折干率和有效成分含量。有的地方采用沸水煮，但煮易使有效成分丧失，故不可取。检验是否蒸好的方法是：将天麻捞起后体表水分能很快散失；对着阳光或灯光看，麻体内没有黑心，呈透明状；用细竹插能顺利进入麻体。达到上述程度应及时出锅，放入清水里浸后即捞出。防止过熟和互相黏缩，扯伤表皮。③烘炕。可用无烟煤或木炭火烘炕，量大宜用烘房干燥。开始烘炕时，火力不宜过大，温度宜保持在 50～60℃，否则外表迅速干燥定型，阻碍水分渗出，并产生气泡。烘炕中要经常翻动，以免炕焦。烘至麻体变软时，取出用木板压扁，有气泡者先用竹针刺入麻体放气后再压，然后再继续炕，此时温度可稍高，约为 70℃，不能超过 80℃，接近全干时应降低温度，否则易炕焦变质。传统加工天麻常熏硫黄，以使天麻色泽白净，并可防虫蛀。但产生的硫化物有毒性，现已不再使用。冷却后即可烘干或晒干。

13. 天麻如何进行包装储藏?

用无毒塑料袋或其他既密闭又不易吸潮的器具密封后放在通风、干燥处保存，防止回潮霉变，以免影响质量，30～45 天要检查翻晒。加工的商品天麻在夏季还会遭虫蛀，所以，在入夏前要结合翻晒用硫黄熏 1～2 次，可有效地防止虫蛀。

14. 天麻有何质量标准?

药典规定，天麻中含水分不得过 15.0%，总灰分不得过 4.5%，醇溶性浸出物不得少于 10.0%，按干燥品计算，含天麻素（$C_{13}H_{18}O_7$）和对羟基苯甲醇（$C_7H_8O_2$）的总量不得少于 0.25%。分为三个等级，一等 150 克以上，二等 70～150 克，三等 70 克以下；外品为挖破的、受病虫害危害、切去受害部分的剑麻和白麻。

（二十九）土贝母

1. 土贝母的来源及性味功效是什么?

土贝母是葫芦科植物土贝母的干燥块茎。土贝母性微寒，味苦。归肺、脾经。具有解毒、散结、消肿的功效。用于乳痈、瘰疬、痰核等症。不宜与乌头、附子同用。

2. 土贝母的生长习性是怎样的？

土贝母喜温暖湿润、耐寒，对土壤要求不严格，但通透性差的涝洼地和重黏土地不宜栽培，适合栽种在土层深厚的细沙土或沙质壤土中。

土贝母植株形态

3. 土贝母的形态特征是什么？

土贝母为攀缘性蔓生草本。块茎肉质，白色，扁球形，或不规则球形，直径达3厘米。茎纤弱，有单生的卷须。叶互生，具柄；叶片心形，长宽均4～7厘米，掌状深裂，裂片先端尖，表面及背面粗糙，微有柔毛，尤以叶缘为显著。腋生疏圆锥花序；花单性，雌雄异殊。花萼淡绿色，基部合生，上部5深裂，裂片窄长，先端渐尖，呈细长线状；花冠与花萼相似，但裂片较宽。蒴果圆筒状，成熟后顶端盖裂。种子4枚，斜方形，表面棕黑色。花期6—7月。果期8—9月。

4. 土贝母栽种时如何选地、整地、施肥？

选择地势平坦、土层深厚的细沙土或沙质壤土栽培。种植地块要求对土肥水和大气环境进行评估检测，选择符合国家无公害标准的地块种植。耕地要求耙平整细，土壤深耕30厘米。结合整地施入适量的有机肥作基肥，每亩施腐熟农家肥1 500～2 000千克，翻入土中混匀。整地可作成平畦或低畦，畦高20～40厘米，开排水沟，易积水的田块应高垄栽培。播种行距40厘米，株距30厘米，覆土厚度3～4厘米。

5. 土贝母的繁殖方式有哪些？

有块茎繁殖和种子繁殖。

（1）块茎繁殖。每年早春或秋季，将地下块茎全部挖出，选大者入药，小者留种。种植前要施足基肥，进行整地作畦。开浅沟6～9厘米深，沟距30～36厘米，然后在沟内每隔15～18厘米放块茎1～2枚，覆土3～5厘米。每亩播种块茎约40千克。

（2）种子繁殖。播种前将种子用温水浸泡 8～12 小时，然后取出条播。行距 30～36 厘米，开浅沟 3～4.5 厘米，将种子均匀撒于沟内，覆土约 1.5 厘米，镇压、浇水。每亩播种量 2～2.5 千克。

6. 土贝母在生长期间应如何进行田间管理？

（1）除草松土。土贝母 4 月出苗后至 6 月蔓叶未覆盖地面以前，除草松土浇水。8 月以后应经常保持地面湿润，以利于根茎的生长。

（2）追肥。在中等地力条件下施足基肥，一般可满足全生育期需求。在 6—8 月，需要追肥的低肥力缺肥地块，可选用腐熟无肥害农家肥作为追肥。苗高 20～30 厘米时，每亩可随水冲施腐熟的粪肥 500～800 千克，或施稀释 50 倍的腐熟粪水肥灌根追施。9 月上旬追施磷、钾肥，促进块茎生长。

（3）搭架。当苗高 15～18 厘米时，在行间插竹竿，供植物蔓茎攀缘，以利开花结籽。

7. 土贝母常见病虫害及其防治措施有哪些？

土贝母病害主要有根腐病和叶枯病；虫害主要有红蜘蛛和蚜虫。

（1）根腐病。①危害症状。主要危害土贝母鳞茎，严重时整个鳞茎烂掉。②防治措施。用甲基硫菌灵或根腐灵喷施 2～3 次进行防治。

（2）叶枯病。①危害症状。病叶初期先变黄，黄色部分逐渐变褐色坏死。由局部扩展到整个叶脉，呈现褐色至红褐色的叶缘病斑，病斑边缘波状，颜色较深。病健交界明显，其外缘有时还有宽窄不等的黄色浅带，随后，病斑逐渐向叶基部延伸，直至整个叶片变为褐色至灰褐色。随后在病叶背面或正面出现黑色绒毛状物或黑色小点。②防治措施。秋季彻底清除枯枝落叶，可喷 50％多菌灵可湿性粉剂 1 000 倍液防治。

（3）红蜘蛛。①危害症状。叶片被咬成缺刻或孔洞，甚至全部吃光，影响产量。②防治措施。可用 1.8％～2％阿维菌素乳油 1 000～1 500 倍液，或 25％吡蚜酮悬浮剂 5～10 克配成 2 000～2 500 倍液喷防。隔 7～10 天喷 1 次，防治1～2 次。

（4）蚜虫。①危害症状。主要危害叶片，叶片卷曲。②防治措施。可用 10％吡虫啉可湿性粉剂 2 000～2 500 倍液进行喷雾防治，或用 2.5％高效氯氟氰菊酯乳油 2 000～3 000 倍液换喷雾防治，或每亩用 30～40 个黄板悬挂田间诱杀有翅蚜，或使用杀蚜菌素等生物农药，保护田间天敌瓢虫、食蚜蝇等益虫。

8. 土贝母怎样进行采收加工？

秋末茎叶枯黄时，收割茎秆，采挖种茎，块茎挖出后用清水洗净泥土，再放入开水中煮至无白心时取出秋季采挖后首先要及时除去有病虫斑的鳞茎，然后用毛刷刷去泥土，掰开，煮至无白心，摊放暴晒，直至晒干。

9. 土贝母在储藏时应注意哪些问题？

土贝母鳞茎在加工过程中表皮容易破损而受真菌污染，所以应该在储藏前灭菌消毒。可以采用酒精喷洒法、环氧乙烷法等，其中环氧乙烷法灭菌效果符合卫生学要求，浸出物和总生物碱含量不受影响。还应该注意防潮。

10. 土贝母的质量标准如何？

药典规定，土贝母中含水分不得过 12.0%，总灰分不得过 5.0%，醇溶性浸出物不得少于 17.0%，按干燥品计算，含土贝母苷甲（$C_{63}H_{98}O_{29}$）不得少于 1.0%。

（三十）纹党参

1. 纹党参的来源及性味功效是什么？

纹党参是桔梗科植物素花党参的干燥根，其道地产区在甘肃文县中寨。纹党参性平，味甘。归脾、肺经。具有健脾益肺、养血生津的功效。用于脾肺气虚、食少倦怠、咳嗽虚喘、气血不足、面色萎黄、心悸气短、津伤口渴、内热消渴等症。不宜与藜芦同用。

2. 素花党参的生长环境是怎样的？

素花党参种植区域多在西北部海拔 1 600～2 500 米的高山林缘地带。境内最高海拔 4 187 米，最低海拔 550 米，平均海拔 1 500～2 500 米，境内河谷与高山落差大，气候垂直变化较明显，年平均气温 15℃，年有效积温 4 517.8℃，无霜期 262 天，年平均降水量 445 毫升，特殊的地理位置及气候条件，使文县境内具备了良好的素花党参生长条件。

素花党参植株形态

3. 素花党参的形态特征是什么?

素花党参属桔梗科多年生缠绕性草本植物,有白色乳汁。根圆柱形。茎细柔,多分枝。叶对生或互生,卵形或广卵形,有波状钝齿。夏秋开花,花钟状,淡黄绿色带紫色斑点。

4. 素花党参在栽培过程中如何选地、整地、施肥?

选择土质疏松、肥沃、含腐殖质较多、透气良好、透水性强,pH 为 6.5~7.0 的中性或微酸性土壤,坡度为 15°~20° 的缓坡地或平地,也可选择土层深厚、腐殖质含量较高的生地,忌盐碱地或板结地。育苗地应选择土层深厚、土质疏松肥沃、酸碱适中、有机质含量高的半阴半阳坡地。整地时,生地应在草籽成熟前将杂草铲除晒干,堆烧成灰后均匀撒于地表并深翻,以减少草害。栽种前 30 天深翻整地,深耕 25~30 厘米,结合整地将根茎繁殖的杂草拣净捋出,并撒施腐熟厩肥。

5. 素花党参在栽培过程中种子应如何处理?

选取当年新采的种子,放入 40~50℃ 温水中,不停搅动至不烫手,再用清水冲洗数次,捞出沥干,与湿度适中的清洁细河沙以 1:3 的比例混匀,置于木箱或瓦缸内催芽。

6. 素花党参的栽培方式有哪些?

有直播和育苗移栽两种栽培方式。

(1)直播。春播为 3 月下旬至 4 月上中旬,秋播为 9 月中下旬至 10 月上旬,通常采用条播。顺垄开 2~3 厘米深的浅沟,大垄开两条沟,沟间距 20 厘米,小垄中间开 1 条沟,沟底宽均为 10 厘米左右,轻轻踩平沟底后将已经催芽的种子均匀撒播于沟内,覆土 1~2 厘米,用无壁犁将垄趟直,并用木耱镇压 1 次。

(2)育苗移栽。育苗方法同直播,移栽时先按行距开 20~25 厘米深的沟,将种苗放直立于沟壁,再用下一行开沟的起土回填覆盖,覆土厚度以超过参头 2~3 厘米为宜。垄栽时小垄中间栽 1 行,大垄栽 2 行,行距 20 厘米,株距 5~7 厘米,畦栽时行距 20 厘米,株距 5~7 厘米。栽后稍加镇压并适量浇水。

7. 素花党参在栽培过程中如何进行田间管理?

(1)间苗定苗。直播的参苗高 5 厘米左右时进行第一次间苗,每隔 3 厘米左右留苗 1 株；苗高 7～10 厘米时按株距 5～7 厘米定苗，保苗密度以 0.8 万～1.0 万株/亩为宜。

（2）中耕除草。移栽后定期检查苗情，随时拔除田间杂草。秋末地上部枯萎后，或翌年春季杂草发芽前后结合培土浅锄 1 次；5—6 月主根生长入土已深，可深锄松土 1 次；此后党参茎叶生长茂盛。杂草生长缓慢，可不再中耕，田间发现杂草及时拔除即可。锄草时应注意不伤根，不伤苗。

（3）水肥管理。定苗和移栽成活后需水量较少，可少浇水或不浇水，雨季要注意排水防涝。返青后进行第一次追肥。

（4）整枝搭架。苗高 15～25 厘米时，需要采种的不能打尖。苗高 30 厘米左右时，须搭设支架，可用竹竿搭成"人"字形架，也可将枯树枝放在畦面上以起到支架的作用。

8. 素花党参如何越冬？

秋季地上部枯萎时，应将支架拔下来，把没有枯死的杂草除掉，同干枯的茎叶一起清出田外。畦作时，应在畦面上覆 1～2 厘米细土，或 2～3 厘米牛马粪；垄作时可用无壁犁培土 2 厘米左右，培土后要适当镇压，使覆土深浅一致。

9. 素花党参在栽培过程中如何进行病害防治？

（1）根腐病。①危害症状。发病初期，仅仅是个别支根和须根感病，并逐渐向主根扩展，主根感病后，早期植株不表现症状，后随着根部腐烂程度的加剧，吸收水分和养分的功能逐渐减弱，地上部分因养分供不应求，新叶首先发黄，病情严重时，整株叶片发黄、枯萎。此时，根皮变褐，并与髓部分离，最后全株死亡。防治措施；主要靠土壤传播，在防治上有一定难度。因此，应采取综合防治。②防治措施。深翻改良土壤、增施有机肥。轮作换茬。建立无病留种地，进行种子或种苗药剂处理。选购的种子要进行消毒，采用 0.1％多菌灵盐酸盐超微粉剂 500 倍液浸种 1 小时或用 50％多菌灵可湿性粉剂 500 倍液浸种 30 分钟，晾干后播种。药剂防治。苗期初见病株时，用 50％多菌灵可湿性粉剂或 70％甲基硫菌灵可湿性粉剂 800 倍液喷淋，7～10 天 1 次，共 2～3 次。移栽田发病初期用上述药剂交替喷淋或浇灌发病中心区域，可有效控制该病害。

（2）锈病。①危害症状。受害部位可因孢子积集而产生不同颜色的小疱点或疱状、杯状、毛状物，造成生长不良。严重时孢子堆密集成片，植株因体内水分大量蒸发而迅速枯死。②防治措施。发病初期用 15%三唑酮可湿性粉剂 1 000 倍液喷雾防治，每隔 7~10 天 1 次，连喷 2~3 次。

10. 素花党参在栽培过程中如何进行鼠害防治?

鼢鼠对素花党参危害比较严重，啃食素花党参根部，使整株死亡，造成缺苗断垄。防治措施：冬前地上部分枯萎后，应及时割掉运出地块，使鼢鼠无处藏身；另外，弓箭法，水灌法也是常用的、安全的防鼠方法；天敌防治也是一种好方法，常见的天敌有鸢、雕、鸮、狼、狐狸、黄鼠狼；化学防治可以在毒饵中加入 80%敌鼠钠盐粉剂，然后将饵料放在鼠类活动觅食的地方，或距鼠洞 1~2 米之处，投饵应一次投足。

11. 素花党参种子何时采收?

以三年生素花党参产籽量最高，籽粒饱满，质量最好。9—10 月果实呈黄白色、种子呈浅褐色或黑褐色时即可采收，采收时将果实连茎蔓割下，置通风干燥处晾干后脱粒，除去杂质即可。

12. 纹党参如何采收加工?

直播后 3~5 年、育苗移栽后 2~3 年即可采挖，采挖时要避免创伤。将挖出的根去掉残茎，洗净泥土，先按长短、粗细分级，头尾理齐，横行排列，置阳光下晾晒至柔软（绕指而不断）时倒立根条。分别握或放在木板上适当揉搓，反复 3~4 次，使皮肉紧贴，充实饱满并富有弹性。每次揉搓后必须摊晒，以防止霉烂。

13. 纹党参如何进行储藏?

短期储藏于干燥、通风、清洁的阴凉处，长期储藏时用生石灰撒涂于仓库四周消毒，用清洁干燥麦秸、谷草或木板覆地防潮，保持药材与周围墙壁距离 1~2 米，药材堆放体积 5 米×5 米×5 米，堆间距 1 米，层间用椽木或木板隔开，库内干燥，荫蔽，6—7 月翻晒一次杀菌消毒，库内温度保持在 5~10℃，可安全储藏 1~2 年。

14. 纹党参有何质量标准?

药典规定，纹党参中含水分不得过 16.0%，总灰分不得过 5.0%，醇溶性浸出物不得少于 55.0%，二氧化硫残留量不得超过 400 毫克/千克。

（三十一）银柴胡

1. 银柴胡的来源及性味功效是什么？

银柴胡为石竹科植物银柴胡的干燥根。银柴胡性微寒，味甘。归肝、胃经。具有清虚热、除疳热的功效。用于阴虚发热、骨蒸劳热、小儿疳热等症。

2. 银柴胡形态特征是怎样的？

银柴胡为多年生草本植物，高20～40厘米。主根圆柱形，直径1～3厘米，外皮淡黄色，顶端有许多疣状的残茎痕迹。茎直立，节明显，上部二叉状分歧，密被短毛或腺毛。叶片线状披针形、披针形或长圆状披针形，长5～25毫米，宽1.5～5.0毫米，顶端渐尖。蒴果常具1种子。花期6—7月，果期7—8月。

3. 银柴胡对生长环境有什么要求？

银柴胡具有喜温暖、凉爽，具有耐旱、耐寒、喜光、忌水渍的特性，土壤多为土层深厚、质地疏松、透水性好的沙质壤土。

4. 银柴胡栽种前怎样选地、整地、施肥？

银柴胡植株形态

宜选择地势高、干燥、阳光充足、土层深厚、透水性良好的沙土或沙壤土，不宜选择低洼积水、黏土地、盐碱地。秋后深翻30厘米以上，翌年播前施腐熟的农家肥2 500千克/亩或氮磷钾复合肥30千克/亩作基肥，深耙，耱平。

5. 银柴胡怎样种植？

春季4月上中旬或秋季8月上中旬，将种子用温水浸种12小时左右，沥干水分，即可播种。每亩用种子0.5～1.0千克。一般采取开沟条播，按行距15～25厘米开沟，将种子拌以适量细沙，均匀撒入沟内，覆土1.0～1.5厘米，稍踩压。

6. 怎样进行银柴胡的田间管理？

（1）中耕除草。银柴胡春播时出苗早，出苗后要及时除草松土，在植株封垄前及时进行中耕除草4～5次。

（2）间苗定苗。待苗长至2厘米时，应进行适当疏苗；当苗高7～8厘米时，按株距4～5厘米间苗，并及时拔草；当苗高10～15厘米时，按株距8～10厘米定苗，并同时进行带土补苗。秋播的银柴胡当年不间苗，来年待苗高5～10厘米时进行间苗。在种植条件较差时，可不进行间、定苗，以减轻由恶劣环境造成的缺苗现象。每亩种植约1万株较好。

（3）追肥。通常在移栽1个月后至植株封垄前追肥1～2次，追施尿素或氮、磷、钾复合肥1～2次，每次5～10千克/亩；6—9月银柴胡生长旺盛，可根据植株生长状况适时追施，追施10～15千克/亩磷酸二铵或尿素；尤其开花初期追施20千克/亩磷酸二铵和10千克/亩尿素，对银柴胡种子产量和质量较好。

（4）排灌。雨后要及时排除田间积水，若6月下旬至8月中旬无雨，特别干旱，植株茎叶出现萎黄现象时，可大水快灌1～2次（俗称跑马水），但田间不得留明水。

7. 银柴胡主要的病虫害如何防治？

（1）霜霉病。①危害症状。叶片有明显的黄棕色病斑，湿度大时，病斑叶背面有一层灰白色霉状物，叶片渐枯，主茎顶梢扭曲畸形，根部停止生长。②防治措施。及时通风换气，用52.5%噁酮·霜脲氰净水分散粒剂1 500倍液，或65%代森锰锌可湿性粉剂500～600倍液，每隔7～10天喷1次，连续喷3～4次。

（2）根腐病。①危害症状。发病时叶片发黄，根腐烂发臭。②防治措施。选择透水性良好的土壤种植；控制灌水量，田间不留明水，雨后及时排水。

（3）蛴螬。又名地蚕、胖头虫。①危害症状。以幼虫危害为主，咬断根苗或咬食根部，造成缺苗或根部空洞现象。②防治措施。施用腐熟的有机肥，忌用生粪；播种前每亩用70%辛硫磷颗粒剂1.5千克兑细土40千克进行土壤处理。

（4）银柴胡蚜。喷洒草木灰和水按1∶5的比例泡制的溶液，或者使用黑光灯诱杀。

8. 怎样进行银柴胡产地加工？

每年秋后茎叶枯萎时，将银柴胡挖出后除去地上茎叶、须根及泥土，银柴胡根系较深，采挖时应防止伤根，晾晒至半干时理顺，扎成小把，再晒至全干。未干燥时应防止受冻，以防"爆皮"而影响质量。

9. 银柴胡怎样留种？

银柴胡种子最好在秋季果实成熟时进行优选，此时种子已变为黑褐色，种子成熟后，于晨间有露水时割取地上部分，晒干，打下种子，除去未成熟种子。选留粒大饱满、无病虫害的蒴果作种用，自然风干去杂保存，干燥低温储藏，防虫蛀。

10. 银柴胡有何质量标准？

药典规定，银柴胡中含酸不溶性灰分不得过 5.0%，醇溶性浸出物不得少于 20.0%。

（三十二）知母

1. 知母的来源及性味功效是什么？

知母为百合科植物知母的干燥根茎，习称"毛知母"。知母性寒，味苦、甘。归肺、胃、肾经。具有清热除烦、润肺滋肾的功效。用于肺热燥咳、消渴、午后潮热等症。

2. 知母的形态特征是什么？

知母为多年生草本。全株高 60～130 厘米，叶由基部丛生，细长披针形，长 33～66 厘米。花茎自叶丛中长出，直立，圆柱形，总状花絮，花淡紫色，果实长椭圆形，内有多数黑色种子，根茎横生于地下，略呈扁圆形，上面密生金黄色长茸毛。

3. 知母对生长环境有什么要求？

知母适应性很强，生于向阳山坡地边。适宜种植的土壤多为黄土及腐殖质壤土。性耐寒，北方可在田间越冬，喜温暖，耐干旱，除幼苗期须适当浇水外，生长期间不宜过多浇水，特别在高温期间，如土壤水分过多，则造成生长不良，且根状茎容易腐烂。土壤以疏松

知母植株形态

的腐殖质壤土为宜，低洼积水和过黏的土壤均不宜栽种。生于海拔1 450米以下的山坡、草地或路旁较干燥或向阳的地方。

4. 种植知母如何选地、整地、施肥？

选择排水良好的沙质壤土和富含腐殖质的中性土壤为宜。在选好的地块，每亩施腐熟有机肥2 000千克及草木灰，捣细，均匀地撒入地里，可秸秆还田，以提高缓冲能力。基肥施足后，深耕25厘米，将肥料全部翻入底土中，耙细，整平。北方干旱地区，多作成90厘米宽的平畦，畦内耧平，畦埂宽、高各为10厘米，畦长自定。如墒情干旱，则先向畦内灌水待水下渗、表土稍干松时再下种。

5. 种植知母的土壤如果偏酸性应怎样处理？

如果土壤偏酸，应撒点石灰粉，既可作肥料，又能调节酸度。

6. 知母的繁殖方法有哪些？

（1）分根繁殖。秋季植株枯萎时或次春解冻后返青前，刨出二年生根茎，分段切开，每段长3～6厘米，每段带有2个芽，作为种栽。按行距26厘米开6厘米深的沟，按株距10厘米平放一段种栽，覆土后压紧。栽后浇水，土壤干湿适宜时松土一次，以利保墒。每亩用种栽100～200千克。

（2）种子繁殖。用种子直接播种，行距20厘米，育苗移栽行距10厘米，开沟1.5～2.0厘米，把种子均匀撒沟内，覆土盖平、浇水。出苗前保持湿润，10～20天出苗，每亩播种量0.5～1.0千克，育苗一亩地可移栽10亩地，春季或秋季移栽。

7. 怎样对知母进行田间管理？

（1）间苗定苗。在苗长到4～5厘米时进行间苗，去弱留强，株距为5～6厘米。土质肥沃、肥水充足，株距可为4～5厘米。合理密植是重要增产措施之一。

（2）中耕除草。定苗后，当苗高7～8厘米时进行松土除草。松土要浅，用锄浅浅地耧松地皮，以将草除掉为度。为了更好地保墒，可连锄2遍。

（3）施肥。知母是一种需肥量较多和吸收养分能力强的药用植物。氮肥、钾肥混合施用，增产效果明显。在整地施入基肥的基础上，每年5月和7月各追肥1次。可每亩追施饼肥50～100千克或尿素10千克，氯化钾13千克。秋末冬初亩施厩肥或堆肥1 500千克。结合培土以利知母越冬。

（4）行间覆盖。有的地方对知母生长1年的苗在松土除草后，或生长2～3年的苗在春季追肥后，每亩顺行间覆盖麦糠、麦秸或杂草 800～1 000 千克。每年 1 次，连续覆盖 2～3 年，中间不需翻动。行间覆盖有利于微生物的分解，改变土壤结构、保持水分、防止杂草丛生，为知母生长发育创造一个良好的生态环境。

（5）摘薹。知母播种后翌年夏季开始抽花薹，高达 60～90 厘米，在生育过程中消耗大量的养分，为了保存养分，使根状茎发育良好，除留种植株外，在开花之前一律剪掉花薹。

（6）排灌。越冬前视天气和墒情，适时浇好越冬水，翌春发芽以后，若遇旱应适时浇水，雨季注意排水。

8. 知母主要病虫害及其防治措施是什么？

知母病害很少，虫害主要有蛴螬，危害地下部，蛴螬幼虫咬食根部造成根部中空，断苗。防治措施：白天可在被害植株伤口处或附近土下 3～5 厘米处找到害虫。用黑灯光诱杀成虫，减少产卵量，也可用 90% 晶体敌百虫 1 000 倍液浇灌根部，毒杀幼虫，或用麦麸或其他食物中混入有毒农药制成毒饵，撒在地面上，用来诱杀幼虫。

9. 如何对知母进行采收加工？

（1）采收。种子繁殖的于第三年，分株繁殖的于第二年的春、秋季采挖。

（2）加工。①毛知母。春秋两季采挖，刨出根状茎抖掉泥土，去掉地上的芦头和地下的须根，晒干或烘干。然后，先在锅内放入细沙，将根茎投入锅内，用文火炒热，炒时不断翻动，炒至能用手搓擦去须毛时，再将根茎捞出，放在竹匾上趁热搓去须毛，但须保留黄茸毛，晒干即成毛知母。②知母肉。于 4 月下旬抽薹前挖取根茎，挖出的根茎先去掉芦头及地下须根，趁鲜用小刀刮去带黄茸毛的表皮，晒干即是知母肉，知母肉又称光知母。知母一般亩产干货 300～400 千克，折干率 25%～30%。③知母饮片。将其除杂，洗净，润透，切厚片，干燥，去屑，即可炮制成知母饮片。1.5～2.0 千克鲜根可加工 0.5 千克干货。

10. 知母有何质量标准？

药典规定，知母中含水分不得过 12.0%，总灰分不得过 9.0%，酸不溶性灰分不得过 4.0%，按干燥品计算，知母皂苷 BII（$C_{45}H_{76}O_{19}$）不得少于 3.0%，芒果苷（$C_{19}H_{18}O_{11}$）不得少于 0.70%。

二、果实种子类药材

（一）大枣

1. 大枣的来源及性味功效是什么？

大枣为鼠李科植物枣的干燥成熟果实。大枣性温，味甘。归脾、胃、心经。具有补中益气、养血安神的功效。用于脾虚食少、乏力便溏、妇女脏躁等症。

2. 枣树对生长环境有怎样的要求？

枣树喜光，对光照条件要求较高，在光照充足的条件下，枣树生长健壮充实，坐果率高。温度是影响枣树生长发育的主导因素之一，枣树在生长季节需要较高的温度。枣树在生长季节能耐40℃以上高温，在休眠期能抗－30℃低温。枣树对土壤要求不严，不论是沙质土、黏质土地块，还是低洼盐碱地均可栽培。宜栽种在地形开阔、背风向阳、日照充足的沙壤土地块上；枣树不同物候期对水分要求不同，花期要求较高的水分，如果天气干旱则影响花粉发芽和花粉管生长，导致授粉不良，出现落花落果现象。果实发育期（7—8月）应有适当水分，促进果实发育。

枣植株形态

3. 栽植枣树有何要求？

枣树对土壤要求不严，但要选土层深厚、疏松的沙壤土，浇水充足，按株行距2米×3米挖好定植穴，定植穴直径50厘米，深50厘米，下面放1千克秸秆，再覆盖 1 千克有机肥，栽时苗根要舒展，栽后整平地面并覆盖地膜。

4. 枣树苗怎样栽植成活率高？

以春季枣芽萌动时栽植成活率最高，栽前苗根放在清水中浸泡 24 小时，然后把苗根伤口剪平，放入 50 毫克/升的生根粉溶液中进行蘸根。

5. 枣园怎样进行水肥管理？

每年秋季施一次基肥，以厩肥、鸡粪、绿肥为主，混施磷钾肥。幼树时期每亩施基肥 2 000～2 500 千克，以后增加。追肥每年三次，第一次在发芽前，第二次在谢花前，第三次在采收前 1 个月，一般使用尿素或复合多元肥。7—8 月适当增加水分，促进果实发育。

6. 枣树如何整形修剪？

枣树的自然树形特点是低干矮冠，骨干枝少。通过整形修剪的方式，提升通风性与透光性，预防通风以及透光不良所带来的影响。稀疏种植的区域可以进行疏散分层处理，密植区域可以进行小冠疏散处理。疏散分层类型的修剪措施，适合应用在中心干高度为 1 米左右的植株上，将主枝划分成 3 个层次，第四个主枝以上划分为第一层，使其可以向着周围均匀地分散，开张的角度为 65°左右；第三个主枝与第四个主枝之间设为第二层，与第一层的修剪主枝相互错开；第二个主枝与第三个主枝之间设为第三层。第一层与第二层之间的距离为 60 厘米，第二层与第三层之间的距离为 40 厘米。

7. 怎样提高枣树坐果率？

提高枣树坐果率的措施主要有：花期浇水，喷 0.3％硼砂溶液，主干环剥（环剥宽度为 0.2～1.4 厘米），花期枣头摘心等。

8. 枣树主要病害及其防治措施有哪些？

枣树的病害主要有枣疯病和枣锈病。

（1）枣疯病。①危害症状。枝叶丛生，呈扫帚状，病叶变黄，叶片边缘卷成匙状，后期变硬变脆，最后全株发病，一般 1～4 年整株枯死，主要通过菱纹叶蝉以及嫁接、分根传播。②防治措施。铲除病株，连同病根铲除，培育无病毒苗木。防治传毒害虫，用阿维·毒死蜱等防治。

（2）枣锈病。①危害症状。初在叶背散生淡绿色小点，边缘不规则，后逐渐凸起呈暗黄褐色，即病菌的夏孢子堆。②防治措施。合理密植，以利通风透光，雨季及时排水，防止果园过湿。晚秋彻底清除落叶，并集中烧毁，7 月上旬开始每 15～20 天喷一次药，常用药剂有 1：1：200 波尔多液、80%代森锰锌可湿性粉剂 800 倍液、20%三唑酮可湿性粉剂 800～1 000 倍液。

9. 大枣怎样进行采收加工？

在秋季果实成熟后采摘，晒干即可。以表面暗红色、略带光泽，外果皮薄，中果皮棕黄色或淡褐色，肉质柔软者为佳。

枣果采收主要采用手摘法、打落法和乙烯催落法。

（1）手摘法。此法适用于较低矮的枣树，可根据需要准确采收合乎要求的果实，工作质量高，但工效低。

（2）打落法。此法适用较高大的枣树。为防止果实因跌落到地面引起破伤和减少拾枣用工，用杆震枝时，可在树下撑布单接枣。打落法劳动强度大，对树体损伤也大，有碍下一年生长结果。

（3）催落法。此法是用乙烯利催落采收，效果良好。即在采收前 5～7 天，全树仔细喷布 1 次 200～300 毫克/升乙烯利水溶液。喷药后 3～5 天，果柄离层细胞逐渐解体，只留下维管束组织尚保持果实和树体连接。只要轻轻摇晃树枝，果实全部脱落，可大大提高采收工效。

10. 大枣储藏中应注意哪些问题？

应置干燥处，防虫蛀，防霉变。当大量储藏时，采用麻袋码垛储藏。码垛时，袋与袋之间、垛与垛之间要留有通气的空隙，以利于通风。墙壁一般会有湿气，垛不要离墙壁太近。霉暑期间，一是在每袋干枣外再套一只麻袋，有利于隔绝潮气；二是注意关闭库房的门窗和通气孔。在外界气温低、干燥时，排出库内空气，换进干燥空气。在库房中设置生石灰吸湿点，能显著降低湿度。

11. 大枣有何质量标准？

药典规定，大枣中含总灰分不得过 2.0%。每1 000 克含黄曲霉毒素 B_1 不得过 5 微克，黄曲霉毒素 G_2、黄曲霉毒素 G_1、黄曲霉毒素 B_2 和黄曲霉毒素 B_1 的总量不得过 10 微克。

（二）枸杞子

1. 枸杞子的来源及性味功效是什么？

枸杞子为茄科植物宁夏枸杞的干燥成熟果实。枸杞性平，味甘。归肝、肾经。具有滋补肝肾、益精明目的功效。枸杞含有多种药理活性成分，药用价值极高。

2. 宁夏枸杞对生长环境有什么要求？

宁夏枸杞为长日照植物，强阳性树种，忌荫蔽。耐寒，果熟期以 20～25℃ 为最适。耐旱，耐瘠薄，喜湿润，怕涝，土壤含水量保持在 18%～22% 为宜。以中性偏碱的富含有机质的壤土最为适宜。必须于前一年秋季平整土地，每穴施腐熟的有机肥 1 千克，与土拌匀后栽苗。

3. 宁夏枸杞的生长发育有什么特征？

宁夏枸杞是连续花果植物，花期 5—9 月，果期 6—10 月，果期可划分为 4 个时期：果实形成期、青果期、色变期、成熟期。宁夏枸杞为浅根系植物，根系中水平根发育较旺，根系密集区在距地表 20～40 厘米处，是树冠面积的 3～4 倍。

4. 宁夏枸杞种子的外形及其生活力是怎样的？

宁夏枸杞每个果实含种子 20～50 粒，种子肾形，扁平，棕黄色，直接保存的种子发芽率为 86%，发芽势为 69%。

宁夏枸杞植株形态

5. 宁夏枸杞怎样进行扦插育苗？

应选择向阳地块作为苗圃地，于冬前深翻冻垡，施充分腐熟厩肥 1 500～2 000千克/亩作基肥，育苗前，细耙整平。选一健壮枝作主干，将其余萌生的枝条剪除。苗高 40 厘米以上时剪顶，促发侧枝。选择无病斑、无虫口、无破伤的当年生枝条按 3 厘米×10 厘米的行株距插入土 3 厘米，插后立即浇足水。育苗期间要保持苗床土壤湿润，宜用喷淋的方式浇水。

6. 宁夏枸杞的组织培养育苗怎样选材和消毒？

在无菌条件下，选取 5～10 厘米宁夏枸杞嫩茎放入 70％乙醇溶液中浸泡 3～5 秒，用无菌水冲洗 3 次，再放入 0.1％氯化汞溶液中浸泡 5～8 分钟，用无菌水冲洗 3～4 次后，放到事先灭过菌的滤纸上吸水待用。

7. 宁夏枸杞植株的整形修剪有什么原则和要求？

宁夏枸杞植株整形修剪的原则是巩固充实半圆形树型，冠层结果枝更新，控制冠顶优势。剪除植株根茎、主干、膛内、冠顶着生的无用徒长枝，冠层病虫残枝，结果枝组上过密的细弱枝，树冠下层三年生以上的老结果枝和膛内三年生以上的老短果枝。要求强壮结果枝从该枝条的 1/3 处短截。选留冠层生长健壮、分布均匀的一至二年生结果枝，多留健壮结果枝。

8. 宁夏枸杞主要病害及其防治措施有哪些？

宁夏枸杞的病害主要有黑果病、流胶病和根腐病。

(1) 黑果病。①危害症状。青果感病后，开始出现小黑点、黑斑或黑色网状纹。阴雨天，病斑迅速扩大，使果变黑，并长出橘红色的分生孢子堆，不能入药。晴天病斑发展慢，病斑变黑，未发病部位仍可变为红色。花感病后，首先花瓣出现黑斑，轻者花冠脱落后仍能结果，重者成为黑色花，子房干瘪，不能结果。花蕾感病后，初期出现小黑点或黑斑，严重时为黑蕾，不能开放。枝和叶感病后出现小黑点或黑斑。②防治措施。发病初期，摘除病叶、病果，再喷洒一遍 75％百菌清可湿性粉剂 600 倍液或 30％碱式硫酸铜悬浮剂 800 倍液。

(2) 流胶病。①危害症状。当早春树液开始流动时，在枸杞植株枝干被创伤的树皮伤口处，流出半透明乳白色的液体，多呈泡沫状。临秋停止流胶，液体干涸，在枝干被害处，树皮似火烧而呈焦黑色，皮层和木质部分离，使被害的枝、干干枯死亡，严重者全株死亡。②防治措施。田间作业避免碰伤枝、干皮层，修剪时剪口平整。

(3) 根腐病。①危害症状。主要危害枸杞根茎和根。发病初期，病害部位为棕色至深褐色，然后逐渐腐烂，后期外皮脱落，仅木质部残留，病株茎中可见维管束褐变。当湿度高时，也会有粉红色的长丝。②防治措施。适当深栽，枸杞主根系栽植深度要控制在 20 厘米以上；发病田园不能大水漫灌，防止病菌随水传播；防止根系损伤，尤其是主根或根茎不能受伤；发生初期灌20％噁霉·稻瘟灵乳油1 000倍液，每株5千克；补栽时避开病穴，用20％噁霉·稻瘟灵乳油500倍液和70％甲基硫菌灵可湿性粉剂250倍液蘸根。

9. 宁夏枸杞主要虫害及其防治措施有哪些？

（1）枸杞木虱。①危害症状。严重时成虫、若虫对老叶、新叶、枝全部危害，树下能观察到灰白色粉末状粪便，造成整树树势严重衰弱，叶色变褐，叶片干死，产量大幅度减少，质量严重下降等，最严重时造成一至二年生幼树当年死亡；成龄树果枝或骨干枝翌年早春全部干死。②防治措施。在成虫出蛰期，用40％辛硫磷微胶囊制剂450倍液喷洒园地，喷后浅耙，注意要在15：00后喷药，喷药时一并对园地周边的沟、渠、路进行喷洒；若虫期用1％苦参碱水剂1 000倍液进行树冠喷雾。

（2）枸杞蚜虫。①危害症状。成若蚜喜群集于被害植株芽叶基部、花蕾、青果、叶背、嫩梢以吸取汁液，造成受害枝梢卷缩，生长停滞；甚至使蚜虫分泌物完全覆盖花、叶、果的表面，抑制光合作用，引发早期落叶，进而致使枸杞大批量减产。②防治措施。在枸杞展叶期和抽梢期，用2.5％吡虫啉可湿性粉剂2 500倍液进行树冠喷雾；开花坐果期用1％苦参碱水剂1 000倍液进行树冠喷雾。注意树冠喷雾时要重点喷洒叶背。

（3）枸杞刺皮瘿螨。①危害症状。成群虫体密布叶片吸食汁液，使被害叶片表皮细胞坏死，叶片增厚、变脆，叶面变成铁锈色，提前脱落，变成秃枝，枸杞园一片枯褐色。②防治措施。在其成虫期用50％硫黄悬浮剂600倍液、若虫期用20％哒螨灵可湿性粉剂3 000倍液进行树冠喷雾防治。喷药时间宜选在10：00前和16：00后，重点喷洒叶背。

（4）枸杞瘿螨。①危害症状。被害叶片上密生黄绿色近圆形隆起的小点，严重时淡紫色，呈虫瘿状畸形，使植株生长严重受阻，造成果实产量和品质下降。②防治措施。芽前防治：早春，宁夏枸杞发芽前，在越冬成螨大量出现时，结合其他病虫害的防治，喷施45％晶体石硫合剂150倍液。生长期防治：在成螨出瘿外露活动时，喷施45％晶体石硫合剂150倍液、30％四螨嗪悬浮剂2 000倍液或1.8％阿维菌素乳油3 000倍液等进行防治，每7～10天喷施1次，连续2～3次。

10. 宁夏枸杞落叶、落花、落果严重，如何解决？

宁夏枸杞落叶、落花、落果严重的原因有以下几方面，明确了原因，可采取有针对性的措施解决问题。

（1）大气干旱所致。当温度超过35℃、空气相对湿度低于30％时，宁夏枸杞为了适应严酷的环境就落叶、落花、落果，通过自身调节应对不良环境带来的伤害。此时如果进行灌水，可以降低温度、增加湿度从而缓解枸杞落叶、落花、落果现象，但切忌大水漫灌。另外可通过修剪以降低田间郁闭程度，增加通风以降低温度。

（2）土壤干旱所致。宁夏枸杞根系虽然入土深，但吸收能力强的根毛很少，它对水分、养分的吸收有相当一部分通过根表皮接触进行，根皮吸收能力要比根毛弱很多。因此及时补灌是缓解宁夏枸杞落叶、落花、落果严重的关键措施。

（3）缺肥所致。盛果期的宁夏枸杞生长量和结果量大，对养分的需求量也很大，尤其是枸杞定植在瘠薄的盐碱地上，缺肥现象更加明显。此时应及时补充养分，追施肥料，可缓解宁夏枸杞落叶、落花、落果问题。

（4）病虫害所致。宁夏枸杞一生可能发生的病虫害很多，病害主要有炭疽病、褐斑病、白粉病、根腐病等，虫害有蚜虫、红瘿蚊、瘿螨、木虱等，病虫害严重影响宁夏枸杞生长，容易造成落叶、落花、落果，如果及时进行病虫害防治，可缓解宁夏枸杞落叶、落花、落果症状。

（5）大风暴雨所致。当遇到狂风暴雨等极端天气时，也容易造成枸杞落叶、落花、落果严重，可通过建立风障和采取人工影响天气的措施来减轻。

11. 宁夏枸杞果园遭受冰雹灾害如何管理？

（1）及时清理果园，减少病原。及时清理果园内沉积的冰雹、残枝落叶及落果等；及时排出积水，清除淤泥。对皮裂枝破、叶片破碎的重灾果园，要全面清除地面落叶、落果，挖坑深埋；摘除无商品价值的伤果，保留部分有小雹坑的果实，减少当年损失。

（2）及时喷施杀菌药剂，预防和阻止病原菌的发生蔓延。每隔10~15天喷1次杀菌剂，连喷2~3次，以减少病原，预防病菌侵入。

（3）疏松土壤，养根壮树。雹灾发生后应连续翻土2~3次，不仅可散发土壤中过多的水分，改善土壤的通透性，还可恢复和促进根系的生理活动，从而达到养根壮树的目的。

（4）追肥补养，恢复树势。首先是叶面喷肥，及时解决树体营养不足问题；其次是地下追施平衡型氮磷钾复合肥，每株0.5~1.0千克。在果树恢复生机后，施肥以农家肥为主，并配合适量化肥。干旱时，结合施肥进行灌水。

12. 宁夏枸杞误喷或多喷农药该如何补救？

一般农药对于植物的危害有两种，最明显的变化就是施药几天后叶面出现斑点、枯萎、卷叶、落叶，或者是果实上出现斑点、落果等。还有一种要等一段时间才能表现出来，如光合作用减弱、花芽形成及果实成熟延迟、矮化畸形、风味色泽恶化等。

一旦发现遭受药害，应立即采取以下措施进行补救。

（1）冲洗。由于很多的农药都不耐水洗，如果误喷或多喷，用清水冲洗是一种可行的方法。如果喷施的浓度过大，要用喷雾器装满清水，反复冲洗果树的叶子，以便更好地冲掉残留在表面的药剂。

（2）施肥水。要结合浇水补充一些速效化肥，然后中耕松土，可促进果树尽快恢复正常的生长发育。同时，叶面喷施 $0.3\%\sim0.5\%$ 的尿素、$0.2\%\sim0.3\%$ 的磷酸二氢钾可改善果树营养状况，增强根系吸收能力。

（3）喷施高锰酸钾等解救药剂。高锰酸钾是一种强氧化剂，具有氧化分解的作用，喷施6 000倍的高锰酸钾溶液对于缓解药害也是一种有效的方法。也可以施用植物动力2003（微量元素水溶肥料）3 000倍液，或碧护（0.136%赤·吲乙·芸薹可湿性粉剂）7～14克/亩，兑水30千克，均匀喷雾，每5～7天喷施1次，连喷2～3次。

13. 宁夏枸杞冬季田间如何管理？

（1）进行冬积肥。利用冬季农闲和土壤冻结之时进行积肥，积肥以有机肥为主，亩施2 500～3 000千克，主要有鸡粪、羊粪、猪粪、牛粪、厩肥、植物秸秆等，进行堆积。在土壤解冻后以环状或沟带状将有机肥施入距主干50厘米处，一般深翻深度为20～25厘米，从树冠外沿向内10厘米，根盘内适当浅翻，以免伤根而引起根腐病的发生，要铲除根蘖苗，减少根茎伤害。

（2）加强杞园冬季管护。防止牛、羊和兔子等进入园内踏坏、啃食枸杞枝条、幼树干皮。

（3）做好采穗母株筛选。宁夏枸杞多用营养繁殖方法进行繁殖，选果型大、结果多、病虫危害少的枸杞树确定为采穗母株。在选好采穗母株的基础上，做好嫩枝扦插和硬枝扦插苗圃地保墒。

（4）进行修剪。修剪主要疏除结果层内的徒长枝、衰老枝、病虫枝、细弱枝、过密枝，干枯枝、重叠枝、丛生枝等，并注意提高下层结果枝组结果部位，降低过高的树冠，使树体保持合理高度（1.6～1.8米），对修剪大的伤口进行涂蜡处理，使留下的枝条枝不挨枝、枝不搭枝、疏密合适。

14. 枸杞子采收时注意事项有哪些？

（1）不宜摘生枸杞子。枸杞落花后，果实逐渐发育形成绿色幼果。继而果实发育并变成橙色果，这时果肉尚硬。然后果实逐渐变成鲜红色。果蒂疏松、果肉稍软时是枸杞子采摘的最佳时期。如采摘过早，摘了橙色果，枸杞子晒干后即变成黄皮果，影响枸杞子的质量和等级。

（2）不宜碰伤。采摘枸杞子时要轻摘轻放，盛装枸杞子，要用盆、桶、篮、筐等，不宜用塑料袋等，以防搬运时挤压或碰撞。若枸杞子发生撞伤、挤伤、压伤、摔伤、刺伤等，晒干后均会变成黑色。

（3）不宜久放。采摘下的枸杞子，要及时晾晒或烘干，不宜久放。因刚采摘下的枸杞子呼吸作用强烈，容易发热发汗，放置过久，晒干后的果色灰暗不鲜。

（4）不宜摘湿枸杞子。不宜在早晨有露水时或雨后果面未干时采摘。如摘了湿果，果面长期不干，容易被细菌污染，晒出的干果果色黑暗。

（5）不宜暴晒。日出后即可晾晒果实，由弱光低温逐渐转至强光高温，这样晾出的果色鲜红。如在炎热的中午暴晒，果色容易变黑。

（6）不宜翻动枸杞子。在晾晒过程中，翻动易使果肉受伤，晒干后果实即变黑。因此，枸杞子摊晾后，中间不宜翻动，直至晾干后才能收集。

（7）不宜熏蒸。枸杞子不宜用硫黄熏蒸，用硫黄熏蒸后虽然果色新鲜，但容易被污染。

15. 枸杞子如何采收加工？

（1）采收。当果实色泽鲜红、表面光滑光亮，果体变软、富有弹性，果肉增厚，果实与果柄易分离时即可采摘。枸杞子的采收一般要在芒种后至秋分或早霜冻前进行。6月中旬至7月上旬为初果期；7月中旬至8月下旬为盛果期；9月上旬至早霜冻为末采期。采摘间期一般为7～10天。中宁枸杞的采摘时机在八九成熟的时候，这时果色橙红，果身稍软，果蒂开始疏松，便于采摘。盛果期每6～7天采摘一次，过早或过迟采摘均影响质量。

（2）加工。①晒场一般设在向阳的空地上。一般是用木条钉成长90厘米、宽60厘米的木框，在木框下方钉上窗纱，窗纱下方再钉一条横木，即枸杞盘。枸杞子就摊放在窗纱上面。注意：有使用纸板或竹席的，但都不如窗纱的透气、通风性能好。晾在背阴、通风处（以1～2天为宜），等枸杞子失去部分水分后，再移至太阳下暴晒。②暴晒应选择通风、平整的地方。枸杞盘要单个摆开，阴天、下雨天和每天晚上都要把枸杞盘摞起来，及时用塑料薄膜盖好，防止果实返潮，天晴后和第二天清晨要及时撤下塑料薄膜，防止因温度过高而导致果实变黑。枸杞子晒到七八成干时要及时扣盘。③扣盘就是把盘中的枸杞子扣到阳光充足、通风、容易清扫的硬面上。扣盘要在清晨进行。扣盘的前天晚上，枸杞盘不要再盖塑料薄膜，让枸杞子在盘中返潮一个晚上，这样枸杞了很容易被从盘中扣出来（如果不使其返潮，枸杞子会大量沾在窗纱上，不容易取下来）。扣盘后的枸杞子要均匀地摊开。④枸杞子晒干后要及时装入袋中。要用双层袋，装袋时间要选择在16：00—17：00，此时阳光充足，潮气比较小，枸杞子不易返潮。装袋后应立即把袋子口扎死。夏秋季节，日光充足，空气湿度小，宜用此法。

宁夏枸杞果实为浆果，采摘下后不易保存，自然晒干时往往受到天气和周围环境的影响，不仅干燥时间长，干燥程度不均匀，而且在天气恶劣的条件下，会使部分采下的果实由于干燥不及时而发生腐烂，影响产品的质量和产量。有条件的地方可采用烘干机烘干，即将鲜果置于有引风机送风同时有火炉加热的通热风隧道内（进风口温度60~65℃，出风口温度40~45℃）烘干55~70小时，使果实含水率在13%以下。

16. 枸杞子的分级标准是什么？

枸杞子一般分6个等级。贡果：每50克180~200粒；枸杞王：每50克220粒；特优：每50克280粒；特级：每50克370粒；甲级：每50克580粒，要求颗粒大小均匀，无干籽、油粒、杂质、虫蛀霉变；乙级：每50克980粒，油粒不超过15%，无杂质、虫蛀、霉变等颗粒。

17. 枸杞子有何质量标准？

药典规定，枸杞子中含水分和总灰分分别不得过13.0%、5.0%，甜菜碱（$C_5H_{11}NO_2$）不得少于0.30%。铅不得过5毫克/千克；镉不得过1毫克/千克；砷不得过2毫克/千克；汞不得过0.2毫克/千克；铜不得过20毫克/千克。

（三）花椒

1. 花椒的来源以及性味功效是什么？

花椒为芸香科植物青椒或花椒的干燥成熟果皮。花椒可作为调料，并可提取芳香油，又可入药青椒或花椒的种子可食用，民间也有将种子药用，称为椒目。花椒性温，味辛。归脾、胃、肾经。可促进唾液分泌，增加食欲；有芳香健胃、温中散寒、除湿

止痛、杀虫解毒、止痒解腥的功效。外用适量，
煎汤熏洗。

花椒植株形态

2. 花椒植株形态特征是怎样的？

花椒植株高 3～7 米，茎干上的刺常早落，
枝有短刺，小枝上的刺基部宽而扁，且呈劲直的
长三角形，当年生枝被短柔毛。叶有小叶5～13
片，叶轴常有甚狭窄的叶翼；小叶对生，无柄，
卵形，椭圆形，稀披针形，位于叶轴顶部的较
大，近基部的有时圆形，长 2～7 厘米，宽 1～
3.5 厘米，叶缘有细裂齿，齿缝有油点。其余无
或散生肉眼可见的油点，叶背基部中脉两侧有丛
毛或小叶两面均被柔毛，中脉在叶面微凹陷，叶背干后常有红褐色斑纹。

3. 花椒适合怎样的生长环境？

花椒喜温不耐寒，最适宜温度 10～15℃的地区种植，花椒属于强阳性树种，
一般要求年日照时间在 2 000 小时以上，对水分要求不高，一般年降水量在 500
毫米以下的地区，只要在萌芽和坐果后土壤水分供应充足，就能满足生长结果的
需求；花椒要求土质疏松、保肥、通气性好的土壤。

4. 花椒育苗床的要求有哪些？育苗前应如何处理花椒种子？

应选择土层深厚、肥沃、排水良好的沙壤土，播种前深翻整地，施入基肥，
整平作床，然后按 20 厘米的行距开沟播种，覆土 0.5 厘米，并覆沙 2 厘米，每
亩播种 7 千克左右。处理花椒种子的方法有两种：一是用 1% 洗衣粉溶液浸泡 4
小时，清水洗净后，用草木灰拌种后播种；二是把种子放入加有草木灰的温水
中，掺沙搓擦，直到种子皮壳发灰色无光泽即脱脂后播种。无论是撒播还是条
播，都必须挖好灌溉沟渠，做到旱能灌、涝能排。

5. 花椒移栽种植时的要求有哪些？

栽植前定干截梢，并剪去部分枝叶，防止水分蒸发。在移栽时注意窝大底
平，深挖浅栽，重施基肥，肥土填穴，切忌捶打，表层土壤中有机肥不宜太多，
以免烧根。花椒成片造林行距 2 米，株距 1.5 米，定植，穴深、长、宽均 0.5
米，下面放 1 千克秸秆，再覆盖 1 千克有机肥。种植时用地膜覆盖，覆膜具有保

墒增温的良好效果，一般可提高地温 3℃左右，有利于根系发育生长。

6. 花椒田间管理应注意哪些事项？

（1）苗期至少追肥 2 次，弱苗可多追一次。幼苗长到一定高度时，及时拔去杂草。适时中耕，破除土壤板结。追肥的关键时期是萌芽前和开花后。萌芽前追肥对新梢生长、叶片形成有重要的促进作用，又有利于果穗的增大和坐果率的提高。芽前肥一般在萌芽前 10～15 天土壤墒情较好时施，每株追施 0.7 千克左右的 40% 花椒配方肥；开花后每株追施 0.3 千克尿素。

（2）花椒树干周围的土既要疏松又要浅耕，要注意防止损坏树皮和伤断根部。

（3）长到 3 厘米左右第一次间苗，长到 10 厘米高时进行定苗。

（4）花椒的根系生长需要富含有机质和通透性能良好的土壤条件。因此，在夏季管理中，应注意做好园内的杂草清理工作。定植后的幼树，要求深翻土壤，扩大树盘，以达到熟化土壤的目的。如不进行深耕扩穴，随着树龄的增长，根系也会限制在表土层内，将会造成冠形矮小，地上部分所需营养供应不足，果实丰产性差，花椒树寿命短。

7. 何时进行花椒树修剪？

采收后至翌年春季发芽前均可修剪，其中采椒时期修剪最好。幼树旺树以秋天修剪为宜，弱枝老树待进入休眠期修剪为好。花椒树形有自然开心形、三角形、丛状三种，主要采用自然开心形。自然开心形定干高度 30～40 厘米，树高不超过 2 米，定植后于距地面 30 厘米左右处留第一侧枝，4～5 年就可以培养成形。这种树形光照好，能丰产稳产。定植后，培养 40～60 厘米左右的主干，留主枝 3～5 个，基角 50°～60°，每个主枝培养侧枝 2～3 个。

8. 花椒病虫害的综合防治策略是什么？

（1）加强栽培管理，增强树体抗病虫能力。应适时合理施肥灌水，铲除杂草，正确修剪，改善株间和树冠内的通风透光条件，促进树体生长，增强抗病能力。注意排水，使土壤不积涝，保持土壤良好的通透性，减轻发病程度。

（2）中耕除草注意不要伤根。

（3）增施磷钾肥、草木灰。四是做好预测预报工作，防止病虫害的发生和蔓延，及时剪除病枝、病根，同时在伤处涂石硫合剂（生石灰：硫黄：水＝1：2：10）180～400 倍液或用 2% 石灰水灌根杀菌。五是化学防治，及时选用高效低毒农药进行防治。

9. 如何对花椒病虫害进行防治?

（1）根腐病。①危害症状。发病时，根尖、根皮上有小黑斑点，病斑逐渐变大，根部变黑，上有白色斑点，腐烂有异臭酸味，根皮易脱落，皮下木质部呈现黑色，地上部分的叶片小，叶片部分失绿。②防治方法。此病以预防为主，发病后很难治愈。可在 4—5 月用 15% 三唑酮可湿性粉剂 300~800 倍液，每月灌根一次。

（2）流胶病。①危害症状。主要危害花椒树的主干，尤其是树干的颈基部。初发病时症状不明显，只是在发病部位出现红褐色病斑，随着病斑的扩大，病部呈湿腐状，表皮略有凹陷，同时伴有流胶出现。此后，病斑逐渐变成黑色，病部表面干缩、开裂。由于病部腐烂、干裂，致使树体营养物质运输不畅，造成病部一侧病枝叶片黄化，凋萎，甚至病斑上部枝干干枯死亡，乃至全株枯死。②防治方法。于 3 月下旬和 6 月初用 40% 三乙膦酸铝可湿性粉剂或 70% 代森锰锌可湿性粉剂 200~300 倍液各灌根一次后培土，可控制病害的发生。

（3）花椒锈病。①危害症状。此病主要危害叶片，也能危害嫩枝、幼果和果柄。发病后期在叶片正面，褪绿斑发展成为 3~6 毫米的深褐色坏死斑。②防治方法。于发病初期，每隔 15~20 天喷 200 倍石灰过量式波尔多液［硫酸铜∶石灰∶水＝1∶（3~5）∶200］1 次或 0.3~0.4 波美度石硫合剂（连喷 3 次）；发病盛期每隔 10 天喷一次 65% 代森锌可湿性粉剂 400~500 倍液，或每隔 10~15 天喷 1 次 50% 多菌灵可湿性粉剂 800~1 000 倍液（注意该药不能与波尔多液等铜制剂混用），根据病情，可连喷多次。

（4）蚜虫。①危害症状。主要在花期及果实生长期发生，被危害叶片向背面卷缩。②防治方法。喷 2.5% 溴氰菊酯乳油 4 000 倍液防治。

（5）天牛。①危害症状。天牛对花椒的危害主要是以幼虫钻蛀枝干，潜居在韧皮部、木质部蛀食，花椒树受害后其输导组织被破坏，水分、养分输送受阻，造成树势衰弱、树体枯萎、产量下降，严重时树体死亡。②防治方法。可采用捕捉成虫，幼虫期喷 1.8% 阿维菌素乳油 1 500~2 000 倍液，用铁丝钩杀幼虫。

（6）凤蝶。①危害症状。幼虫蚕食幼芽和嫩叶，影响生长和结果，使枝条扭曲变形。②防治方法。在幼虫期喷 2.5% 溴氰菊酯胶悬剂 6 000 倍液防治。

10. 花椒种子采收、加工及储藏有何要求?

（1）采收时间。花椒的采收时期因品种、立地条件的不同而不同。一般以花椒果皮呈现紫红色或淡红色，果皮缝合线突起，有部分果皮开裂，种子呈黑色、光亮、散发浓郁的麻香味时为最佳采收期。采摘过早果皮薄，色暗，果仁含油量低、品味差；采摘过晚果实干裂落仁，影响收益。实践证明早摘 10 天花椒产量会降低 10%～20%。雨量过多的年份花椒会提前开裂落仁，应及时采收。有些花椒品种的果实成熟后果皮容易崩裂，使种子散失，应在花椒成熟后的 1 周内采收完毕以避免造成不必要的损失。而有些品种如大红袍因果实成熟后果实不开裂，采收时间可以适当推迟。花椒的采收要选择晴朗的天气进行，避开阴雨天，以免晾晒难和影响色泽风味导致品质下降。

（2）采收方法。应首先采摘向阳低海拔园区的花椒，最后采摘背阴高海拔园区的花椒，要先采外围的后采里面的，先下后上，不要漏采。大椒穗（在花椒采收时的强枝果穗）下的第一个叶腋间有一个饱满芽，这个芽是下年的结果芽，不要摘除。而弱枝果穗下第一个芽发育不充实，第二个或第三个芽发育健壮，采摘时可以抹除第一个芽而保留第二个与第三个芽，起到小修剪的作用（即通过其他措施达到修剪的作用）。叶丛枝上无壮芽，只有瘦弱芽，很难形成育花枝，在采摘时应适当抹除大部分叶丛枝，一般只保留 1/3 的叶丛枝。缺枝部位的叶丛枝应适当保留以培养成健壮的结果枝，充实空间，扩大结果部位。

（3）加工方法。花椒采收后先集中晾晒 1 天，然后装进烘筛送入烘房烘烤，装筛厚度为 3～4 厘米。在烘烤开始时烘房温度应控制在 50～60℃，2.5 小时后升温至 80℃再烘烤 8～10 小时，待花椒含水量小于 10%时即可取出。在烘烤过程中要注意排湿和翻筛。起初每隔 1 小时排湿和翻筛一次，之后随着花椒含水量的降低，排湿和翻筛的间隔时间可以适当延长。花椒烘干后连同烘筛取出，筛除籽粒及枝叶等杂物，按标准装袋，即为成品。

（4）包装储藏。包装应选用聚乙烯袋，最好密封包装，防止气味散失。装袋后的花椒应在阴凉、干燥、通风处储藏，装卸和堆垛时严禁蹬踩，严禁与有毒、有异味的物品混贮，防鼠害。

11. 花椒有何质量标准？

花椒色泽鲜红、均匀、有光泽、麻味浓烈、香气浓郁、粒大、油腺突出者为佳。药典规定，花椒中挥发油不得少于 1.5%。

（四）决明子

1. 决明子的来源及性味功效是什么？

决明子为豆科植物钝叶决明或决明（小决明）的干燥成熟种子。决明子性微寒，味甘、苦、咸。具有清热明目、润肠通便的功效。

2. 决明的形态特性是怎样的？

决明植株直立、粗壮，一年生亚灌木状草本，高 1～2 米，叶长 4～8 厘米，花腋生，通常 2 朵聚生，总花梗 6～10 毫米，荚果纤细，近四棱形，两端渐尖，长达 15 厘米，宽 3～4 毫米，膜质；种子约 25 颗，菱形，光亮。花果期 8—11 月。

决明植株形态

3. 决明适合怎样的生长环境？

决明是喜光植物，喜欢温暖湿润气候，阳光充足有利于其生长。对土壤的要求不严，向阳缓坡地、沟边、路旁，均可栽培，以土层深厚、肥沃、排水良好的沙质壤土为宜，pH 6.5～7.5 均可，过黏重土壤、盐碱地不宜栽培。

4. 决明的种植应如何进行选地、整地、施肥？

决明对土地要求不严，以排水良好、土层深厚、疏松肥沃的沙质壤土为佳。在选好的地块中，每亩施厩肥 2 000～2 500 千克、过磷酸钙 25 千克，均匀撒在地面上，耕翻、耙细整平，一般不作畦，如作畦，可作成 1.2～1.5 米宽的平畦。

5. 决明播种前如何进行选种？

播种前，应测试籽种发芽率。具体方法：将籽粒饱满的籽种分成若干份，依次编号，在各份中分别取出 125～250 克放入相对应编号的器皿中，用 50℃左右温水浸泡一昼夜后，待其吸入水分膨胀后，将水倒掉，再用清水冲一遍，然后用湿布覆盖保持湿度，3 天后便可陆续出芽，选出芽率达到 85％以上者作为籽种。

6. 决明如何播种？

将经过测试选出的优种进行条播，行距 50～70 厘米，开 5～6 厘米深的沟，将种子均匀撒在沟内，覆土 3 厘米，稍加镇压，播后 10 天左右出苗。北方天旱，要先灌水后播种，不要播后浇水，以免表土板结影响出苗。

7. 决明种植过程中如何进行田间管理？

（1）间苗与定苗。苗高 3～6 厘米时，进行间苗，把弱苗或过密的幼苗拔除；

苗高 10~13 厘米时定苗，株距 30 厘米左右。

（2）浇水。决明比较耐旱，土壤保持一般湿度均可正常生长，天旱时，适当浇水，但在定苗期间为其蹲苗应少浇水，至白露（9 月上旬）时，果实趋于成熟，可停止浇水。

（3）施肥。苗高 35 厘米左右，植株封垄前，亩施过磷酸钙 20 千克、硫酸铵 10~15 千克，混施于行间，然后中耕培土，把肥料埋在土中，并可防止植株倒伏。

8. 决明灰斑病的症状和防治方法是什么？

决明病害以灰斑病为多见，其病源是一种真菌，主要危害叶片，开始时，叶片中央出现稍淡的褐色病斑，继而在病斑上产生灰色霉状物。发病前或发病初期喷 65％代森锌可湿性粉剂 500 倍液除治。

9. 决明如何进行采收加工？

决明在 10 月下旬果实八九成熟的时候就应该及时采收，因为果实很容易自行开裂，造成果实脱落，影响产量。采收时贴近地面，将植株割除，进行反复晾晒，打下种子，除去杂质，然后再进行晾干，以颗粒饱满、颜色为褐色的种子为上品。

10. 决明子如何储藏？

储藏前应保持库内清洁、干燥、通风。窗户上应有防虫网，门上应有防鼠板，有条件的地方应清洁并进行防虫处理后再入库。每隔 10~15 天必须进行定期检查，对仓储的决明子进行全面检查，发现问题尽早解决，避免造成损失。遇到大风、强降雨等灾害性天气应对库房和药材进行检查，发现问题及时解决。

11. 决明子有何质量标准？

药典规定决明子中含水分不得过 15.0％，总灰分不得过 5.0％。每 1 000 克含黄曲霉毒素 B_1 不得过 5 微克，黄曲霉毒素 G_2、黄曲霉毒素 G_1、黄曲霉毒素 B_2 和黄曲霉毒素 B_1 的总量不得过 10 微克。

（五）连翘

1. 连翘的来源及性味功效是什么？

连翘为木樨科植物连翘的干燥果实。秋季果实初熟尚带绿色时采收，除去杂质，蒸熟，晒干，习称青翘；熟透的果实，采下后晒干，除去种子及杂质，称为老翘；其种子称连翘心。连翘性微寒，味苦。归肺、心、小肠经。具有清热、解毒、散结、消肿的功效。用于温热、丹毒、斑疹、痈疡肿毒、瘰疬、小便淋闭等症。

连翘植株形态

2. 连翘的形态特征是怎样的？

连翘为落叶灌木。枝开展或下垂，棕色、棕褐色或淡黄褐色，小枝土黄色或灰褐色，略呈四棱形。株高可达 3 米，枝干丛生，小枝黄色，拱形下垂，中空。叶对生，单叶或三小叶，卵形或卵状椭圆形，缘具齿。花冠黄色，1～3 朵生于叶腋；果卵球形、卵状椭圆形或长椭圆形，先端喙状渐尖，表面疏生皮孔；果梗长 0.7～1.5 厘米。花期 3—4 月，果期 7—9 月。

3. 连翘适合怎样的生长环境？

连翘适合生长在海拔 250～2 200 米，对土壤和气候要求不严格，耐寒，耐旱，忌水涝。喜温暖干燥和光照充足的环境，在排水良好、富含腐殖质的沙壤土上生长良好。在阳光充足的阳坡生长好，结果多；在阴湿处枝叶徒长，结果量较少，产量低。

4. 种植连翘应如何选地、整地？

选择地块向阳、土壤肥沃、质地疏松、排水良好的沙壤土，于秋季进行耕翻，耕深 20～25 厘米，结合整地施基肥，每亩施厩肥 2 000～2 500 千克，然后耙细整平。直播地株行距 130 厘米×200 厘米，穴深与穴径 30～40 厘米；育苗地作成 1 米宽的平畦，长度视地形而定。

5. 连翘的繁殖方式有哪些？

（1）种子繁殖。选择生长健壮、枝条节间短而粗壮、花果着生密而饱满、无病虫害的优良单株作母株采种。于 9—10 月摘取成熟的果实，晒干脱出种子，沙藏。春播，4 月上旬播种育苗，按行距 25 厘米开沟，沟深 2～3 厘米，均匀播种，覆土 2 厘米，用脚踩实，20 天左右出苗。当苗高 7～10 厘米高时，间苗，株距保持 5～7 厘米，及时除草追肥，培育 1 年，当苗高 50～70 厘米时，可出圃移栽。

（2）扦插育苗。选优良母株，剪取一至二年生的嫩枝，截成 30 厘米长的插穗，每段留 3 个节，用 500～2 000 毫克/升生根粉或 500～1 000 毫克/升吲哚丁酸溶液浸泡插口，随即插入苗床。行株距为 10 厘米×5 厘米，1 个月左右即生根发芽，当年冬季即可长成高 50 厘米以上的植株，可出圃移栽。

（3）压条繁殖。连翘为落叶灌木，下垂枝多，可于春季 3—4 月将母株下垂枝弯曲压入土内，在入土处用刀刻伤，埋些细土，刻伤处能生根成苗。加强管理，当年冬季至第二年早春，可割离母体，带根挖取幼苗，移栽大田定植。

（4）分株繁殖。连翘萌发力极强，在秋季落叶后或早春萌芽前，挖取植株根际周围的根蘖苗，另行定植。

6. 连翘如何进行田间管理?

（1）除草追肥。根据田间的杂草情况及时除草，每株每年要追农家肥 10 千克左右。应根据连翘生长特点需要合理浇水、追肥、中耕除草。一般在连翘开花前、幼果期、果实膨大期喷洒 3% 磷酸二氢钾 1 000～1 500 倍液增强花粉受精质量，提高循环坐果率，促进果实发育，使连翘连年丰收。

（2）整形修枝。树高达 1 米左右时，茎叶特别茂盛，此时应剪去顶梢，修剪侧枝，有利于通风透光，对衰老的结果枝也要剪除，促进新结果枝生长。

7. 连翘如何整形修剪?

苗木定植后，及时对主枝进行重短截，以促使其生发分枝，冬剪时，应将细弱枝及根蘖苗疏除。同时应在修剪口涂抹愈伤防腐膜，防止病菌感染，越冬前可在树体上喷涂护树将军阻碍越冬病菌着落于树体繁衍。

8. 连翘的吉丁虫害如何防治?

在成虫羽化前剪除虫枝集中处理，杀伤幼虫和蛹。成虫发生期用 1% 甲氨基阿维菌素苯甲酸盐微乳剂 2 000 倍液喷雾防治。

9. 连翘如何采收、加工及储藏?

（1）采收。连翘定植 3～4 年开花结果。一般于霜降后，果实由青变为土黄色，果实即将开裂时采收，8 月下旬至 9 月上旬采摘尚未完全成熟的青色果实，用沸水煮片刻，晒干后加工成青翘；10 月上旬采收熟透但尚未开裂的黄色果实，晒干，加工成黄翘或者老翘；选择生长健壮、果实饱满、无病虫害的优良母株上成熟的黄色果实，加工后选留作种。

（2）加工。将采回的果实晒干，除去杂质，筛去种子，再晒至全干即成商品。中药将连翘分为青翘、老翘。①青翘。于8—9月上旬前采收未成熟的青色果实，然后用沸水煮片刻或用蒸笼蒸半小时后，取出晒干或烘干即成。青翘以身干、不开裂、色较绿者为佳。②老翘。于10月上旬采摘熟透的黄色果实，晒干或烘干即成。老翘以身干、瓣大、壳厚、色较黄者为佳。

（3）储藏。连翘用麻袋包装，每件25千克左右。贮于仓库干燥处，温度30℃以下，空气相对湿度在70%～75%。安全水分为8%～11%。

10. 连翘怎样留种?

选择生长健壮、枝条节间短而粗壮、花果密而饱满、无病虫害的优良单株作采种母株，于9—10月采集成熟果实，薄摊于透风阴凉处后熟数日，阴干后脱粒，选取籽粒饱满的种子收藏作种用。

11. 连翘有何质量标准?

药典规定，连翘中含水分和总灰分分别不得过10.0%、4.0%。青翘杂质不得过3%，老翘杂质不得过9%。青翘含挥发油不得少于2.0%（毫升/克），青翘含连翘酯苷A（$C_{29}H_{36}O_{15}$）不得少于3.5%，老翘含连翘酯苷A（$C_{29}H_{36}O_{15}$）不得少于0.25%。

（六）女贞子

1. 女贞子的来源及性味功效是什么?

女贞子为木樨科植物女贞的干燥成熟果实。女贞子性凉，味甘、苦。具有滋补肝肾、明目乌发的功效。用于肝肾阴虚、眩晕耳鸣、腰膝酸软、须发早白、目暗不明等症。

2. 女贞的形态特征是怎样的?

女贞叶片常绿，革质，卵形、长卵形或椭圆形至宽椭圆形，长6～17厘米，宽3～8厘米，上面光亮，两面无毛，中脉在上面凹入，下面凸起，侧脉4～9对，两面稍凸起或有时不明显；叶柄长1～3厘米，上面具沟，无毛。圆锥花序顶生，长8～20厘米，宽8～25厘米。果肾形或近肾形，长7～10毫米，径4～6毫米，深蓝黑色，成熟时呈红黑色。

3. 女贞适合怎样的生长环境?

女贞耐寒性好，耐水湿，喜温暖湿润气候，喜光耐阴。为深根性树种，须根发达，生长快，萌芽力强，耐修剪，但不耐瘠薄。对土壤要求不严，以沙质壤土或黏质壤土，pH 在 6.5～8.5 为宜。应在地势平坦开阔、湿润、背风、向阳，海拔 2 900 米以下的疏、密林中栽种。在种植女贞之前应进行整地，选用粪肥保障基肥，能够提高低温，保证土壤更加肥沃，促使女贞更快发芽。在种植女贞之前还应该用 50% 辛硫磷乳剂进行土壤的改造，目的是消灭地下害虫，为女贞创造一个更加良好的生长环境。

女贞植株形态

4. 女贞种子如何处理?

女贞种子 11—12 月成熟，选择树势壮，抗性强的树作为采种母树，剪下果穗，捋下果实，浸水 5～7 天，搓去果皮，洗净，阴干，然后沙藏到翌年春 3—4 月，即可播种。

5. 女贞如何进行扦插育苗?

将女贞茎枝或分蘖枝剪成 20 厘米左右的枝条，每条具芽 2～5 个，扦插于插床内，并保持一定温度和湿度。如在春季扦插要用薄膜覆盖，保持 25℃ 左右的温度。如在夏季扦插要搭设遮阳棚，在天然林内扦插可在床面上盖上一层枯枝落叶。如在秋季剪取茎枝可将剪取的枝条剪截约 20 厘米长，装在塑料袋内放冰箱或冷窖内保存，待扦插时取出。利用半木质化嫩枝扦插效果很好。于 6 月中下旬剪取半木质化嫩枝，插条只留一个掌状复叶或将叶片剪去一半，将插条在 1 000 毫克/升吲哚丁酸溶液中蘸一下，促进插条生根。为保持较高的温度和湿度，插床上应覆盖薄膜，生长一年后移栽。

6. 女贞缓苗后怎样进行水肥管理?

女贞喜水，但是水分过多也会引发幼苗疾病，所以在成苗管理阶段一定要注意控制水分，水分补给要适度，强降雨后及时排除积水。成苗期间女贞苗较为脆弱，阳光特别强烈时也应该注意拉上遮阳网进行遮阳。每年3月下旬、7月上旬追施氮磷钾复合肥，施用量30～35千克/亩，开沟施肥后及时灌水。

7. 女贞的病虫害如何防治？

（1）女贞锈病。①危害症状。感病叶片表面产生圆形褐斑，并逐渐凹陷，叶背面相应部分则隆起，叶肉增厚，呈黄色或紫红色，严重时叶片畸形而枯死。②防治方法。应随时清除落叶，集中烧毁，同时喷1∶1∶200波尔多液。

（2）女贞粉蚧。①危害症状。成虫、若虫多集中在叶片、叶柄和枝条等处危害，诱发女贞煤污病，引起提早落叶，严重时造成植株死亡。②防治方法。用50%杀螟硫磷乳油100倍液于晴天喷雾防治。

8. 女贞子怎样进行采收及产地加工？

女贞移栽后4～5年开始结果，在每年12月果实变黑而有白粉时打下，除去梗、叶及杂质，稍蒸或置沸水中略烫后干燥，或直接干燥。

9. 女贞子如何安全储藏？

女贞子一般用麻袋包装，多使用尼龙编织袋包装，每件45千克左右，贮于通风、干燥处，温度30℃以下，空气相对湿度70%～75%，商品安全水分8%～12%，保持库内清洁，经常检查，防霉变，防虫蛀。该品受潮易生霉，较少虫蛀。底部商品较易吸潮霉变，污染品表面可见霉迹。危害的仓虫有玉米象、烟草甲、药材甲、粉斑螟、米黑虫等，蛀蚀品表面现细小蛀痕。储藏期间，应保持环境干燥、整洁，可用密封抽真空或充氮充惰性气体养护。发现受潮或轻度虫蛀，及时晾晒或用磷化铝熏杀。

10. 女贞子有何质量标准？

药典规定，女贞子中含水分和总灰分分别不得过8.0%、5.5%，杂质不得过3.0%，含特女贞苷（$C_{31}H_{42}O_{17}$）不得少于0.70%。

（七）牛蒡子

1. 牛蒡子的来源及性味功效是什么？

牛蒡子为菊科二年生草本植物牛蒡的干燥成熟果实。牛蒡子性寒，味辛、苦。具有疏散风热、宣肺透疹、利咽散结、解毒消肿的功效。用于风热感冒、头痛、咽喉肿痛、流行性腮腺炎、疹出不透、痈疖疮疡等症。

牛蒡植株形态

2. 牛蒡的形态特征是怎样的？

牛蒡为二年生草本，具粗大的肉质直根，长达 15 厘米，径可达 2 厘米，有分枝支根。茎直立，高达 2 米，粗壮，基部直径达 2 厘米，通常带紫红或淡紫红色，基生叶宽卵形，长达 30 厘米，宽达 21 厘米，头状花序多数或少数在成伞房花序或圆锥状伞房花序，瘦果倒长卵形或偏斜倒长卵形，两侧压扁，浅褐色。花果期 6—9 月。

3. 牛蒡适合怎样的生长环境？

牛蒡生长发育适宜的温度为 20～25℃，有很强的耐热能力，在 35℃ 的高温下仍然能够正常生长。地下根部的耐寒性较强，在 −20℃ 的气温下，仍可安全越冬。地上部分叶片耐寒力较差，如遇 3℃ 低温就会枯死。种子发芽温度为 10～35℃。最适温度为 20～25℃，种子的休眠期 1～2 年。牛蒡要求较强的光照，光照强有利于植株的生长发育。而牛蒡耐阴性也较强，在光照弱的条件下，也能正常发育。

4. 牛蒡种子播种前如何处理？

选择粒大、饱满、色灰褐的种子，将种子放入 30～40℃ 的温水中浸泡 12 小时左右，过后捞出种子晾至不粘手时再播。

5. 牛蒡种植如何选地整地？

牛蒡种植不宜选择种植过茄果类蔬菜、花生、甘薯、菊科作物的地块，前茬作物以禾谷类、十字花科类为宜。牛蒡根深，对土壤要求较严，可选择沿河两岸地势向阳、土质肥沃、质地疏松、排水良好、土壤有机质含量在 1% 以上且土层深为 100～120 厘米的弱碱性沙壤土种植。若选择土壤含沙量过高的土壤种植，会导致肉质根不紧密，外皮粗糙，易空心；选择壤土则生长不良，根分叉多，侧根、畸形根多，根的长度达不到要求，会影响牛蒡一级品率，降低商品价值。结合整地每亩施入腐熟厩肥2 500 千克作基肥，如果育苗，再作成 1～1.5 米宽的高畦，四周开好排水沟。

6. 牛蒡的播种方法是什么?

在牛蒡的集中产区,应在播种前进行种子消毒,可采用以下方法:①用55℃温水浸种10分钟;②用相当于种子重量0.3%的35%甲霜灵可湿性粉剂拌种。然后在垄顶开3厘米深的小沟,浇少量水,待水下渗后,按3厘米株距播种,覆土3厘米,每亩地用种量为200克。

7. 在牛蒡生长过程中田间管理如何进行?

(1) 中耕除草。幼苗期或第二年春季返青后要进行中耕松土,同时前期要特别注意除草,叶子封行后停止中耕。

(2) 间苗。当苗长至4~5片真叶时,开始进行间苗。拔掉病苗、弱小苗,留下壮苗、大苗,如有缺苗处,可选择间下的苗带土移栽。

(3) 定苗。苗长至6片真叶时,条播按株距25厘米左右定苗2~3株,穴播每穴留壮苗3~4株。

(4) 追肥:每亩施入腐熟粪水肥1 000千克。植株开始抽茎后,每亩追施腐熟粪水肥1 500千克或尿素5千克和过磷酸钙10千克,促使分枝增多和籽粒饱满。

8. 牛蒡的病害如何防治?

(1) 牛蒡灰斑病。①危害症状。主要危害叶片,病斑近圆形1~5毫米,褐色至暗褐色,后期中心部分转为灰白色,潮湿时两面生淡黑色霉状物,即病原物的子实体。②防治方法。秋季清洁田园,彻底清除病株残体。合理密植,及时中耕除草,控施氮肥。在发病初期喷1:1:150波尔多液或75%百菌清可湿性粉剂500倍液。

(2) 牛蒡细菌性黑斑病。①危害症状。主要危害叶片和叶柄,叶片染病初在叶面上生许多水渍状暗绿色圆形至多角形小斑点,后逐渐扩大,在叶脉间形成褐色至黑褐色多角形斑,中央褪成灰褐色,表面呈树脂状,有的卷缩。叶柄染病初现黑色短条斑,后稍凹陷,叶柄干枯略卷缩。②防治方法。播种前用40~50℃温水浸泡种子3小时进行催芽,合理密植,改善通风透光条件,或与其他作物进行轮作。苗期发病用1:3:400波尔多液,或50%福美双可湿性粉剂600倍液喷洒防治,防治2~3次,采收前5天停止用药。

(3) 白粉病。①危害症状。叶两面生白色粉状斑,后期粉状斑上长出黑点,即病菌的闭囊壳。②防治方法。彻底清除病株残体,减少越冬菌源。发病初期喷50%甲基硫菌灵可湿性粉剂1 000倍液。

9. 牛蒡的虫害如何防治?

（1）管蚜和菊小长管蚜。可喷 5％吡虫啉乳油 2 000～3 000 倍液，或 10％氰戊菊酯乳油 3 000 倍液，或 50％灭蚜松乳油 1 000～1 500 倍液进行防治。

（2）地老虎。可用敌百虫毒饵诱杀，或早晨人工扑杀。

（3）斜纹夜蛾。可喷 90％晶体敌百虫 800～1 000 倍液防治。

（4）棉铃虫。采取冬耕冬灌，消灭越冬蛹，减少来年虫源。利用 20 瓦黑光灯诱杀成虫，幼虫 3 龄以前用 90％晶体敌百虫 1 000 倍液、或 25％亚胺硫磷乳油 300～400 倍液进行防治。

10. 牛蒡子如何采收加工?

牛蒡种子成熟期一般在 7—8 月，但成熟期不一致，要随熟随采。当种子黄里透黑时应在早晨和阴天刺软时进行，不致伤手；若晴天采摘，则应戴上手套。分期分批将果枝剪下，一般 2～3 次便可采收完。采摘后堆积 2～3 天，暴晒，脱粒、扬净，再晒至全干，去净杂质即得牛蒡子。以粒大、饱满、色青白、有明显花纹者为佳。根四季可采，挖出洗净，刮去黑皮晒干即可。

11. 牛蒡子有何质量标准?

药典规定，牛蒡子中含水分不得过 9.0％，总灰分不得过 7.0％，牛蒡苷（$C_{27}H_{34}O_{11}$）不得少于 5.0％。

（八）山楂

1. 山楂的来源及性味功效是什么?

山楂为蔷薇科山楂属植物山里红或山楂的干燥成熟果实，是一种药食同源的药材。山楂性微温，味酸、甘。归脾、胃、肝经。具有消食健胃、行气散瘀、化浊降脂的功效。用于治疗积食、瘀血闭经、产后瘀阻、心腹刺痛等症。山楂叶性平，味酸。归肝经。具有活血化瘀、理气通脉、化浊降脂的功效。用于心痛、胸闷憋气、心悸健忘、眩晕耳鸣等症。

2. 山楂的形态特征是什么?

山楂为落叶乔木，高达 6 米，树皮粗糙，暗灰色或灰褐色。叶片宽卵形或三角状卵形，长 5～10 厘米，宽 4.0～7.5 厘米，先端短渐尖，基部截形至宽楔形，上面暗绿色有光泽，下面沿叶脉有疏生短柔毛或在脉腋有髯毛；叶柄长 2～6 厘米，无毛；托叶草质，镰形，边缘有锯齿。伞房花序具多花，直径 4～6 厘米，总花梗和花梗均被柔毛，花后脱落，减少，花梗长 4～7 毫米；花瓣倒卵形或近圆形，长 7～8 毫米，宽 5～6 毫米，白色；雄蕊 20 枚，短于花瓣，花药粉红色；花柱 3～

山楂植株形态

5 枚，基部被柔毛，柱头头状。果实近球形或梨形，直径 1.0～1.5 厘米，深红色，有浅色斑点；小核 3～5 个，外面稍具棱，内面两侧平滑。

3. 山楂的栽培价值是什么？

山楂是我国的一种特产果树。果实营养丰富、其中铁、钙等矿物质和胡萝卜素、维生素 C 的含量高于苹果、梨、桃和柑橘等水果，且含有大量的有机酸、熊果酸、山楂酸等。其结果早（栽山楂后 2～4 年开始结果），经济寿命长，耐粗放管理，具有较高的观赏及药用、食用价值。

4. 山楂对生长环境有什么要求？

山楂适应性强，喜凉爽，湿润的环境，既耐寒又耐高温，在 -36～43℃ 均能生长。常生于山坡林边或灌木丛中。海拔 100～1 500 米。喜光也耐阴，一般分布于荒山秃岭、阳坡、半阳坡、山谷。耐旱，水分过多时，枝叶容易徒长。

5. 种植山楂时如何选地？

在海拔 1 500 米以下，坡度小于 25° 的丘陵、山地均可栽植。对土壤要求不严格，但在土层深厚、质地肥沃、疏松、排水良好的 pH 7.4 以下沙壤土生长良好。若在土质贫瘠的沙滩平地建园，要进行客土改土，挖大穴栽植。

6. 山楂的繁殖方式是什么？

大量繁殖山楂苗木多用嫁接法。砧木用野山楂或栽培品种都可以，栽培种的核内种仁常有退化现象，严重的只有 25%～30% 具有种仁。具体嫁接操作技术与苹果、梨相似。

山楂还可用山楂根进行育苗，而山楂根系发达，容易发生根蘖，除用以繁殖苗木的根系外，其余应予清除。在育苗时，直接利用 0.5～1.0 厘米粗的山楂根段剪成 15 厘米左右长度，在春季进行根插育苗，或在根段上枝接品种接穗后扦插育苗，山楂新根在春季发生较早，苗木以秋植为宜。

种子繁殖要选择地势平坦、土层较厚、土质疏松肥沃、有灌溉条件的圃地，整地作畦，以南北畦为好，畦宽 1 米。畦内施入足量农家肥，翻入土内，耙平，灌 1 次透水，待地皮稍干即可播种。播种时间一般为 3 月中旬至 4 月上旬，在种子刚露白时即可播种，发芽不宜过长，至有 3～4 片真叶时移栽。栽植时宜 2～3 个品种分行混栽，以提高坐果率。

7. 山楂如何定植？

先以株行距（2.5～3.0）米×4 米挖栽植穴，穴深度 80 厘米、直径 100 厘米。穴挖好后，每穴施入土杂肥 75 千克，并与表土混合后填入穴内，要随填随踏实，填至离地面 27 厘米左右，在中间略高呈馒头状，并将栽植山楂苗按既定的品种搭配要求，将苗放入坑内，填土压实。

8. 怎样对山楂进行水肥管理？

（1）育苗地。播后要及时浇水，经常保持床面潮湿，防止种子层的土壤干燥，以免回芽，10～13 天种子开始发芽，20 天左右幼苗基本出齐。当杂草长到危害幼苗时应进行除草，坚持除小、除早、除尽的原则，以保证苗木健康生长。

（2）移栽地。山楂树生长对水分需求量较大，应及时浇水，可实现丰产。浇封冻水，可促进山楂树根系活动。浇花前花后水，为保花保果创造良好条件。每年 5 月上旬至 6 月上旬，需要浇防旱水。每年 9 月下旬浇水，可促进果实膨大，对最终的产量有着至关重要的影响。基肥掌握秋季早施，追肥可在发芽展叶、开花着果及果实膨大等几个时期中，根据具体情况施用。春季花期追肥和叶面喷硼（用 0.5％硼酸溶液）能显著提高坐果率和促进新梢生长，大年树则应加强后期（8—9 月）追肥，促进花芽分化。施用时期应在采收前后进行，成龄树每株埋压绿肥 100 千克，施堆肥 30 千克即可。

9. 山楂生产中需注意的事项有哪些？

山楂有自花授粉、受精和单性结实的特点，但其异花授粉能显著提高坐果率。山楂发生严重的落花落果现象的原因有树劳衰弱，授粉受精不良，土壤干旱，光照不足等。

10. 根据山楂枝条的生长特性，如何对山楂进行整形修剪？

要重视整形修剪，使山楂树体结构合理。可根据不同年龄阶段的生长特征，对山楂进行整形修剪。

（1）幼树。修剪工作主要以整形为主，培养好骨干枝，调整骨干枝的生长方向与角度，为开花结果奠定基础。生长期3年内的幼树要重短截，截枝不疏枝，促使山楂树多生健壮枝条，扩大树冠，提高开花率，达到早结果的目的。

（2）始果期。修剪方向是疏间枝与结果枝，如果辅养枝抢夺骨干枝养分，及时疏除辅养枝。当不可全部疏除，要有所保留，保留下来的枝条要将其引导至平缓生长，促进结果。

（3）盛果期。修剪方向与初结果树类似，主要以塑造树形结构与培养结果母枝为主。主要修剪方法为短截、回缩等手段，控制好果树结果枝与营养枝的比例。

11. 山楂的病虫害如何防治？

山楂病害有花腐病和轮纹病，危害叶片、花和果实，可在清园的基础上于萌芽前喷5波美度石硫合剂，展叶后喷布0.4波美度石流合剂或50%甲基硫菌灵可湿性粉剂药剂，同时兼防白粉病。

山楂虫害主要有红蜘蛛和桃蛀螟，可喷15%阿维·毒死蜱1 000～1 500倍液进行防治，也可利用害虫的趋光（色）性，采取灯光诱杀、悬挂粘虫黄板、人工捕杀等方式进行诱杀。

12. 山楂的最佳采收时间是什么？

山楂花期较晚，果实生育期较长，晚熟品种需140～160天。在果实转变为深红色、果点明显、成熟度和着色基本一致时，进行采收。若采收过早，果实丰满度不足，成熟度较差，口感不好，涩味浓，而且由于果表角质还没形成，在储藏中容易失水，不易储藏；若采收过晚，就会造成大量落果，损失加大；而过分成熟的果肉过于松软，不耐磕碰和储藏。一般在9月下旬至10月上旬果实皮色显露、果点明显、成熟度和着色基本一致时，进行采收。采收时最好在树下铺膜进行采收，防止对果实造成机械损伤。

13. 山楂及山楂叶如何进行产地加工？

（1）山楂。采收后剔除有机械损伤果、病虫果和小果。山楂品种间的耐储性差异很大，应选用耐储性较强的品种，如大金星等硬肉品种，不宜选择红口山楂、圆果山楂等果肉细软的软肉品种。楂果一般分三级：一级果果个大，每千克110个以内，果面无锈斑；二级果果个较大，每千克120个以内，果面有少量锈斑；三级果果个稍小，每千克120～160个，果面有锈斑。

（2）山楂叶。将病虫叶、黄叶、草叶及其他树叶、沙砾、土块、虫体和卵等拣出后，立即淘洗样品2～3遍，置于竹席上或竹匾内摊晾。摊晾要在通风干燥的地方，室温22～24℃，堆积厚度3～5厘米，时间不超过40小时。摊晾中要经常翻动，否则叶上水分不易干或者堆内生热，导致叶片褐变。

14. 山楂储藏时应该注意什么？

储藏前，要对果实进行降温处理，在空气畅通处堆放几天，上覆草帘，散热，使之降到适合储藏的温度，从而保持其原有鲜度和品质。同时，对包装物和储藏地要进行全面消毒，防止真菌侵染，减少果实腐烂。储藏山楂应选耐藏品种适期采收，北方大量储藏时多用窖藏法，在天气转冷后入窖。

15. 山楂有何质量标准？

药典规定，山楂中含水分不得过12.0%，总灰分不得过3.0%，浸出物不得少于21.0%，按干燥品计算，含有机酸以枸橼酸（$C_6H_8O_7$）计不得少于5.0%。

山楂叶中含水分不得过12.0%，总灰分不得过3.0%，浸出物不得少于20.0%，按干燥品计算，含无水芦丁不得少于7.0%，含金丝桃苷（$C_{21}H_{20}O_{12}$）不得少于0.050%。

（九）桑葚

1. 桑葚的来源及性味功效是什么？

桑葚为桑科植物桑的干燥果穗，是药食同源的药材之一。桑葚性寒，味甘、酸。归心、肝、肾经。具有滋阴补血、生津润燥的功效。用于肝肾阴虚、眩晕耳鸣、心悸失眠、须发早白、津伤口渴、内热消渴、肠燥便秘等症。

桑初霜后的干燥叶片、干燥根皮、干燥嫩枝也可入药。

桑叶性寒，味甘、苦。归肺、肝经。具有疏风散热、清肺润燥、清肝明目。用于风热感冒，肺热燥咳，头晕头痛，目赤昏花等症。

桑白皮归肺经，味甘，性寒。具有泻肺平喘、利水消肿的功效。用于肺热喘咳，水肿胀满尿少，面目肌肤浮肿等症。

桑枝性平，味微苦。归肝经。具有祛风湿，利关节的功效。用于风湿痹病、肩臂、关节酸痛麻木等症。

2. 桑有什么栽培价值？

桑葚中含有 16 种氨基酸、7 种维生素及柠檬酸、苹果酸、酒石酸、琥珀酸等多种有机酸，并含有丰富的铁、钙等矿物元素及胡萝卜素、纤维素、果胶等，是维生素 C 的良好来源。

此外，桑树的生命力极其旺盛，其根系极为发达，根系自然伸展面积为树冠投影面积的几倍乃至几十倍。有着贮水功能的根系网络，有极强的遏制风沙、保持水土的能力，已成为

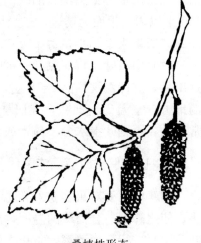

桑植株形态

绿化荒山，防风固沙的先锋树种。因此，具有较高的药、食用及观赏价值。

3. 桑树的形态特征是什么？

桑树为乔木或为灌木，高 3～10 米或更高，树皮厚，灰色，具不规则浅纵裂。叶卵形或广卵形，长 5～15 厘米，宽 5～12 厘米，先端急尖、渐尖或圆钝，基部圆形至浅心形，边缘锯齿粗钝，表面鲜绿色，无毛，背面沿脉有疏毛，脉腋有簇毛；叶柄长 1.5～5.5 厘米，具柔毛。花单性，与叶同时生出；雄花序下垂，长 2.0～3.5 厘米，密被白色柔毛；花被片宽椭圆形，淡绿色。雌花序长 1～2 厘米，被毛，总花梗长 5～10 毫米被柔毛，雌花无梗，花被片倒卵形，顶端圆钝，无花柱，柱头 2 裂。聚花果卵状椭圆形，长 1.0～2.5 厘米，成熟时红色或暗紫色。

4. 适宜桑树生长的环境是什么？

桑树为阳性植物，需要充足的光照才能正常生长发育。桑树一般在 12℃ 以上时萌芽生长，最适生长温度为 25～37℃，当气温高过 40℃ 或低于 12℃ 时，生长受到抑制，当温度在 −5℃ 时，易受冻害。一般种植在海拔 1 500 米以下，以有机质丰富、土质疏松、土层深厚，土壤最大持水量 70%～80%，pH 接近中性的土壤为宜。

5. 如何栽植桑树？

桑树对气候有较大适应性，种植时期要求不严格，冬、春种植较好，也可以秋植，尽量避免夏植。

其栽植形式分为单行式和宽窄行两种形式。单行式：行距 1.5～1.6 米，株距 0.4 米，亩栽 1 000～1 200 株。宽窄行式：宽行行距 1.8～2.0 米，窄行行距 1.0～1.2 米，株距 0.3 米，亩栽 1 200～1 400 株。

6. 桑树的中耕除草如何进行？

为进一步防旱、改善土壤结构、清除过冬杂草，一般在春季桑树发芽前进行耕作，为避免损伤根系，一般深度为 10～15 厘米。

7. 密植桑园的水肥怎么管理？

干旱时及时浇水，渍水地要注意排水，植后发现死株要及时补植，及时追肥促进新梢生长，采叶不宜过早过量，以免影响幼龄桑树的长势。

春肥不仅能提高桑树春叶产量和质量，其肥效还可延续到夏秋季，促进桑树夏伐后的枝叶生长，增加全年桑叶产量。春肥一般在桑树发芽时和春蚕收蚁前后采用穴施法。穴深、长、宽均为 20 厘米左右，穴位距树干 25 厘米，施肥量为全年总施肥量的 30% 左右。春季雨水较多，施后应用土盖好肥料，以防肥分损失。

8. 什么是春伐、夏伐、疏芽和摘心？

可通过不同季节的剪伐来调节桑树产果与产叶的比例，如果要以采叶为主，采用春伐，即可增加产叶量，减少果量。若以结果为主，则采用夏伐。

通过疏芽、定芽，使桑树条数适当、分布均匀，通风透光、养分集中，有利于枝叶生长。春伐桑树会重新萌发大量新芽，当新梢长至 15～25 厘米或春蚕期 4～5 龄时进行疏芽。

摘心则在用叶前 10～15 天进行。如离用叶时间较近，可摘去嫩头下部 1～2 片嫩叶；如离用叶时间较远，可少摘一些。摘心适时适度，一般可增叶 6% 左右。

9. 密植桑园的树形是怎样培育？

桑苗定植后，离地面 20～25 厘米定干，当新梢长至 20～30 厘米时，选留生长健壮，向四周分布均匀的新梢芽 3～4 个，任其生长，其余疏去，形成第一层支干，当年秋季可少量采叶喂蚕。第二年发芽前，离地面 45～50 厘米剪伐，形成新梢。

10. 桑树的病虫害如何防治？

（1）病害。①菌核病。防治方法有两种，第一种是春季发现有染病变白的果实就立即摘除，不让其落地，并将病果远离桑园挖坑集中深埋，埋后盖土踏实。第二种是翌年在桑花开放之前，用70%甲基硫菌灵可湿性粉剂1 000倍液或50%多菌灵可湿性粉剂800倍液喷洒桑树，或在桑花盛开时对桑树枝干和园地表土再用上述药液喷洒1~2次。②黄化性萎缩病。需及时挖除病株。

（2）虫害。①桑葚瘿蚊。3月中下旬使用5%吡虫啉可湿性粉剂2 000倍液防治，喷药时要从左到右、从右到左、从上到下、从下到上均匀喷洒到雌花上，全面喷施一次即可。②尺蠖、桑螟、桑尺蠖等鳞翅目害虫。冬芽开始转青但尚未脱苞及夏伐后，喷洒8 000国际单位/微升苏云金杆菌悬浮剂100~200倍液或1%甲氨基阿维菌素乳油1 500倍液、25%联苯菊酯乳油300倍液防治。③桑天牛。花期喷70%甲基硫菌灵可湿性粉剂1 000倍液、50%多菌灵可湿性粉剂800~1 000倍液，连喷3次，每次间隔7~10天，交替使用。或在冬季桑树落叶后，将桑园中的残叶、杂草等收集起来作为堆肥，可消灭大量潜伏在落叶、杂草中过冬的病、虫。修剪桑树，刮剪除虫卵也能起到一定的防虫作用。

11. 何时采收桑葚、桑叶、桑白皮及桑枝？

桑葚于4—6月果实变红时采收，桑叶于5月下旬和10月中旬至11月中旬采收，桑白皮通常于每年的秋末叶落时至翌年春季发芽前采挖桑树根部，桑枝一般于春末夏初时采收。

12. 桑葚、桑叶、桑白皮及桑枝采收后如何进行加工储藏？

桑葚：采收后，晒干或略蒸后晒干，或于沸水中浸烫6分钟，用清水淘洗、晒干。置通风干燥处储藏，注意防蛀。

桑叶：采收后晒干，除杂质、搓碎、去柄、筛去灰屑，置干燥处储藏。

桑白皮：将收集到的桑根趁新鲜时除去泥土和根须，刮去黄棕色的粗皮（栓皮），纵向剖开皮部，取白色内皮，于晴天摊开晒干。

桑枝：采收后略晒。趁新鲜时切成长30厘米左右的枝段，晒干，置干燥处储藏。

13. 桑葚、桑叶、桑白皮及桑枝有何质量标准？

药典规定，桑葚红棕色至暗紫色，味微酸而甜，含水分不得过18.0%，总灰分不得过12%，浸出物不得少于15.0%。

桑叶黄绿色或浅黄棕色，含水分不得过15.0%，总灰分不得过13.0%，酸不溶性灰分不得过4.5%，浸出物不得少于5.0%，芦丁（$C_{27}H_{30}O_{16}$）不得少于0.10%。

桑白皮表面深黄色或棕黄色，略具光泽，滋润，纤维性强，易纵向撕裂，气微，味甜，含水分不得过10%。

桑枝表面灰黄色或黄褐色，含水分不得过11.0%，总灰分不得过4.0%，醇溶性浸出物不得少于3.0%。

（十）白果

1. 白果的来源及性味功效是什么？

白果为银杏科植物银杏的干燥成熟种子。白果性平，味甘、苦、涩，有毒。归肺、肾经。具有敛肺定喘、止带缩尿的功效。用于痰多喘咳、带下白浊、遗尿尿频等症。

银杏的干燥叶片也可入药。银杏叶性平，味甘、苦、涩。归心、肺经。具有活血化瘀、通络止痛、敛肺平喘、化浊降脂的功效。用于瘀血阻络、胸痹心痛、中风偏瘫、肺虚咳喘、高脂血症等症。

2. 白果有何价值？

白果除了含有蛋白质、脂肪、糖类之外，还含有维生素C、维生素B_2、胡萝卜素、银杏酸、白果酚等成分以及钙、磷、铁、钾、镁等元素，营养丰富，而且对于益肺气、治咳喘、护血管、增加血流量等具有良好的医用效果和食疗作用。

银杏植株形态

3. 银杏的形态特征是什么？

银杏为乔木，高达40米，幼树树皮浅纵裂，大树之皮呈灰褐色，深纵裂，粗糙；幼年及壮年树冠圆锥形，老则广卵形；枝近轮生，斜上伸展，一年生的长枝淡褐黄色，二年生以上变为灰色，并有细纵裂纹。叶扇形，有长柄，淡绿色，无毛，有多数叉状并列细脉，顶端宽5～8厘米，秋季落叶前变为黄色。球花雌雄异株，单性，生于短枝顶端的鳞片状叶的腋内，呈簇生状；雄球花荬黄花序状，下垂，雄蕊排列疏松，具短梗；雌球花具长梗，梗端常分两叉，风媒传粉。种子具长梗，下垂，常为椭圆形、长倒卵形、卵圆形或近圆球形，长2.5～3.5

厘米，径为2厘米，外种皮肉质，熟时黄色或橙黄色，外被白粉，有臭味；有主根。

4. 银杏生长发育的特点是什么?

银杏寿命长，在中国有3 000年以上的古树。适于生长在水热条件比较优越的亚热带季风区，pH 5～6的黄壤土或黄棕壤土较好。初期生长较慢，雌株一般20年左右开始结实，500年的大树仍能正常结实。

5. 银杏的繁殖方式有哪些?

银杏繁殖方法有根蘖苗移植和种子播种。在春节后至清明前可挖取根蘖苗定植，多带细根，不宜浇大水，方法简便，成活率高，生长快。

大面积栽培需播种育苗，以春播为宜，多采用条播法，行距30厘米，株距15厘米，播种沟深3～4厘米，播种量为30～40千克/亩，种子横摆于沟内，覆土3厘米左右，压实土面，4月中旬开始发芽。苗期需防治蛴螬、地老虎等地下害虫及茎腐病等危害，第二年生长加速，三年生苗高可达1.0～1.5米，即可出圃栽植。

除以上两种外，五至六年生的银杏还可进行嫁接，嫁接时间以春分至清明期间为宜，选择已结果的十至三十年生、生长健壮的母树，在朝阳外部的枝条上，剪取三至四年生的枝条作为接穗，在树高1.5～2.0米处采用皮下嫁接。

6. 银杏育苗地如何管理?

一年生播种苗要及时搭设遮阳棚，布上遮光率40%～50%的遮阳网，也可在幼苗行间间作豆类等农作物。9月以后去掉遮阳网，增加光照，增强苗木抗性。松土、除草可结合进行，苗床上可用小尖铲将杂草铲除，并浇水踏实，以减少杂草与幼苗争光、争肥、争水的机会，促进银杏幼苗健壮生长。在梅雨季节、夏季降暴雨时要及时排水。可结合浇水进行追肥，5—8月，每次每亩追施尿素10千克，间隔15天1次，8月中旬以后停止。边追肥边浇水溶解，以防烧苗，形成肥害。

7. 银杏移栽地如何管理?

银杏要重施秋冬肥，肥料以堆肥或粪肥等腐熟的有机肥为好，以复混肥为主。秋末冬初施肥可用环状施肥法，3月中旬和7月要分别施催芽肥和长果肥，宜用穴施。银杏开花初期，每1个月进行一次根外追肥，加入0.5%尿素和

0.3％磷酸二氢钾配制成水溶液，在晴天傍晚或阴天喷洒在叶片上。如果喷洒后下雨，再喷洒一次。银杏耐旱不耐湿，故要深挖排水沟，连续干旱，也需及时适当浇灌。

8. 如何对银杏树进行修剪？

嫁接后 4～9 年内要适当疏除过密枝条，使大枝分布均匀，嫁接部位叉间积水易造成腐烂，故需及时用刮刀把突起粗糙的树皮刮平，对于老树可在 3 月下旬至 6 月中旬于主干上划 1～2 条纵线，深达形成层，刺激其生长，也可在嫁接口向上的枝条中部的饱满芽处剪断枝条，促使重发新枝，4～5 年后即可结果。

9. 银杏的病虫害如何防治？

（1）病害。①根腐病。可以将 30％碱式硫酸铜悬浮剂和 50％多菌灵可湿性粉剂 800～1 000 倍液混合均匀后灌根防治，若再结合 70％甲基硫菌灵可湿性粉剂 1 000 倍液喷防，防治效果更显著。②银杏白粉病。可使用 30％井冈霉素水剂和 70％甲基硫菌灵可湿性粉剂以 3∶7 的比例混合成 800 倍液进行防治，或夏季搭建荫棚，排除积水，及时拔除病苗，同时对土壤进行消毒。

（2）虫害。①银杏超小卷叶蛾等害虫。可用 15％阿维·联苯菊乳剂 2 000～2 500 倍液防治。进行修剪、刮除虫卵也能起到一定的防虫作用。②白蚁。每个巢穴可使用 10％灭蚁灵粉剂 20～25 克灭蚁。

10. 银杏如何采收并加工？

（1）采收时间。白果采收时间因种植区域和品种的不同而不同。一般中亚热带地区在 9 月中旬采收，北亚热带和暖温带可在 9 月下旬至 10 月中旬采收。当外果皮橙黄松软、表面覆盖一层薄薄的白色果粉、果柄基部形成离层并开始自然落果、中果皮已完全骨质化时，为银杏的最佳采收期。采收银杏叶时以叶子浓绿尚未变黄前是采叶最佳期。

（2）采收方法。银杏树为落叶高大乔木，一般用轻便细长的竹竿等物敲打震落，或用铁钩钩住枝条摇落，在树冠下铺塑料布或竹席等收集。矮化密植园可从树上直接采摘。而银杏叶应选晴天露水消退后采叶，先底后顶，先基后梢，同一株银杏树叶片分 3 次采收，每次采摘间隔约 10 天。采收幼树和幼苗上叶子可沿短枝和长枝伸展方向逆向逐叶采收，不伤及腋芽。将刚采摘成熟度相同新鲜银杏叶分级，除去叶柄后置于 80℃ 条件下快速烘干。保持通风透光条件储藏。

（3）加工方法。银杏果实分肉质的外种皮、骨质的中果皮、膜质的内种皮和种仁，白果是银杏种子去掉外种皮的硬壳种核。在采后储藏过程中如果处理不当，容易引起霉变，使种仁失水皱缩，丧失发芽力或失去商品价值。采后果实处理步骤大致分为去皮取籽、脱色消毒、通风晾干、分等分级4步骤。①去皮取籽。将采收的银杏在晾晒场地上集中堆放，上面覆盖湿草，避免暴晒，或堆在地坑内，或放在缸内，堆高30～40厘米。堆沤3～5天后，银杏肉质的外种皮腐烂，用脚轻踩，或用木棍轻轻击打，或用耐磨手套搓揉，去掉外种皮，再用清水冲洗后，分离出种子（种核），摊晾2～3小时，待种核干后发亮、呈银白色时即可。堆沤时外种皮腐烂要均匀，否则白果的外壳颜色不一致，所以不宜堆得过高或过尖。堆放时不要浇水、加土，以免影响白果外观。因银杏外种皮含有醇、酚、酮、酸等多种化学物质，使人体产生过敏反应，会发生瘙痒、皮炎和水疱，所以在人工剥离时应戴手套、穿胶鞋，防止其与皮肤直接接触。②脱色消毒。银杏外种皮除去后，用漂白方法除去外种皮的污染物后，立即在漂白液中漂白和冲洗；如果停留时间过长，未除尽的外种皮会污染洁白的中果皮，使其失去光泽，降低品质。漂白液的配制，将1千克漂白粉放在10～15千克温水中化开，滤去残渣，再加80～100千克清水稀释，配成100～120倍液备用。每1千克漂白粉可漂白1 000千克除掉外种皮的银杏，漂白时间5～6分钟。银杏倒入溶液后，应不停地搅动，直至骨质的中果皮为白色时，方可捞出；然后用清水冲洗数次，直至将种皮上的污染物洗净。漂白用的容器以陶瓷缸或水泥池等为宜，忌用铁器或其他金属容器。为杀菌可用70%甲基硫菌灵可湿性粉剂500～700倍液浸渍3～4分钟。③通风晾干。将漂白洗净的白果放在通风良好的场地堆晾，堆高3～4厘米，经常翻动，防止发霉或变黄，保持洁白干净。为保持中果皮洁白而有光泽，提高商品价值，还可将晾干的白果放在缸内，约占容器的2/3，在缸中放硫黄一酒盅，密闭缸口，气熏30～40分钟。④分等分级。为了保证商品质量，需将产品分级。一般用千克粒重和外观分级。千克粒重标准：1级不多于300粒；2级321～360粒；3级361～440粒；4级441～520粒；5级521～600粒；6级（等外）600粒以上。外观标准：要求外壳洁白、干潮适度、种仁淡绿色、无僵果、无斑点霉变、无浮果、无虫伤、无破裂、摇动无声音、投入水中下沉等，反之为劣果。

11. 白果如何储藏？

供储藏的白果必须充分成熟，含水量不得超过20%，还须将嫩果破壳剔除。储藏方法有以下4种。

（1）塑料袋储藏。将种核装入塑料袋，扎紧袋口，平放在阴凉的室内，每10～15 天松开袋口换气 1 次，并检查剔除变质发霉颗粒。可储藏 70～90 天。

（2）水藏。将银杏放在清水缸或清水池中，每 3～5 天换水 1 次，可储藏120～150 天。

（3）沙藏。沙藏在泥土地或水泥地的阴凉室内，在地面上铺一层 10 厘米的纯净湿沙，湿度以手握成团而不流水、松手即散为宜。在湿沙上堆 10 厘米厚的银杏，再铺上 5 厘米湿沙，如此堆上多层；或用银杏 1 份、湿沙 2 份的比例混匀堆藏。不管采用哪种方法堆的总高度不得超过 60 厘米。储藏期要保持适宜的湿度，过分干燥，种核容易发僵，既不好食用，也不宜留作种用；过湿则发霉腐烂。此法可储藏 120～150 天，可作留种储藏。

（4）低温储藏。用冷库或冷箱在 1～3℃、85％～90％的空气相对湿度下低温储藏，可储藏 1 年以上。储藏期间，有时中果皮上产生黑绿色霉层，呈糊状或半糊状。这是由容器不洁或种核含水量过大、温度过高且通风不良等因素引起的银杏种核霉烂病。储藏时用 50％多菌灵可湿性粉剂 500～600 倍液对银杏种核和容器进行灭菌处理，就可避免种核霉烂病。

12. 白果及银杏叶有何质量标准?

白果表皮呈黄色或淡棕色，断面外层黄色，胶质样，内层淡黄色或淡绿色，味甘，微苦。药典规定，白果中含水分不得过 10％，浸出物不得少于 13％。

银杏叶呈黄绿色或浅黄棕色，药典规定，银杏叶中含杂质不得过 2％，水分不得过 12.0％，总灰分不得过 10.0％，酸不溶性灰分不得过 2.0％，浸出物不得少于 25.0％。按干燥品计算，含萜类内酯以银杏内酯 A（$C_{20}H_{24}O_9$）、银杏内酯B（$C_{20}H_{24}O_{10}$）、银杏内酯 C（$C_{20}H_{24}O_{11}$）和白果内酯（$C_{15}H_{18}O_8$）的总量计不得少于 0.25％。

（十一）孜然

1. 孜然的来源及性味功效是什么?

孜然为伞形科植物孜然芹的成熟干燥果实。孜然性温，味辛。具有祛寒止痛、理气调中的功效。用于脘腹冰痛、消化不良、寒疝坠痛、月经不调等症。孜然芹嫩茎叶可作蔬菜食用，果实粉末可做调味品。

2. 孜然芹有何栽培价值？

孜然是除了胡椒以外的世界第二大调味品，不仅历史悠久，还有很高的药用价值。它主要用于调味、提取香料等，是烧烤食品必用的上等佐料，口感风味极为独特，富有油性，气味芳香而浓烈。孜然也是配制咖喱粉的主要原料之一。因此，孜然芹具有较高的栽培价值。

孜然芹植株形态

3. 孜然芹的形态特征是什么？

孜然芹为一年生或二年生草本，高 20～40 厘米，全株光滑无毛。叶柄长 1～2 厘米或近无柄，有狭披针形的鞘；叶片三出式 2 回羽状全裂，末回裂片狭线形，长 1.5～5.0 厘米，宽 0.3～0.5 毫米。复伞形花序多数，多呈二歧式分枝，伞形花序直径 2～3 厘米；小伞形花序通常有 7 花，小总苞片 3～5 枚，顶端针芒状，反折，较小，长 3.5～5.0 毫米，宽 0.5 毫米；花瓣粉红或白色，长圆形，顶端微缺，有内折的小舌片。分生果长圆形，两端狭窄，长 6 毫米，宽 1.5 毫米，密被白色刚毛。

4. 孜然芹栽培时如何选地选种？

选择通风良好，土层深厚，土质疏松，盐碱含量低的沙壤土或壤土为宜，上茬以小麦、玉米、番茄、棉花为宜，忌胡麻和瓜类作物前茬。杂草多的地块，在播种前 7～10 天，每亩用 48％仲丁灵乳油 0.2 千克，加水 30 千克喷洒地表。

孜然芹目前的品种有新疆大粒和当地农民自留品种。以颜色暗绿、籽粒饱满、成熟度好的种子为宜。

5. 孜然芹在播种前种子怎样处理？

用 50～55℃的温水浸泡种子 15 分钟，并不停搅拌，除去浮出水面的秕粒和杂质，然后在常温下浸泡 8～12 小时，将沉底的种子捞出，晾干表面水分后用沙子拌匀后播种。

6. 孜然芹的播种方法有哪些？

孜然芹的播种方法有撒播、条播、穴播三种。

（1）撒播。在无风天，将种子人工均匀撒于地表，然后盖沙1厘米左右。

（2）条播。先把种子和沙子充分混匀，然后用播种机按行播种。

（3）穴播。种前5～7天铺好地膜，人工捅穴播种，播后穴孔盖沙。

7. 提高孜然芹产量的方法有哪些？

有套种和复种。主要有孜然芹套红花，孜然芹套甜菜，孜然芹套大茴香，有些地方孜然芹收获后可以复种饲草。

8. 孜然芹在生长期间怎样进行水肥管理？

出苗后2叶期灌头水，灌水要足量，以灌后2～3小时田间无积水为宜。开花盛期灌二水，灌水量较头水少，以灌后1～2小时田间无积水为宜。全生育期共灌2～3次水，避免久旱猛灌大水和雨前灌水，夏季高温时严禁大水漫灌和灌后长时间积水。以多水口、小地块、小水浅灌、早晚低温灌水为原则，切忌田间低洼积水和灌跑马水。

根据孜然芹长势，适当进行叶面追肥。在苗后花前，用植物动力2003（微量元素水溶肥料）1 000倍液或高美施（有机腐植酸液肥）750倍液等叶面肥的任何一种进行茎叶喷雾，促进植株生长健壮，增强抗逆性，连喷2～3次，每次间隔7～10天。若植株发黄，长势弱，也可以结合灌水，亩追施硝酸铵10～12千克。

9. 在孜然芹生长期间如何除草？

在孜然芹出苗显绿后，如果田间杂草多，要及时人工除草，一般全生育期要除两次草。结合除草，拔除全部黄苗、病苗、弱苗和生长稠密处的部分幼苗，促使孜然芹健株均匀分布，田间通风透光、个体发育良好，保证群体产量。以亩保苗30万～40万株较好。

10. 怎样防治孜然芹病虫害？

在多雨和排水不良时根系易腐烂，发现有根腐病出现时，每亩用80％多·福·锌可湿性粉剂0.05千克或70％甲基硫菌灵可湿性粉剂0.15千克兑水30千克进行茎叶喷雾，每次间隔7～10天喷1次，连喷2～3次。采收前7～10天禁止使用任何农药，整个生长季节严禁使用高毒剧毒农药。

11. 孜然如何采收加工？

在6月下旬至7月初，大部分枝叶发黄、茎秆转白、籽粒饱满、成熟良好时即早收获。收获时应分批进行，随熟随收，收获时人工连根拔起整个植株，抖净泥土，扎成小捆，然后集中拉运到晒场晾晒 1～3 天至七八成干时，即可打碾收获，扬筛干净入库、销售。

12. 孜然储藏时应注意哪些问题？

应置于阴凉干燥处储藏，忌雨淋，孜然淋雨易变色、霉烂。而中药材的变色现象除与药材成分有关还与外界环境息息相关。温度、湿度、日光、氧气等也是变色的重要影响因素。因此预防变色首先要将药材干燥。储藏过程中通过低温冷藏、避光储藏来保证药材色泽。

（十二）火麻仁

1. 火麻仁的来源及性味功效是什么？

火麻仁为桑科植物大麻的干燥成熟果实。火麻仁性平，味甘。归脾、胃、大肠经。具有镇静止痛、安神催眠、润肠通便的功效。另外，大麻茎皮纤维长而坚韧，可用于织麻布、纺线、制绳、编织渔网和造纸；大麻种子可榨油，含油量 30%，可作油漆、涂料等的原料，油渣可作饲料。

2. 大麻的主要产地有哪些？

大麻的适应性很强，在世界各地广为分布。美洲、亚洲、欧洲和非洲都有野生和栽培的大麻，但由于品种、土地、气候及海拔等因素的影响，各地的大麻在外形、用途和有效成分含量等方面都有所不同。我国各地限量栽培，主要分布在安徽、山东、河南、云南、新疆等地。

大麻植株形态

3. 大麻植株的主要形态特征是什么？

①大麻茎直立，表面有纵沟，密被短柔毛，皮层富纤维，基部木质化。②掌状叶互生或下部对生，全裂，裂片 3～11 枚，上面深绿色，有粗毛，下面密被灰白色毡毛。③花单性，雌雄异株。④瘦果卵圆形，长 4～5 毫米，质硬，灰褐色，有细网状纹，为宿存的黄褐色苞片所包

裹。花期5—6月，果期7—8月。

4. 大麻种植时，选地与整地要求是什么？

种大麻宜选注地和二注地。种大麻的土壤，要实行深耕，加深土层，并耕细耕匀，改善土壤理化性质，增强土壤蓄水保肥能力，使之利于大麻根系发育，促进株高茎粗增加，从而提高产量。种植大麻前茬宜选豆茬。秋季用液压耙耙2遍，用轻耙耙2遍；春季用铁轨耢子耢1遍，使土壤达到细、平、暄、碎。

5. 如何选取大麻的种子？

精选种子是培育早苗、齐苗、壮苗的一项有效措施。播种用的种子要经过风选和筛选，除去瘪籽、嫩籽、杂质，挑选饱满、千粒重高、大小均匀、色泽新鲜且发芽率高的种子作种，达到提高出苗率和苗全苗齐苗壮的要求。据调查，使用成熟不良或千粒重低的种子播种，发芽率降低20%～25%，出苗不齐，幼苗瘦弱，易感染病虫，且小麻率高。用隔年的陈种（种皮呈暗绿色）播种，发芽率大大降低，会造成严重缺苗断垄。一般来说，4月25日前后播种为宜，株与株之间5厘米，实现苗多、苗眼宽，起到增产增收之效。

6. 如何确定大麻的播种期？

大麻种子能在低温（1～3℃）条件下发芽，其幼苗又有忍耐短暂低温的能力，从各地大麻播种期看，由于气候、土壤、品种、轮作制度的不同，差异很大。①大麻播种期与栽培利用目的不同有关。采麻栽培时，一般适时早播；而采种栽培时，为使种子灌浆成熟阶段处在秋季冷凉的气候条件下，一般播种较晚。②播种期还要与当地收获时沤麻水温相合拍。大麻在5～10厘米土温上升到8～10℃以上时播种，从播种到出苗10～15天。在此种情况下，尽早播种，苗期时间长、根系扎得深，能起到培育壮苗的作用。苗壮又为快速生长打下基础，使麻株生长加快，麻田群体整齐，增加有效株数，提高出麻率和增加纤维产量。早播发育快，可适时早收，利用较温暖的水温沤麻，达到高产优质、经济效益高的效果。因此，大麻适时早播，既要注意到播种时的地温和快速生长期的气温（19～23℃），还要兼顾到沤麻时所要求的水温（20℃以上），只有三者很好结合，才能起到综合效果。

7. 大麻的播种方式有哪些？播种量是多少？

（1）播种方式。各地大麻播种方式有撒播、条播、点播三种。采种栽培常用点播，也有条播和撒播的。采麻栽培多用撒播与条播。纤维用大麻适于密植，在大面积栽培时应采用条播。条播有下籽均匀、播深一致、出苗整齐、便于田间管理等优点。机械条播的行距为 12.5～15.0 厘米，耧条播的行距一般为 13 厘米左右，株距均为 5～6 厘米。窄行机械条播行距为 7.5 厘米，试验表明，每公顷留苗 60 万株、120 万株时，窄行机械条播的产量比 15 厘米机械条播分别增产 21.2% 和 8.7%。

（2）播种量。我国各地大麻的播种量相差很大，每公顷播种量为 15～105 千克不等，随品种、栽培目的及播种方式不同而异。早熟品种比晚熟品种播量多、千粒重高的品种比低的品种播量多、采麻栽培比采种栽培播量多、宽幅条播比机械条播或耧播播量多。

8. 大麻种植后如何进行田间管理?

（1）间苗定苗。苗高 6～10 厘米时需间苗定苗，大麻间苗定苗是一项细致的工作，是麻田留足基本苗、保证密植高产的关键措施之一。一般间苗和定苗各一次，要求做到早间留匀、适时定苗，达到培育壮苗的要求。间苗宜在出苗后 10～15 天内进行，要求间弱去强留中间，拔除过密的堆秆和生长过高的苗及病弱苗，按预定密度的要求，留匀苗距，使之生长整齐一致。有的麻区间苗两次，第一次在出苗后 7～10 天进行，只做疏苗工作；第二次则在出苗后 10～15 天进行，拔高去弱留中间，苗高 14～20 厘米时进行定苗。采麻栽培的宜多留雄株，以提高纤维品质；采种栽培的可适当多留雌株，以增加麻籽产量。在定苗时，经验丰富的麻农可大致分辨出雌雄，即幼苗叶片尖窄，叶色淡绿，顶梢略尖的多为雄麻；反之，叶片较宽，叶色深绿，顶梢大而平的多是雌麻，"花麻（雄株）尖头，子麻（雌株）平顶"。

（2）中耕与蹲苗。中耕是苗期的重要管理措施，具有松土除草、散湿增温、促下控上，使幼苗主根深扎和较早较快地生长侧根的作用。麻田要早中耕、细中耕。一般中耕两次，除结合间定苗进行中耕外，在麻田封行前再进行一次中耕。麻田细中耕是我国麻农的传统经验。高肥密植而又底墒充足的麻田宜多中耕，并进行蹲苗。蹲苗的时期在幼苗后期至快速生长期到来之前。蹲苗可使幼苗根系深扎，控制旺苗长势，促进弱苗赶上壮苗，以提高麻田群体的整齐度，这样麻株群体在以后能均衡生长、减少弱株，这是高肥密植麻田增产的一项重要措施。其具体操作方法是：苗期阶段多中耕，雨后中耕松土；中耕深度由浅而深，始终保持表土疏松干燥，而下层保蓄一定水分；延迟灌头水和追肥，使之达到更好的蹲苗效果。但蹲苗要适度，只有在幼苗不严重受旱、不缺肥的情况下，才能起到良好作用。否则麻株受旱，出现"小老苗"，造成减产。

9. 大麻种植后如何施肥?

（1）各种营养元素对大麻纤维产量与品质的影响。大麻是一种需肥较多的作物，对氮、磷、钾三要素的要求：氮素多、钾次之、磷少。氮肥对大麻增产起主要作用，氮、磷或氮、钾肥配合施用比单施氮肥效果好，氮、磷、钾三要素配合施用增产效果更好。微量元素施用适当，对大麻的产量与品质也有促进作用。在泥炭土、黑土上施用硼肥、锰肥＋锌肥或硼＋锰＋锌等都有增加种子和茎秆纤维的作用。在泥炭土上施用铜肥有提高长纤维率的效果，施硼肥＋铜提高纤维产量效果显著。钠可部分代替钾，对提高纤维产量和品质有良好的作用。

（2）增施基肥、早施追肥。我国各地麻农多用有机肥作基肥，一般施有机肥30～40吨/亩，结合秋季深耕翻入底层，或在春耕时浅翻入土。大麻基肥一般要占总施肥量的70％～80％。各地还有在播种前于土壤表层施入豆饼、麻渣、腐熟粪水肥或化肥的习惯，使土壤全耕作层肥力充足，迟效肥与基肥结合既满足幼苗阶段对养分的需要，也能较好地保证快速生长期的养分供应。

（3）大麻追肥，一般宜早。以苗高25～30厘米、将进入快速生长期时，结合灌头水追肥为宜。这时追肥要比株高1米时追肥增产5％～15％。追施化肥量一般每公顷用尿素112.5～150.0千克。有的麻区还在灌二、三水时，对弱苗追偏肥。此外，有的麻区强调多施基肥而不施追肥，原因是避免化肥量少、撒施不匀，引起田间麻株相互竞长，造成生长不齐，小麻增多，出麻率降低等。因此，追肥要因地制宜，讲求实效。

10. 如何进行大麻的灌溉与排涝?

麻株生长到30厘米左右，进入快速生长。从进入快速生长到雄株开花，是大麻生长发育旺盛的快速生长期。研究表明，大麻快速生长期所耗水量占全生育期总耗水量的62.9％～69.8％，维持土壤水分为田间持水量的70％～80％，适于这一时期对水分的需要。大麻快速生长期时间短、生长量大、干物质积累多，消耗水分多，必须抓好灌溉。①北方麻区在大麻快速生长期，正值干旱少雨季节，灌溉与否对产量影响很大。据试验，灌水3～5次的比不灌水的增产19％～27％。②大麻开花期长，并进入皮层增厚时期，这时应适当控制土壤水分，有利纤维成熟。同时开花后落叶渐多，覆盖土面，保持土壤湿润。故此时一般不需灌水。但在采麻栽培及收获前4～5天要灌水1次，增加麻株含水量，便于镰割和缩短沤麻时间，提高纤维色泽和柔软度。采种栽培或雌、雄麻分期收获的地区，雌株种子成熟要比雄株种子成熟晚 30～40 天，在此期间应根据田间水分状况，适当灌水，使种子灌浆成熟好，提高种子产量。③后期生长阶段，麻株高大，无论采麻或采种栽培，均应在灌水前注意气候变化，防止灌水时或灌水后遇风倒伏。

11. 怎样对大麻进行选种与留种？

（1）选种。在大麻采收时选择籽粒饱满，无病虫害、无破伤的种子进行留种。

（2）留种。将挑选出来的大麻晾去部分水分，再集中储藏以备来年作种用。

12. 扒麻的方法是什么？

大麻先扒棵高色白的，再扒中间的，后扒矮棵色泽不好的。

13. 大麻主要病虫害及其防治措施有哪些？

在我国大麻产区，虫害较多、危害较重，病害较少、危害轻。大麻的病害主要有斑点病、霜霉病、白绢病；虫害主要有麻叶甲、大麻小象鼻虫、大麻天牛等。

（1）斑点病。①危害症状。主要危害叶片，呈轮廓不明的圆形或不规则的苍白斑点，逐渐扩大。②防治措施。避免过度密植；发病前喷 1∶1∶120 波尔多液。

（2）霜霉病。①危害症状。受害叶面产生不规则黄色斑点，背面有暗灰色的霉状物，叶片萎缩，严重时枯落。茎部染病产生轮廓不明显的病斑，有时茎秆弯曲。②防治措施。用 1∶1∶100 波尔多液喷雾，隔 7 天喷 1 次，连续 2～3 次。

（3）白绢病。①危害症状。感病茎部皮层逐渐变褐坏死，严重的皮层腐烂。茎秆受害后，影响水分和养分的吸收，以致植株生长不良，地上部叶片变小变黄，枝梢节间缩短，严重时枝叶凋萎，当病斑环茎一周后会导致全株枯死。②防治措施。发病初期喷洒 1∶1∶120 波尔多液。

（4）麻叶甲。俗称麻跳蚤或地蹦子、地狗子，为一种青铜绿色的甲虫。①危害症状。麻叶甲以成虫在土中 1.0～1.5 厘米处或麻叶、残草、植物残株及土壤裂缝处越冬。成虫啃食大麻叶片成许多小孔，影响麻株生长，也啃食花序和未成熟种子，以苗期危害严重。②防治措施。除用化学农药进行防治外，还可用八股根及山槐根叶 0.5 千克，加水 2.5 千克煮 1 小时的药液喷杀；实行轮作，清除田间杂草，可减轻危害。

（5）大麻小象鼻虫。①危害症状。此虫专食大麻，在安徽等地危害严重。成虫危害麻茎、麻鞘和腋芽，使麻株停止生长，从腋芽发杈，形成双头。幼虫蛀食麻茎，受伤处呈肿瘤状，遇大风易折断，影响纤维产量和品质。成虫为灰褐色的小型甲虫，呈卵圆形，口吻甚长，雄虫腹端稍圆形，初产时无色透明，近孵化变为暗紫色。幼虫乳白色，体弯呈新月形。老熟幼虫为黄白色。蛹乳白色，藏匿于圆形的土茧内。②防治措施。应掌握在成虫刚出土还未产卵之前进行药剂防治。

（6）大麻天牛。①危害症状。我国大麻产区均有发生，以华北和西北较多。被害麻株遇大风易折断，麻皮多呈断条，纤维减产，品质降低。成虫为暗褐色，圆柱形甲虫，胸部和肩上有两条白带；以幼虫越冬；6—7月变为成虫。幼虫钻入麻茎中蛀食，逐步向麻茎基部移动，虫口处有虫粪痕迹。②防治措施。烧掉麻根、麻秆。6月下旬药剂防治。

14. 大麻的采收期如何确定？

在7—8月收获纤维用大麻；9月前后收获种用大麻。收获标准：麻株中下部叶片脱落，茎叶呈黄白色，上部茎叶黄绿色或在雄花盛开、雌花结有小果时进行。大麻雌、雄株成熟不一致。雄株于开花末期成熟，雌株则要到主茎花序中部种子成熟时才达到成熟。雌、雄株成熟期相差30～40天。因此，大麻是适宜分期收获的。我国甘肃、河南、安徽、贵州、宁夏等麻区习惯于分期收获。第一次在雄株开花末期收割雄株，第二次在雌花主茎花序中部种子成熟时收割雌株。收获早晚对大麻纤维产量和品质有很大关系。试验表明，雄株开花期收获，纤维产量高、品质好；收获越晚，产量越高，但纤维粗硬，品质变劣；收获过早，则纤维不成熟，虽色白、柔软，但强度降低。

15. 怎样进行沤麻？

在装麻排时，麻排两头各订2根棒子。沤麻5～7天，注意观察和检查沤麻的程度。如果麻秆仍是绿皮，说明没沤好。沤麻结束后将其铺在地上，进行晾晒，每天翻动两遍，晾晒快、干燥效果好，干后捆起来。

16. 大麻如何进行采收及加工？

"麻根刈齐土，麻梢砍得嫩"，是各地麻农收割砍麻的标准。据调查，砍麻时麻茬留3厘米，每公顷少收纤维112.5千克，麻梢多削去7厘米，每公顷少收纤维37.5千克。因此，收割时应用镰刀贴地平割，随即打净麻叶，削去梢头，并按麻茎高矮粗细和成熟度分级束捆，准备沤麻。并做到当天收割、当天装筏下水沤麻。麻捆不宜露天暴晒，因麻秆晒干后沤麻，麻梢部的麻皮与麻骨不易分离，造成损失。采收后待茎秆水分降到18％以下时即可交售。

留籽田于秋季果实成熟时采收种子，除去杂质，晒干。

三、全草类药材

（一）薄荷

1. 薄荷的来源及性味功效是什么？

薄荷为唇形科植物薄荷的干燥地上部分。薄荷性凉，味辛，无毒。归肺、肝经。具有疏散风热、清利头目、利咽、透疹、疏肝行气的功效。用于风热感冒、风温初起、头痛、目赤、喉痹、口疮、风疹、麻疹、胸胁胀闷等症。

2. 薄荷有何形态特征？

薄荷为多年生草本。茎直立，高30～60厘米，上部被倒向微柔毛，下部仅沿棱被微柔毛，多分枝。叶片长圆状披针形、披针形、椭圆形或卵状披针形，长3～5厘米，宽0.8～3.0厘米，先端锐尖，基部楔形至近圆形，上面绿色，沿脉上密生余部疏生微柔毛，或除脉外余部近于无毛，上面淡绿色，通常沿脉上密生微柔毛；叶柄长2～10毫米，被微柔毛。轮伞花序腋生，轮廓球形，花时径约18毫米，具梗或无梗，被微柔毛；

薄荷植株形态

花梗纤细，长2.5毫米，被微柔毛或近于无毛。花萼管状钟形，长约2.5毫米，外被微柔毛及腺点，内面无毛。花冠淡紫，长4毫米，外面略被微柔毛，内面在喉部以下被微柔毛。雄蕊4枚，长约5毫米，均伸出花冠，花柱略超出雄蕊。花盘平顶。小坚果卵珠形，黄褐色，具小腺窝。

3. 薄荷对生长环境有什么要求?

薄荷喜阳光,需要长时间的光照。宜生长在海拔 300～1 000 米地区。薄荷不同生长期对水分要求不同,出蕾开花期对水分的需要量减少,收割时则以干旱天气为好。在薄荷栽培中以肥沃的沙壤土或冲积土为好,土壤 pH 6～7.5 为宜。

4. 薄荷有哪些品种?

现有 409 薄荷、68-7 薄荷、海香 1 号薄荷、73-8 薄荷、上海 39 号薄荷(亚洲 39)、阜油 1 号薄荷品系。

5. 薄荷种植地应该怎样处理?

薄荷属于多年生长作物,大面积种植一定要把地整平,便于旱季灌溉和雨季排水。早春深耕,耕深不低于 25 厘米,耕前每亩施用硫酸钾型复合肥 50～75 千克、12%过磷酸钙 100 千克,充分腐熟晾晒 7 天以上的农家肥 4 000～5 000 千克,木质素菌肥 150～200 千克(有条件的地方,农家肥与木质素菌肥均匀混合,在无直射光的环境条件下发酵 30 天后再施用),上述肥料均以撒施的方式施入。

6. 薄荷的繁殖方法有哪些?

薄荷繁殖方法有根茎繁殖、种子繁殖、扦插繁殖 3 种。

(1)根茎繁殖。因薄荷的再生能力较强,其地上茎叶收割后,又能抽生新的枝叶,并开花结实,所以生产上多采用根茎繁殖,在整好的地面上,按 25～33 厘米的行距开沟,播种沟深度为 5～7 厘米。一般秋播用白色根茎 50～70 千克/亩为宜,夏播以 150 千克/亩为宜。

(2)种子繁殖。每年 3—4 月把种子与少量干土或草木灰掺匀,播后浇水,2～3 周出苗。薄荷要适期播种,秋季播种比冬季播种好,更比春季播种好。

(3)扦插繁殖。山东地区一般在 5—6 月扦插繁殖,育苗床设在交通便利、排灌方便的沙壤土地块,耕细耙平后,整成宽 1.2 米的平畦,畦埂宽不低于 8 厘米,畦埂高 12 厘米。将健壮、无病虫害的地上茎枝切成长 10 厘米的插条,按行株距 7 厘米×3 厘米进行扦插育苗,保持土壤湿润。6 月下旬,薄荷苗高 10～15 厘米时,将野生及混杂的薄荷植株连根拔掉,按照株距 10～15 厘米进行疏苗、补苗。

7. 薄荷增产措施是什么?

进入 5 月薄荷植株进入旺盛生长期,可通过摘心的方法增加分枝数及叶片数，促进侧枝茎叶生长，弥补群体不足，增加产量。

8. 在薄荷种植过程中应怎样中耕除草？

为了保证薄荷产品质量及生长势，整个生长发育期间不提倡使用任何除草剂。进入3月，采取浅中耕的方式防除杂草，第一茬收获后再浅中耕一次。一般从栽植到收获共中耕2～3次。

9. 薄荷生长期间应怎样进行水肥管理？

薄荷生长发育前中期对水分需求较多，栽植后如遇天气干旱，间隔15天浇1次水，植株封垄后适量轻浇，防止植株茎叶徒长，出现倒伏及下部叶片脱落，产量降低。收割前20～25天停止浇水。

薄荷头茬收获前不宜施用过多的氮肥，否则植株生长过旺，茎秆细弱，生长中后期易出现倒伏。苗高10～15厘米时开沟追肥，一般每亩施用含氮量为46％的尿素8～10千克，中药型木质素菌肥40千克。植株封垄后，叶面喷施150倍生物发酵菌液，10天喷1次，连喷2～3次。

10. 薄荷的病虫害如何防治？

（1）病害。①锈病。危害叶片和茎，薄荷得病后，叶片黄枯反卷、萎缩而脱落，植株停止生长或全株死亡，导致严重减产。应加强田间管理，改善通风条件，可发病初期喷施三唑酮等。②斑枯病。叶片受侵害后，叶面上产生暗绿色斑点，危害严重时病斑周围的叶变黄，早期落叶。应及时拔除病株，集中烧毁，以减少田间菌源，也可在发病初期喷施甲基硫菌灵、多菌灵等。

（2）虫害。①小地老虎。结合整地作畦，每亩使用3％辛硫磷颗粒剂6.67～10千克。②造桥虫。多以物理防治措施为主，立夏至芒种，用黑光灯诱杀成虫，一般光源位置高出薄荷植株30～40厘米，也可利用成虫趋糖醋特性诱杀，每亩地设置1个糖醋液盒，放置高度高于薄荷植株，白天加盖，傍晚揭开。

11. 薄荷如何进行采收加工？

薄荷的采收期应掌握在植株生长最旺盛时或开花初期，含油量最高时采收，因各地气候条件的不同，植株生长发育也不同，采收期也有一定差异。

为保证薄荷的质量，药农有"五不割"的经验：油量不足不割；大风下雨不割；露水不干不割；阳光不足不割；地面潮湿不割。选晴天收割。在广州于11月栽种，第二年4—5月进入生长旺季，5—6月初蕾期时收割地上茎叶蒸馏原油，称"头刀薄荷"，此时气温高，湿度大，萌发苗生长快；10月进入初花至盛花期可再收割一次，称"二刀薄荷"，可作为药材。把收割的薄荷摊晒二天，注意翻晒，稍干后将其扎成小把，扎时茎要对齐，然后铡去叶下 3～5 厘米的无叶梗子，再晒干或阴干。亦可将薄荷茎叶晒至半干，放入蒸馏锅内蒸馏薄荷油，再精制成薄荷液。

12. 薄荷应如何储藏?

应在通风、干燥、避光处储藏。薄荷是含有挥发油的芳香性中药，应当与其他中药材分开储藏，并要放在温度较低的场所，有条件可设低温库储藏，并要防止日光照射及接触空气。

13. 薄荷有何质量标准?

薄荷为茎、叶、花的混合物，茎表面紫棕色或淡绿色，叶片皱缩卷曲，表面灰绿色，有茸毛，叶不得少于 30%，水分不得过 15.0%，总灰分不得过 11.0%，酸不溶性灰分不得过 3.0%，干燥品挥发油不得少于 0.80%，含薄荷脑（$C_{10}H_{20}O$）不得少于 0.20%。

（二）麻黄

1. 麻黄的来源及性味功效是什么?

麻黄为麻黄科麻黄属植物草麻黄、中麻黄、木贼麻黄的干燥草质茎。麻黄性温，味辛、微苦。归肺、膀胱经。具有发汗散寒、宣肺平喘、利水消肿的功效。用于风寒感冒、胸闷喘咳、风水浮肿等症。

麻黄根为麻黄科植物草麻黄或中麻黄的干燥根和根茎。麻黄根性平，味甘、涩。归心、肺经。具有固表止汗的功效。用于自汗、盗汗等症。

2. 中麻黄的形态特征是什么?

中麻黄为草本状灌木，高 20～40 厘米；木质茎短或呈匍匐状，小枝直伸或微曲，表面细纵槽纹常不明显，节间长 3～4 厘米，径约 2 毫米。叶 2 裂，裂片锐三角形，先端急尖。雄球花多成复穗状，常具总梗，雄蕊 7～8 枚；雌球花单生，在幼枝上顶生，在老枝上腋生，常在成熟过程中基部有梗抽出，使雌球花呈侧枝顶生状，卵圆形或矩圆状卵圆形。雌球花成熟时肉质红色，矩圆状卵圆形或近于圆球形，长约8毫米，径6~7毫米。种子通常2粒，包于苞片内，黑红色或、灰褐色，三角状卵圆形或宽卵圆形，长5~6毫米，径2.5~3.5毫米，表面具细皱纹，种脐明显，半圆形。

3. 栽培麻黄的土壤如何选择？

麻黄对土壤要求不严，在沙质土壤、沙土、壤土中均可生长，但以土层深厚、排水良好、富含养分的中性沙壤土最好，低洼地和排水不良的土则不宜栽种。在播前要深翻整地，深翻以40厘米为宜，达到深、细、平、实、匀。

中麻黄植株形态

育苗地：苗圃地应选在地势平坦，背风向阳处，土壤以结构疏松、通透性良好的沙壤土或黏壤土为宜，pH要低于7.5，一定要避开盐碱地。在播种的前一年秋天进行全面整地，耕翻时每亩施入2 500~5 000千克农家肥。

移栽地：选择地势平坦、具有良好的排灌条件的中性沙壤土作为移栽地块，移栽前按一定的行距开20厘米深的沟进行移栽。一般在春季或秋季移植，起苗时应注意避免伤根，做好分级、包装工作，在运送过程中注意保水。每亩定植1.0万~1.2万株，栽植行距为20~40厘米，栽植时按20~25厘米的株距摆好苗，覆土深浅以根茎部埋入土中2~3厘米为宜，保持根系舒展，然后浇水坐苗。

4. 麻黄栽培时应怎样选种？

选用良种，我国药用麻黄种类较多，其中中麻黄分布面积大，产量高，品质好，另外，草麻黄和木贼麻黄亦可种植。针对育苗移栽或无性繁殖，选取无病原体、健康的繁殖体作为材料进行处理。针对种子繁殖的麻黄，从无病株留种、调种，剔除病籽、虫籽、瘪籽，种子质量应符合相应麻黄种子二级以上指标要求。

5. 麻黄播种前如何处理种子？

种子可通过包衣、消毒、催芽等措施进行处理用于后续种植。种子消毒方法主要包括温汤浸种，药剂浸种如"浸种灵"，干热消毒、杀菌剂拌种，菌液浸种等。针对有育苗需要的麻黄，应提高育苗水平，培育壮苗，可使用营养土块、营养基、营养钵或穴盘等进行育苗。

6. 麻黄如何繁殖?

麻黄可种子直播,也可育苗移栽。

(1) 种子直播。一般在 4—5 月播种较好,若秋播需在封冻之前。播种时,按行距 10 厘米左右,开深 3~4 厘米、宽 8~10 厘米且沟底平的浅沟,一般每亩播种量 10~15 千克,播种前浇透底水,水渗后将种子均匀地撒入沟内,随后覆细沙 0.5~1.0 厘米。麻黄种子顶土能力很弱,覆土时必须均匀,出苗期要保持苗床湿润,浇水最好采用微喷,以确保麻黄适时出苗,实现全苗、齐苗、壮苗。

(2) 育苗移栽。一般在 3—8 月进行,最佳移栽时间为 4 月。秋季移栽应在雨季的 7 月底至 8 月下旬进行。移栽时要随栽随浇水,一般移栽的株行距为 25~30 厘米,密度为 6 000~8 000 株/亩。

7. 怎样对麻黄中耕除草?

应在杂草盘根前连续除草 3~5 次,以除净杂草,苗床中的麻黄幼苗很小,除草应做到除早、除勤,避免草荒,一年生育苗田拔草时应小心仔细,避免伤苗,并且一年生的幼苗不宜使用除草剂。

8. 种植麻黄在水肥管理时要注意什么?

麻黄在出苗前及幼苗初期应保持土壤湿润,定苗后土壤水分含量不宜过高,适当干旱有利于促根深扎。麻黄成株以后,遇严重干旱或追肥时土壤水分不足,应适时适量灌水,每年 3~5 次即可。麻黄采收田封冻水要灌在采收前,解冻水可推迟至再生年植株出苗萌发后灌溉。麻黄怕涝,雨季应注意及时松土和排水防涝,以减轻病害发生,避免和防止烂根死亡,改善品质,提高产量。

基肥一般施于秋季前作物收获后,每亩均匀撒施高温腐熟的农家肥 2 000~4 000 千克,磷酸二铵等复合肥 10~15 千克。

9. 如何提高麻黄产量?

对于不采收种子的麻黄田块,于麻黄现蕾后开花前,选晴天上午,将所有花枝剪去,并分批进行,可减少麻黄地上部养分消耗,促进养分向根部运输,可提高麻黄产量。

10. 麻黄的病虫害如何防治?

(1) 病害。麻黄容易发生立枯病,可以用 20% 或 50% 多菌灵可湿性粉剂 800

倍液进行喷施，每隔 7～10 天喷 1 次。

（2）虫害。①蚜虫。可用 5% 吡虫啉可湿性粉剂 1 000～1 500 倍液进行喷施，每隔 10～15 天喷 1 次。②蝼蛄、蛴螬等地下害虫。最好采用人工诱杀或捕杀，尽量避免使用剧毒农药，以免造成麻黄质量下降和土壤污染。

11. 麻黄如何采收加工？

移栽麻黄生长 2 年后，即可收获，9—10 月为麻黄碱积累高值期，此时麻黄产量和含碱量都维持在较高水平，此时收割对麻黄的再生影响也非常小。种子直播的麻黄，在第三年 10 月底至 11 月初收割为宜。收获后长出的再生株每 2 年轮采 1 次最佳。采收时应保留地面以上 3 厘米芦头。留茬过高，会造成麻黄产量降低；会损伤麻黄的根茎，降低麻黄品质，同时还会影响麻黄下一年的再生能力。采割的麻黄绿色草质茎应及时晒干或阴干，装袋，置于通风干燥处保存，以备销售。

12. 麻黄的运输储藏应注意哪些问题？

运输工具必须干燥、清洁、无污染、无异味，运输中应防雨、防潮、防暴晒、防污染。应在干燥、清洁、阴凉、通风的仓库储藏。

13. 麻黄及麻黄根有何质量标准？

药典规定，麻黄中含杂质不得过 5.0%，水分不得过 9.0%，总灰分不得过 10.0%，盐酸麻黄碱（$C_{10}H_{15}NO \cdot HCl$）和伪麻黄碱（$C_{10}H_{15}NO \cdot HCl$）不得少于 0.80%。

麻黄根中含水分不得过 10.0%，总灰分不得过 8.0%，浸出物不得少于 8.0%。

（三）蒲公英

1. 蒲公英的来源及性味功效如何？

蒲公英为菊科植物蒲公英、碱地蒲公英或同属数种植物的干燥全草。蒲公英性寒，味甘、苦。归肝、胃经。具有清热解毒、消肿散结、利尿通淋的功效。用于疔疮肿毒、乳痈、瘰疬、目赤、咽痛、肺痈、肠痈、湿热黄疸、热淋涩痛等症。

2. 蒲公英有何栽培价值?

蒲公英植物体中含有蒲公英醇、蒲公英素、胆碱、有机酸、菊糖等多种健康营养成分，有利尿、缓泻、退黄疸、利胆等功效。生蒲公英富含维生素 B_1、维生素 B_2、维生素 B_6、维生素 C、叶酸等维生素，含有铁、钙、镁、钾、铜等元素。可生吃、炒食、做汤，是药食兼用的植物。

3. 蒲公英的形态特征是什么?

蒲公英植株形态

蒲公英为多年生草本。叶倒卵状披针形、倒披针形或长圆状披针形，长 4～20 厘米，宽 1～5 厘米，先端钝或急尖，边缘有时具波状齿或羽状深裂，叶柄及主脉常带红紫色，疏被蛛丝状白色柔毛或几无毛。花葶 1 至数个，与叶等长或稍长，高10～25 厘米，上部紫红色，密被蛛丝状白色长柔毛；头状花序直径 30～40 毫米；总苞钟状，长 12～14 毫米，淡绿色；舌状花黄色，舌片长约 8 毫米，宽约 1.5 毫米，边缘花舌片背面具紫红色条纹，花药和柱头暗绿色。瘦果倒卵状披针形，暗褐色，长 4～5 毫米，宽 1.0～1.5 毫米，上部具小刺，下部具成行排列的小瘤，顶端有圆锥至圆柱形喙基，喙长 6～10 毫米，纤细。

4. 蒲公英对土壤有什么要求?

播种时要求土壤湿润，如土壤干旱，在播种前两天浇透水，春播最好进行地膜覆盖，夏播雨水充足，可不覆盖。蒲公英播种前，应先翻地作畦，畦宽80～90 厘米。在畦内开浅沟，沟距 12 厘米，沟宽 10 厘米。然后将种子播在沟内，播种后覆土，土厚 0.3～0.5 厘米。

5. 蒲公英的栽培方式有哪些?

蒲公英可以直播，也可以采取育苗的方式，一般野生种或植株较小的品种可采用直播的方式，而一些栽培种植株较大或种子价格较高、来源不足的可采用育苗的方式。

早熟栽培于早春表土 5 厘米深处地温达 1～2℃时，上年种植的蒲公英就开始萌发长出新芽。一般清明节前新芽露出地面，此时在土里的"白芽"部分长度已有 3～4 厘米。所以野生的蒲公英一般在 4 月 20 日前后即可上市，这时市场上很少有新鲜叶菜类蔬菜，蒲公英很受消费者欢迎。

蒲公英软化栽培可以降低苦味，使蒲公英更加脆嫩，提高商品性，为了达到软化栽培的目的，可在定植后分次栽培，即每次对小苗培壅约1厘米的细沙，待了叶长出沙面再行沙培，经2~3次后，叶子长出沙面5厘米时，即可连根挖出，经清理后上市。

6. 蒲公英中耕除草应注意什么？

当蒲公英刚刚显苗，此时正处在幼苗期间，在这一期间幼苗怕湿怕水。如遇连雨，便会出现根基部腐烂，这样会造成缺苗断垄，因此苗出齐后，不要再浇水，可进行浅锄，疏松表土，这样能够提高蒲公英的生长效率。

7. 蒲公英如何进行水肥管理？

蒲公英的抗逆性很强，稍加管理就会生长良好，应根据栽培季节与栽培方式及选用的品种进行具体的水肥管理。7月下旬，蒲公英就进入生长期中最关键的时期，这一时期蒲公英逐渐抽薹开花，代谢旺盛，耗水量大，可补充灌溉，忌大水漫灌。追肥时应氮、磷配合进行追肥，每亩可顺行间施入尿素4~5千克或硝酸铵5.0~7.5千克。

8. 蒲公英的病虫害如何防治？

大多数情况下，蒲公英不会出现病虫灾害，因为蒲公英在生长的过程中抗逆性比较强。如果出现蚜虫等病害，可以选用溴氰菊酯进行防治，这样第二年生长的蒲公英才会更加粗壮，产量也会更高。

9. 如何从野生蒲公英中获得种子？

蒲公英是多年生宿根性植物，二年生植株就能开花结籽，初夏为开花结籽期，每株开花数随生长年限而增多，有的单株开花数达20个以上，开花后经13~15天种子即成熟，花盘外壳由绿变为黄绿，种子由乳白色变成褐色时即可采收，切不要等到花盘开裂时再采收，否则种子易飞散失落损失较大，一般每个头状花序种子数都在100粒以上。大叶型蒲公英种子千粒重为2克左右，小叶型蒲公英种子千粒重为0.8~1.2克。

10. 如何采收蒲公英？

蒲公英的采收可分批采摘外层大叶供食，或用镰刀割取心叶以外的叶片食用，每隔 30 天割 1 次。采收时可用镰刀或小刀挑割，沿地表 1～2 厘米处平行下刀，保留地下根部，以长新芽。先挑大株收，留下中、小株继续生长。蒲公英整株割取后，根部受损流出白浆，10 天内不宜浇水，以防烂根。

蒲公英作中药材用时可在晚秋时节采挖带根的全草，去泥晒干以备药用。

11. 运输储藏蒲公英应注意哪些问题？

运输工具必须干燥、清洁、无污染、无异味，运输中应防雨、防潮、防暴晒、防污染。应在干燥、清洁、阴凉、通风的仓库储藏。

12. 蒲公英有何质量指标？

蒲公英根表面棕褐色，抽皱，根头有棕褐色或黄白色茸毛，叶皱缩破碎，绿褐色或暗灰绿色，花冠黄褐色或淡黄白色，有时可见长椭圆形瘦果，药典规定，蒲公英中含水分不得过 10.0％，浸出物不得少于 18％，按干燥品计，菊苣酸（$C_{22}H_{18}O_{12}$）不得少于 0.30％。

（四）肉苁蓉

1. 肉苁蓉的来源及性味功效是什么？

肉苁蓉为列当科植物肉苁蓉或管花肉苁蓉的干燥带鳞叶的肉质茎。肉苁蓉性温，味甘、咸。归肾、大肠经。具有补肾阳、益精血、润肠通便的功效。用于肾阳不足、精血亏虚、阳痿不孕、腰膝酸软、筋骨无力、肠燥便秘等症。

2. 肉苁蓉形态特征是什么？

肉苁蓉为高大草本，高 40～160 厘米，大部分地下生。茎不分枝，下部直径可达 5～10（～15）厘米，向上渐变细，直径 2～5 厘米。叶宽卵形或三角状卵形，长 0.5～1.5 厘米，宽 1～2 厘米，生于茎下部的较密，上部的较稀疏并变狭，披针形或狭披针形，长 2～4 厘米，宽 0.5～1.0 厘米，两面无毛。花序穗状，长 15～50 厘米，直径 4～7 厘米。花萼钟状，长 1.0～1.5 厘米，顶端 5 浅裂，裂片近圆形，长 2.5～4.0 毫米，宽 3～5 毫米。花冠筒状钟形，长 3～4 厘米，顶端 5 裂，裂片近半圆形，长 4～6 毫米，宽 0.6～1.0 厘米，淡黄白色或淡紫色。雄蕊 4 枚，花药长卵形，长 3.5～4.5 毫米，密被长柔毛，基部有骤尖头。蒴果卵球形，长 1.5～2.7 厘米，直径 1.3～1.4 厘米。种子椭圆形或近卵形，长

0.6～1.0毫米，外面网状，有光泽。

3. 肉苁蓉对生长条件有哪些要求?

肉苁蓉原产于荒漠、沙漠地区，喜干旱少雨气候，抗逆性强，逆境下分支能力强，耐干旱，专性寄生，适种于沙土与耐盐碱地区。

4. 肉苁蓉种子的生物学特性有哪些?

①种子细小，千粒重为 0.086～0.091 克。②休眠期长。③发芽率低。④萌发需要接受梭梭根系分泌物的刺激。⑤吸水性强。

5. 肉苁蓉生长发育不同时期的主要任务分别是什么?

（1）接种寄生期。促进肉苁蓉与梭梭根接触与寄生，提高肉苁蓉接种率与寄生成活率。

（2）肉质茎生长期。提高肉苁蓉产量和品质。

（3）孕蕾开花期。采用人工辅助授粉等技术，提高结实率。

肉苁蓉植株形态

（4）蒴果成熟期。提高肉苁蓉种子繁殖生产的产量和品质。

6. 肉苁蓉寄主梭梭育苗地及移栽地有什么要求?

（1）育苗地。要求背风向阳，水源方便，地势较高，平坦，土壤含盐量不超过 1%。播种前浅翻细耙，除去杂草，灌足底水。

（2）移栽地。要求地势平坦，土壤含盐量为 0.2%～0.3%，地下水位 3 米以上的沙土和轻壤土。移栽前每亩有机肥 1 000～2 000 千克，磷酸二铵 20～30 千克，移栽沟深度 40～60 厘米，行距 2～3 米，株距 1～2 米。

7. 梭梭的播种方式是什么?

人工培育梭梭林应选择阳光充足的沙土或荒漠地带进行，培育成活 1～2 年后才能选择健壮梭梭树进行肉苁蓉接种工作。秋后采收梭梭树种子，第二年春天进行播种，育苗，1～2 年后定植梭梭树，行株距为 0.5～1.5 米。

此外，还有春季 3 月上旬至 4 月上旬和秋季 10 月下旬至 11 月下旬两个时间段在荒漠地区背风坡底部、迎风坡中下部直接进行人工造林的培育方法。在沙漠进行人工培育梭梭树，工作难度比较大，梭梭树不易成活。

8. 肉苁蓉的繁殖方式是什么？

在未种植肉苁蓉的地方，须采用种子繁殖法，一般采用沟播和穴播。

（1）沟播。在梭梭林一侧用开沟机开挖接种沟，人工将肉苁蓉种子均匀地撒在沟内梭梭毛细根处进行接种。或采用在距梭梭一定距离处开挖播种沟之后直接撒种填土的接种方法。

（2）穴播。采用在距寄主一定距离处挖出适宜的坑，然后放入种子纸的方法进行接种；还可采用在距梭梭树主干一定距离处挖穴，然后将肉苁蓉种子直接撒播于穴底的接种方法。

9. 在梭梭树生长期间如何管理？

梭梭树扎根较深，抗旱能力极强，在一般情况下不需要人工补充水分就可以生存，但是在梭梭树生长的初期必须进行适当的水肥管理来提高存活率。灌水之后，在灌水一侧挖 40 厘米的坑，施入梭梭树生长所需肥料，然后再灌水 1 次，之后视生长情况决定是否进行二次施肥，若施肥，覆土后根据旱情决定是否灌水。

沙漠地区风大，梭梭树根部沙土易被风吹走，为了避免梭梭树根裸露造成树木死亡，应注意进行培土工作，在入冬时应通过培土，帮助梭梭树越冬。

10. 肉苁蓉生长期间如何管理？

肉苁蓉的生长好坏依赖于寄主植物梭梭树的生长状况，灌溉与梭梭树管理措施相同。在肉苁蓉开花授粉的时节，不可在田间及周围地块喷洒农药。一般在接种后，翌年会有少数接种的肉苁蓉生长出土，应及时培土，阻止肉苁蓉开花，保证肉苁蓉的品级。

11. 肉苁蓉的病虫害如何防治？

（1）病害。①梭梭根腐病。发病期用 1∶1∶200 波尔多液喷洒，或用 50% 多菌灵可湿性粉剂 1 000 倍液灌根。②梭梭锈病。发病期用 25% 三唑酮可湿性粉剂 4 000 倍液喷雾防治。③肉苁蓉根腐病。发病时，需注意控水，对发病株进行彻底的清理并进行土壤处理。

（2）虫害。①棕色鳃金龟幼虫。会在地下啃食新生小肉苁蓉，接种时沟内撒施3‰辛硫磷颗粒剂4～8千克/亩可有效防治。②蛀蝇幼虫。可用90％晶体敌百虫800倍液灌根或喷雾防治。

12. 肉苁蓉留种的关键环节有哪些?

肉苁蓉开花时，应进行人工授粉来提高肉苁蓉的结实率和种子质量，在收种期应选饱满健康的种子留种。一般于每年4—5月出土，出土后会在短时间内迅速开花。肉苁蓉花序为无限花序，开花时花序由下至上依次开放。而在生产中一般都会对肉苁蓉进行打顶处理来提高种子质量，肉苁蓉种子一般每年6月成熟，之后就可以展开采收工作。

13. 如何采收肉苁蓉?

一般接种后第三年开始采挖。一年可采挖两次，分别在春季3月下旬至4月下旬和秋季10—11月，在谷雨和白露前后，以花茎刚刚出土花朵还未开放为最佳采收时期。过时开花，中空柴性大，不宜作药材。初春，肉苁蓉吸收融化的冰雪水迅速生长，春季4—5月采挖的产量高，此时采挖出的肉苁蓉被称为"春苁蓉"。若在春天整个肉苁蓉植株还埋于地下不开花，直到深秋或初冬时所积累的营养物质更多，此时采挖出的肉苁蓉被称为"冬苁蓉"，其药用价值更高，但是产量低。

采挖时从距肉苁蓉植株30～50厘米处挖坑，不要伤及梭梭根系。挖到底部块状时，用手刨开肉苁蓉周围沙土充分暴露肉苁蓉植株群，保留10厘米的寄生盘瓣下整株。万万不可损伤块状吸盘，因为吸盘是个聚宝盆，每年可产生新的肉苁蓉。采收时应采大留小，切忌"大小一窝端"。采挖时必须用非金属（木制或塑料）工具从选定的肉苁蓉块状吸盘以上5～10厘米处水平切下，平茬后切口上第二年可长出多个肉苁蓉幼体，增加日后产量。采过肉苁蓉后可在坑内适量施入肥料，浇少量水或稀释后的抗旱保水剂、杀菌杀虫剂等，然后将原坑土回填整平。

计划秋季采收的去头埋藏，先找到未出土肉苁蓉的头部，从距地表20厘米以下处去头，割去花茎，消除顶端优势，抑制生殖生长，集中养分，促进营养生长，几年后单株明显增粗，产量可数倍增加，这是一种培育优质商品肉苁蓉的方法，生产上叫"憋粗"。

花茎抽出会抑制营养生长，采挖出的肉苁蓉若花序已形成应及时切去，否则开花后降低药用价值。采挖出的肉苁蓉应平放在光照充足、通风好的场地晾晒；也可半埋在干净的沙土中晒干，晾晒于干净的沙滩或房顶上。注意保持外形平直干净，较长的植株不应折断，否则会降低商品等级。切忌浸水、雨淋。当肉苁蓉由黄白变成肉质棕褐色时，即可包装进行出售。

14. 如何加工肉苁蓉？

春季采挖的肉苁蓉半埋在沙土中晒干，称为"甜大芸""淡大芸""甜苁蓉"。秋采者，因水分较多，不易干燥，阿拉善地区牧民多将其浸入盐湖中经盐渍后取出晒干，称为"咸大芸""盐苁蓉"。具体的几种加工方法如下：

（1）晾晒法。白天在沙地上摊晒，晚上收集成堆遮盖起来，防止昼夜温差大冻坏肉苁蓉，晒干后颜色好，质量高。

（2）盐渍法。将个大者投入盐湖中淹 1～3 年；或在地上挖 50 厘米×50 厘米×120 厘米的坑，用等大不漏水的塑料袋放入，在气温降到 0℃时，把肉苁蓉放入袋内，用当地未加工的土盐，配制成 40％的盐水腌制，第二年 3 月，取出晾干，为"咸大芸"。

（3）窖藏法。在冻土层的临界线以下挖坑，将新鲜肉苁蓉在天气冷凉之时埋入土中，第二年取出晒干。

15. 肉苁蓉的运输储藏应注意哪些问题？

运输工具必须干燥、清洁、无污染、无异味，运输中应防雨、防潮、防暴晒、防污染。应在干燥、清洁、阴凉、通风、无异味的专用仓库储藏。

16. 肉苁蓉有何质量标准？

（1）甜苁蓉。肉质茎呈圆柱状略扁，一端略细，微弯曲。表面赤褐或暗褐色，体表有多数鳞片覆瓦状排列。质坚硬或柔韧。断面棕褐色，有淡棕色斑点组成的斑状环纹。气微，味微甜。枯心不超过 10％，去净芦头，无干梢，虫蛀、霉变。

（2）盐苁蓉。肉质茎呈圆柱形扁长条形，表面黑褐色，有多数鳞片覆瓦状排列。表面带有盐霜。质柔软，断面黑色或黑绿色，有光泽。气微，味咸。枯心不超过 10％，无干梢、虫蛀、霉变。

甜苁蓉、盐苁蓉均以肉质条粗长，柔嫩滋润者为佳。

药典规定，肉苁蓉中含水分不得过 10.0％，总灰分不得过 8.0％。肉苁蓉中浸出物不得少于 35.0％，松果菊苷（$C_{35}H_{46}O_{20}$）和毛蕊花糖苷（$C_{29}H_{36}O_{15}$）的总量不得少于 0.30％；管花肉苁蓉中浸出物不得少于 25.0％，松果菊苷（$C_{35}H_{46}O_{20}$）和毛蕊花糖苷（$C_{29}H_{36}O_{15}$）的总量不得少于 1.5％。

（五）锁阳

1. 锁阳的来源及性味功效是什么？

锁阳为锁阳科肉质寄生草本植物锁阳的干燥肉质茎，多为野生。主产于甘肃、内蒙古、新疆，此外宁夏、青海等地亦有生产。锁阳性温，味甘。归肝、肾、大肠经。具有补肾阳、益精血、润肠通便的功效。用于肾阳不足、精血亏虚、腰膝痿软、阳痿滑精、肠燥便秘等症。

2. 锁阳的形态特征是什么？

锁阳为多年生肉质寄生草本。地下茎粗短，具有多数瘤突吸收根，茎圆柱形，暗紫红色，高 20～100 厘米，直径 3～6 厘米，大部分埋于沙中，基部粗壮，具鳞片状叶，鳞片状叶卵圆形、三角形或三角状卵形，长 0.5～1.0 厘米，宽不及 1 厘米，先端尖。

3. 锁阳对生长环境有何要求？

锁阳喜干旱少雨气候，具有耐旱的特性，适宜生长在年平均气温 0～10℃、年降水量 300毫米以下的条件下。常生于荒漠草原、草原化荒漠与荒漠地带。多在轻度盐渍化低地、湖盆边

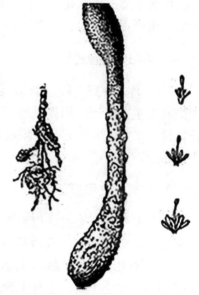

锁阳植株形态

缘、河流沿岸阶地、山前洪积、冲积扇的扇缘地生长，土壤为灰漠土、棕漠土、风沙土、盐土，常寄于蒺藜科植物白刺的根上。

4. 如何进行接种？

锁阳籽极小，显微镜下观察其形状似人体受精卵，千粒重仅为 0.2 克左右。一般于 4 月底至 5 月初或 9 月底至 10 月初，在栽培基地的旱塘上距植株 40～60厘米处挖宽 30 厘米、深 50～70 厘米的定植沟，按照每 10 米长的沟施入 10 千克腐熟有机肥的标准进行沟内施肥、覆土，覆土厚度为 10 厘米，然后将处理后锁阳种子按照 0.67 千克/亩的播种量掺沙撒播于沟内，填土灌溉，对定植成活的白刺幼苗进行接种。

5. 什么是锁阳虫?

因为锁阳种子被包裹得非常的严实,无法脱落,就无法繁衍。这时候锁阳根部会自然生出一种白色的虫子,也就是锁阳虫,它会吃掉锁阳内部的物质,将锁阳内部吃空,这样在顶端的种子就可以直接掉入锁阳的底部了。

6. 锁阳的虫害有哪些?

锁阳的虫害有烟草甲、药材甲、长角扁谷盗、咖啡豆象、米扁虫、赤拟谷盗等。虫害主要是依靠化学防治,通过施用超低浓度的马拉硫磷来进行幼虫的防治灭杀,也可用磷化铝、硫黄等熏杀。

7. 锁阳如何留种?

5—6月,在野生锁阳分布区,标记生长健壮、植株高大的锁阳植株,在其四周和寄主上喷洒或用麦麸或其他食物中混入有毒农药制成毒饵,使其健壮生长,进入7月,收集充分干燥成熟的锁阳果穗,在室内搓揉,经风选精选,得锁阳净种子,在4℃下冷藏备用。

8. 如何采收和加工锁阳?

春秋两季均可采挖,以春季为宜。3—5月,当锁阳刚刚出土或即将顶出沙土时采收,质量最好。采收后除去花序避免消耗养分,继续生长开花,折断成节,摆在沙滩上日晒,每天翻动1次,20天左右可以晒干。或半埋于沙中,连晒带沙烫,使之干燥。也有少数地区,趁鲜时切片晒干。秋季采收水分多,不易干燥,干后质较硬。

9. 锁阳的包装储藏要求是什么?

锁阳含淀粉,吸潮后易生霉、虫蛀,霉斑常出现在表面纵沟、凹陷及残存的鳞片处。因此,一般用麻袋包装,每件40千克左右。储藏期间,应控制库房温、湿度,定期检查,发现霉迹,及时晾晒。有条件的地方,将商品密封或在密封仓房内,抽氧充氮加以养护。

10. 锁阳有何质量标准?

药典规定,锁阳中含杂质不得过2.0%,水分不得过12.0%,总灰分不得过14.0%,醇溶性浸出物不得少于14.0%。

（六）淫羊藿

1. 淫羊藿的来源及性味功效是什么？

淫羊藿为小檗科植物淫羊藿、箭叶淫羊藿、柔毛淫羊藿和朝鲜淫羊藿等的干燥地上部分。主产于陕西、甘肃、辽宁、山西、湖北、四川、广西等地。淫羊藿性温，味辛、甘。归肝、肾经。具有补肾阳、强筋骨、祛风湿的功效。用于肾阳虚衰、阳痿遗精、筋骨痿软、风湿痹痛、麻木拘挛、绝经期眩晕等症。

2. 淫羊藿的形态特征是什么？

淫羊藿为多年生草本，高 30～40 厘米。花期 4—5 月，果期 5—6 月。三出复叶，小叶披针形至狭披针形，长 9～23 厘米，宽 1.8～4.5 厘米，先端渐尖或长渐尖，边缘具刺齿，侧生小叶基部的裂片偏斜，内边裂片小，圆形，外边裂片大，三角形，渐尖。下表面被绵毛或秃净。近革质，气微，味微苦。

淫羊藿植株形态

3. 淫羊藿栽培时应有怎样的环境？

淫羊藿是喜阴植物，常生于林下、沟边灌木丛中或山坡阴湿处，在海拔 800～1 500 米的适宜条件下均能生长，忌烈日直射，要求遮光度为 60% 左右，喜中性疏松土壤，以 pH 5.5～7.0、有机质含量丰富的沙壤土为佳。苗期郁闭度 0.6～0.7 为宜，三至四年生植株郁闭度 0.4～0.5 为宜。

4. 淫羊藿栽培时选地的标准是什么？

选择无污染，环境阴湿，土壤疏松透气、富含腐殖质、pH 中性或偏酸性，位于阴坡的阔叶林或针阔混交林进行种植。如用农地栽植，应选土层深厚、有机质含量高、排水良好、透水性强的沙质壤土，并种植遮阳作物或搭设荫棚。

林下栽植应根据地势情况，按行距 20～50 厘米、株距 10～20 厘米栽植，将栽植带或栽植穴内的杂草挖除，适当耕翻使土壤疏松。农地栽植将土壤翻耕耙细后按 1.2～1.5 米宽作成高畦待栽。

5. 淫羊藿繁殖方式有哪些?

淫羊藿有种子直播和根茎繁殖两种繁殖方式。

(1) 种子直播。有条播和撒播,应在 6 月中旬播种,而且淫羊藿种子寿命短,应及时播种。条播应在作好的畦面上,横畦开沟,行距 10～15 厘米,沟宽 5～6 厘米,沟深 3～4 厘米。播种量为每亩 2～4 千克,一般种子育苗生长 1 年便可移栽。

(2) 根茎繁殖。挖取地下根茎,将根茎有芽苞段切成 5～8 厘米,用生根剂处理后,进行栽种。一般株距 10～15 厘米,行距 20～30 厘米。移栽后浇水,盖厚约 5 厘米细土,压紧踩实。为了保证成活率,移栽后应保持土壤湿润,可以利用树叶、杂草或秸秆覆盖保湿。

6. 淫羊藿栽培中需要注意什么?

淫羊藿移栽后要遮阳,需用竹片搭建小拱棚,竹片长度 1.8～2.2 米,竹片间距离 1.5 米、高度 0.5 米左右,最后使用透光率为 20%～30% 的遮阳网覆盖遮阳。为防止风掀翻遮阳网,遮阳网与竹片应用细扎丝捆绑。

7. 淫羊藿种植松土除草的最佳次数为多少?

移栽至采收前人工除草 2～3 次。除草工作应掌握"宜早宜小"原则,在下雨后的晴天及时连根拔除杂草。

8. 栽培淫羊藿时的水肥管理如何进行?

整个生长期可视箭叶淫羊藿苗长势追施 1～2 次无机肥。苗高 5～10 厘米时进行第一次追肥,追施尿素 5～10 千克/亩＋氮磷钾复合肥 10～15 千克/亩;第二次追肥在苗高 15～20 厘米时,施用氮磷钾复合肥 20～25 千克/亩。根据叶片萎蔫情况,在 10:00 前或 17:00 后浇水 1 次。

9. 淫羊藿的病虫害如何防治?

(1) 病害。淫羊藿在栽培过程中,要注意防治叶斑病和锈病。①叶斑病。主要表现为叶片出现小斑点,后渐渐扩展变大,连成一些不规则的大斑点。其在苗期和成株期都可发生,以幼苗期发病严重,可用波尔多液、多菌灵等交替使用预防。②锈病。危害叶片和果实。发病初期出现褐色小点,后变成凸起的小斑,再后病斑可能会破裂,造成叶片枯死,果实变成僵果,可用 50% 三唑酮可湿性粉剂 1 000～1 500 倍药液进行防治。

（2）虫害。主要有金针虫、蝼蛄、蛴螬，可用麦麸或其他食物中混入有毒农药制成毒饵进行诱杀。

10. 淫羊藿如何采收处理？

种植 2 年后的淫羊藿便可采收，一般于 8—9 月的晴天采收，用镰刀割取地上部分，及时去掉鲜药材表面泥土或其他杂物。晒干或烘干，烘干时温度控制在 75℃，及时用防潮袋包装储藏。在连续采割 3～4 年后，应轮息 2～3 年以恢复种群活力。

11. 淫羊藿的运输储藏应注意哪些问题？

运输工具必须干燥、清洁、无污染、无异味，运输中应防雨、防潮、防暴晒、防污染。应在干燥、清洁、阴凉、通风的仓库储藏。

12. 淫羊藿有何质量标准？

药典规定淫羊藿中含水分不得过 8.0%，按干燥品计算，含宝藿苷 I（$C_{27}H_{30}O_{10}$）不得少于 0.030%，含朝藿定 A（$C_{39}H_{50}O_{20}$）、朝藿定 B（$C_{38}H_{48}O_{19}$）、朝藿定 C（$C_{39}H_{50}O_{19}$）和淫羊藿苷（$C_{33}H_{40}O_{15}$）的总量，朝鲜淫羊藿不得少于 0.40%，淫羊藿、柔毛淫羊藿、箭叶淫羊藿均不得少于 1.2%。

（七）益母草

1. 益母草的来源及性味功效是什么？

益母草为唇形科植物益母草的新鲜或干燥地上部分。益母草性微寒，味苦、辛。归肝、心包、膀胱经。具有活血调经、利尿消肿、清热解毒的功效，用于月经不调、痛经经闭、恶露不尽、水肿尿少、疮疡肿毒等症。

益母草又名茺蔚、云母草、益母蒿、益母艾、坤草等，其种子入药为茺蔚子。

2. 益母草的形态特征是什么？

益母草幼苗期无茎，基生叶圆心形，边缘 5～9 浅裂，每裂片有 2～3 钝齿。花前期茎呈方柱形，上部多分枝，四面凹下成纵沟，长 30～60 厘米，直径 0.2～0.5

厘米；表面青绿色；质鲜嫩，断面中部有髓。叶交互对生，有柄；叶片青绿色，质鲜嫩，揉之有汁；下部茎生叶掌状 3 裂，上部叶羽状深裂或浅裂成 3 片，裂片全缘或具少数锯齿。气味微苦。益母草干后茎表面灰绿色或黄绿色；体轻，质韧，断面中部有髓。叶片灰绿色，多皱缩、破碎，易脱落。轮伞花序腋生，小花淡紫色，花萼筒状，花冠二唇形。切段者长约 2 厘米。

益母草植株形态

3. 益母草对生长环境有什么要求？

益母草喜温暖湿润气候，海拔在 1 000 米以下的地区适宜栽培，对土壤要求不严，但以向阳，肥沃、排水良好的沙质壤土栽培为宜。在阳光充足的条件下生长良好，生长适温 22～30℃，15℃以下生长缓慢，0℃以下会受冻害，-3℃以下会冻伤，35℃以上的高温生长良好；潮湿排灌良好的沙质壤土有助于获取高产和高品质的产品。

4. 益母草的繁殖方式有哪些？

益母草分早熟益母草和冬性益母草，一般多采用种子直播繁殖，种子可于秋季从野外采集，干燥保存到翌年春分至芒种时节。育苗移栽者亦有，但产量较低，仅为直播的 60%，故多不采用。

5. 种植益母草如何选地整地？

播种前整地，要求耕层耙平整细。对土肥水和大气环境进行评估检测，选择符合国家无公害标准的地块种植。整地前施入基肥，每亩施堆肥或腐熟农家肥 1 500～2 000 千克作基肥，耙细整平。施足基肥对益母草后期生长很重要。施肥后耕翻，耙细整平。条播者整地作畦，畦高 20 厘米，设 40 厘米排水沟，穴播者可不整畦，但均要根据地势，因地制宜地开好大小排水沟。

6. 益母草如何播种？

选当年新鲜的、发芽率一般在 80% 以上的种子。播种分条播、穴播和撒播。穴播者一般每亩备种 400～450 克，条播者每亩备种 500～600 克。早熟益母草秋播、春播、夏播均可，冬性益母草必须秋播。北方多选用条播，一般按行距 33 厘米、穴距 20 厘米、深 3～5 厘米开浅穴播种，覆薄土。

7. 种植益母草如何进行田间管理？

苗高 5 厘米左右开始间苗，以后陆续进行 2～3 次，当苗高 15～20 厘米时定苗。条播者采取错株留苗，按行距 33 厘米、穴距 20 厘米定苗。间苗时发现缺苗，要及时移栽补植。

在第一次和第二次间苗后追施苗肥，共施尿素 15 千克/亩，配水稀释后浇施，促进幼苗生长。结合第三次间苗和中耕除草施用叶肥以促进长叶，施尿素 4 千克/亩，过磷酸钙 30 千克/亩，氯化钾 5 千克/亩，配水稀释后浇施，可分 2～3 次施用。当益母草长高至 35 厘米左右，叶片覆盖整个田块时，用尿素 3.5 千克/亩配水稀释后喷施，使叶片转嫩变绿，以提高益母草内总生物碱含量。

注意事项：一般中耕除草 3～4 次，分别在苗高 5 厘米、15 厘米、30 厘米左右时进行。中耕除草时，耕翻不要过深，以免伤根；幼苗期中耕，要保护好幼苗，防止被土块压迫，更不可碰伤苗茎；最后一次中耕在封垄前进行，要培土护根。一般地块施入足量基肥即可满足全生育期需要，出现脱肥情况时可随水冲施腐熟粪水肥 300～500 千克，稀释 500 倍后浇施或灌根。

8. 益母草的病虫害如何防治？

（1）根腐病。①危害症状。发病时，细根首先发生褐色干腐，并逐渐蔓延至粗根。根部横切，可见断面有明显褐色，后期根部腐烂，植株地上部分萎蔫枯死。②防治方法。发病期，喷 50％甲基硫菌灵可湿性粉剂 800 倍液，控制病害蔓延；或采用水旱轮作的耕作方法；在入冬前清园，收集病株残体，集中销毁；种植地翻耕 30 厘米深，越冬，达到冻死害虫的效果；及时开沟排水，降低田间湿度；增施磷、钾肥，促进植株生长，提高抗病能力。

（2）白粉病。①危害症状。属真菌感染，主要症状为叶两面产生白色的粉状斑，后期粉状斑上产生黑色小点，即病原菌的闭囊壳。②防治方法。发病期用 15％三唑酮可湿性粉剂 800 倍液喷雾。

（3）蚜虫。①危害症状。成虫和幼虫主要集中在益母草抽发的新叶及老叶上危害，此虫可使叶片皱缩、空洞、变黄，天气干旱时危害更严重。是危害益母草最严重的虫害，一般春、秋季发生。②防治方法。用 0.5％阿维菌素乳油 2 000 倍液喷雾一至二次，杀虫效果显著，收获前 20 天左右停止喷药。

9. 益母草及茺蔚子应何时采收？

益母草应在枝叶生长旺盛、每株开花达 2/3 时适时收获。在晴天露水干后，齐地割取地上部分。益母草收割后，及时晒干或烘干，在干燥过程中避免堆积和雨淋受潮，防止其发热或叶片变黄，影响质量。

茺蔚子则应待全株花谢，果实完全成熟后收获。鉴于果实成熟时易脱落，收割后应立即在田间脱粒，及时收集装袋，以免散失减产，也可在田间置彩条布，将割下的全草放在布上，进行拍打，使果实脱落，株粒分开，再分别晾晒。茺蔚子在田间初步脱粒后，将植株运至晒场放置 3～5 天后进一步干燥，再翻打脱粒，筛去叶片粗渣，晒干，净制即可。

10. 益母草及茺蔚子储藏方法是什么？

益母草应储藏于防潮、防压、干燥、避光处，以免受潮发霉变色和防止受压破碎造成损失，且储藏期不宜过长，过长易变色。茺蔚子应储藏在干燥阴凉处，防止受潮、虫蛀和鼠害。

11. 益母草有何质量标准？

药典规定，益母草中含水分不得过 13.0%，总灰分不得过 11.0%，水溶性浸出物不得少于 15.0%，盐酸益母草碱（$C_{14}H_{21}O_5N_3 \cdot HCl$）不得少于 0.050%。

四、花类药材

（一）红花

1. 红花的来源及性味功效是什么？

红花为菊科植物红花的干燥花。红花籽也可入药。红花性温，味辛。归心、肝经。具有活血通经、散瘀止痛的功效。用于经闭、痛经、恶露不行、胸痹心痛、瘀滞腹痛、胸胁刺痛、跌扑损伤、疮疡肿痛等症。

2. 红花的植株形态特征是什么？

红花为一年生或二年生草本植物，高 30～90 厘米。叶互生，卵形或卵状披针形，长 4～12 厘米，宽 1～3 厘米，先端渐尖，边缘具不规则锯齿，齿端有锐刺；几乎无柄，微抱茎。头状花序顶生，直径 3～4 厘米，总苞片多层，最外 2～3 层叶状，边缘具不等长锐齿，内面数

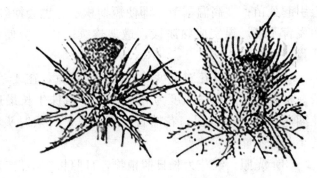

红花植株形态

层卵形，上部边缘有短刺；花为不带子房的管状花，长 1～2 厘米，两性，花冠筒细长，先端 5 裂，裂片呈狭条形，长 5～8 毫米；雄蕊 5 枚，花药聚合成筒状，初时黄色，渐变为橘红色。柱头长圆柱形，顶端微分叉。质柔软。瘦果白色，倒卵形，长约 5 毫米，具四棱，无冠毛。花期 5—7 月，果期 7—9 月。气微香，味微苦。

3. 红花的主要化学成分及作用是什么?

红花中含有红花苷和红花黄色素两种色素。红花黄色素含量较高,约占花重的 30%。红花中主要的药理成分为黄酮类的红花黄色素。红花黄色素为黄色或棕黄色粉末,易吸潮,吸潮时呈褐色,并结成块状。易溶于水、甲醇,微溶于乙醇,不溶于乙醚和石油醚,其水溶液极稀时为金黄色,较稀时为橙黄色,较浓时为橙红色,是一种很有价值的天然食用色素,具有色泽艳丽、耐高温、耐高压、耐低温、耐光、耐酸、耐还原和抗微生物等优点。红花黄色素是具有活血化瘀功效的有效成分,具有镇痛、抗炎、抗疲劳、耐缺氧、降压等药理作用。

4. 红花对生长环境有什么要求?

红花喜温暖、干燥气候,抗寒性强,耐贫瘠。抗旱怕涝,适宜在排水良好、中等肥沃的沙壤土地块上种植,以油沙土、紫色夹沙土最为适宜。种子容易萌发,5℃以上就可萌发,发芽适温为 15～25℃,发芽率为 80%左右。适应性较强,生活周期 120 天。

(1) 水分。红花根系较发达,能吸收土壤深层的水分,空气湿度过高、土壤湿度过大,会导致各种病害发生。苗期温度在 15℃以下时,田间短暂积水,不会引起死苗;在高温季节,即使短期积水,也会使红花死亡。开花期遇雨水,花粉发育不良。果实成熟阶段,遭遇连续阴雨,会使种子发芽,影响种子和油的产量。

(2) 温度。红花对温度的适应范围较宽,在 4～35℃的范围内均能萌发和生长。种子发芽的最适温度为 25～30℃,植株生长最适温度为 20～25℃,孕蕾开花期遇 10℃左右低温,花器官发育不良,严重时头状花序不能正常开放,开放的小花也不能结实。

(3) 光照。红花为长日照植物,日照长短不仅影响莲座期的长短,更重要的是影响其开花结实。充分的光照条件,使红花发育良好,籽粒充实饱满。

(4) 营养。红花在不同肥力的土壤上均可生长,合理施肥是获得高产的措施之一,土壤肥力充足,养分含量全面,获得的产量就高。

(5) 土壤。种植红花应选择地势平坦、土层深厚、灌排方便的沙壤土及轻黏土。切忌连作,前茬以小麦、马铃薯为宜,土壤 pH 7～8。由于红花的根系深达 2 米以上,故须深耕 25 厘米以上,并结合秋耕一次深施有机肥 1 500～2 000 千克/亩。整地以使地表平整,表土疏松,土块直径不超过 2 厘米。

5. 红花的播种方式是什么?

红花以条播为宜,一般播量为 0.13~0.16 千克/亩,播深 4~5 厘米,种植密度 1 300~1 500 株/亩。行距可采用 30 厘米等行距、45 厘米等行距,或 60 厘米×30 厘米宽窄行播种,株距 5~7 厘米。穴播按穴行距 10 厘米×25 厘米打穴,穴深 6 厘米,每穴播 5~6 粒,用种量 3~4 千克/亩,播后盖 3 厘米厚的细土并浇足水。播后 15 天左右出苗。

6. 红花的栽培技术有哪些?

(1) 选地、整地、施肥。红花耐盐碱能力较强,对土壤要求不严。选择地势平坦、土层深厚、排灌方便的沙壤土及轻黏土地块,前茬以豆科、禾本科作物为宜,忌连作。前茬收获后结合深翻地一次性施入优质农家肥 230.0 千克/亩、普通过磷酸钙 17.0 千克/亩,深翻 18~25 厘米,耙细整平。播种前结合整地耙糖 1 次,再作成长 10.0 米、宽 1.3 米的高畦,同时四周开好围沟,便于排水。

(2) 品种选择。选择生育期 130 天左右、株高适中、分枝多、花朵大、花色橘红、油润度较大、香味浓、品质优、抗病性强的中晚熟品种,如张掖无刺红花等。播种时选用粒大、饱满、色正的种子。

(3) 种子处理。为达到培育壮苗和防治病虫害的目的,精选种子,使种子的纯度、净度、发芽率均达到 90% 以上。在根部病害较多的地块,可用种子重量 0.3%~0.5% 的 50% 多菌灵可湿性粉剂拌种;在地下害虫较重的地块,可用常用的低毒杀虫剂拌种。

(4) 适时播种。当平均气温达 3℃ 或 5 厘米地温达 5℃ 以上时即可播种。播种前用 35~40℃ 的温水浸种 10 分钟,3—4 月土地解冻后条播或穴播。

(5) 中耕除草。红花全生育期一般中耕除草 2~3 次,第一次在出苗现行后进行,最后一次在伸长期进行,并结合开沟培土,开沟深度 15~20 厘米,以利于排水和防止倒伏。

(6) 间苗定苗。苗高 10 厘米时,去除过密苗。拔节前按株距 20~25 厘米定苗,缺苗处及时补苗。

(7) 追肥。红花除施足基肥外,应结合生长发育情况,合理追肥,获得丰产。一般有灌溉条件的中低等肥力土壤,在定苗后结合中耕除草,追施尿素 5~8 千克/亩,孕蕾期施尿素 6~8 千克/亩。无灌溉条件的旱地,可不施氮肥(也可在大雨前施尿素 5~6 千克/亩),给红花施用微量肥料,增产效果明显。一般从现蕾开始,每隔 7~10 天喷施 1 次,可选用磷酸二氢钾、有机钙肥、液体多元钾肥、硫酸钾、硫酸硼等微肥，共喷 3～4 次。

（8）排灌。红花耐旱怕涝，一般不需浇水，若幼苗期和现蕾期遇干旱应适当浇水。如遇雨水过多、气温较高，则应及时清沟排水，以减少病害的发生。

（9）打顶。当茎长 1 米左右、分枝达 20 枝时应及时进行打顶，以促进分枝。

7. 红花的病虫害如何防治？

（1）锈病。高温有利于锈病发生。孢子随风传播，以冬孢子及冬孢子堆在病残体上越冬，在春末夏初温度较高时易侵染叶面，引起叶片枯死。防治方法：用 50％三唑酮可湿性粉剂拌种，用量为种子量的 0.2％～0.4％；清洁田园，集中烧毁病残体；实行 2～3 年以上的轮作；发病初期及时用 15％三唑酮可湿性粉剂 500 倍液喷雾防治，7～10 天喷 1 次，连续 2～3 次。

（2）枯萎病。枯萎病也称根腐病，病菌主要危害根部，初发病期，根茎部呈现褐色斑点，茎基表面出现粉红色的黏质物，最终导致基部皮层及须根腐烂，引起植株死亡。发病轻者损失一至二成，发病重者可全田毁灭。防治方法：严格轮作倒茬，保持土壤排水良好；及时拔除病株烧毁，病穴用生石灰消毒；清除田间枯枝落叶及杂草，消灭越冬病原体；用 50％多菌灵可湿性粉剂 500～600 倍液灌根。

（3）红花长须蚜。又名"蛐虫"，发生时可喷药防治，一般抓住苗期、开花前。可选用 80％敌敌畏乳油 40～50 毫升/亩防治；也可用七星瓢虫进行生物防治。

（4）油菜潜叶蝇。油菜潜叶蝇又名豌豆潜叶蝇，在红花上发生普遍，危害较重。幼虫潜入红花叶片，吃食叶肉，形成弯曲的不规则的大小不一的虫道。危害严重时，虫道相通，叶肉大部分被破坏，以致叶片枯黄早落，影响产量。防治方法：5 月初喷施 90％晶体敌百虫 40～60 克/亩防治。

（5）地老虎、金针虫、蛴螬。在幼苗期造成植物地表部分出现伤口或咬断植株致整株死亡，有时甚至将幼苗成片吃光。可通过用药剂拌种和用药剂喷洒植株加以防治。

8. 如何采收加工红花及红花籽？

花头开放 3～4 天后，当小花由黄色变成橘红色时进行采收。开花期间，每天清晨露水未干时进行采摘，此时苞片刺软，花瓣不黏结，较为方便。

采后先在阳光下摊晒 1～2 小时，让水珠蒸发，再放通风处散开阴干。切忌在阳光下暴晒过久，导致红花色素分解而降低质量。干燥时，不能用手翻动，必要时可用木棒轻轻翻动。如遇阴雨天，可用微火烘干，产干品 30～50 千克/亩。

采花后 10～15 天种子成熟，选留生长健壮、无刺多分枝、花大抗病、产量较高和不易倒伏的植株留种，单收单藏。其余植株待茎叶枯萎时收割，可产种子80～100千克/亩。

9. 红花及红花籽的储藏方法有哪些？

红花采收后不能堆放，应及时干燥，并防潮防虫蛀。红花易生霉、变色、发生虫蛀，应储藏于阴凉干燥处，以温度28℃以下，空气相对湿度70%～75%为宜。商品安全水分10%～13%。若发现温度过高，宜及时翻垛通风，散热散潮。有条件的地方可用去湿机去潮或密封抽氧充氮养护。

红花籽必须储藏在低温、干燥环境下。红花籽在储藏前必须晒干，使籽粒的含水量降至8%以下。

10. 红花有何质量标准？

药典规定，红花中含杂质不得过2.0%，水分不得过13.0%，总灰分不得过15.0%，酸不溶性灰分不得过5.0%，水溶性浸出物不得少于30.0%；按干燥品计算，含羟基红花黄色素A（$C_{27}H_{32}O_{16}$）不得少于1.0%，含山柰酚（$C_{15}H_{10}O_6$）不得少于0.050%。

（二）西红花

1. 西红花的来源及性味功效是什么？

西红花为鸢尾科植物番红花的干燥柱头。西红花性温，味甘。归心、肝经。具有活血、化瘀、生新、镇痛、健胃、通经的功效。用于月经不调、经闭、产后瘀血腹痛以及忧思郁结等症。

2. 番红花对种植环境有什么要求？

种植番红花应选择向阳、光照充足，土质肥沃，排水良好，富含腐殖质的沙质中性土壤。深耕20厘米以上，整平耙细作畦，畦宽130厘米，沟宽30厘米，沟深15厘米；横竖沟配套，横沟深30厘米，适宜于冬季较温暖的地区种植。

3. 番红花的繁殖方法是什么？

番红花用球茎繁殖，分为种茎直播大田法和先室内开花后田间培育球茎法。选肥沃疏松、排水良好的土壤，施足基肥，然后作畦，在畦上开沟，沟深6～10

厘米，条栽。行、株距以球茎大小而定，25克以上球茎按 14 厘米×11 厘米，8～25 克球茎按 12 厘米×8 厘米，8 克以下按 10 厘米×5 厘米规格栽植，栽后覆土。种植过早影响开花，过迟则影响球茎增殖。

4. 番红花的栽培技术有哪些?

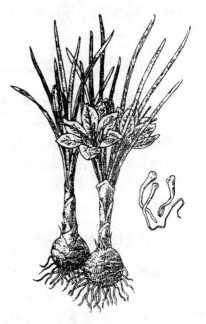

（1）播种期。一般 8 月下旬至 9 月上旬为播种适期，最迟不得晚于 9 月下旬。早下种，则球茎先发根、后发芽、早出苗，有利于植株生长健壮；迟下种，则先发芽、后发根、迟出苗，不利于植株生长。

（2）播种方法。在整好的畦上横向开沟，将球茎摆入沟内，主芽向上，轻压入土，上面覆盖 3 厘米左右火土灰，要让顶芽露出土面。

番红花植株形态

（3）种植密度。一级球茎以行距 14 厘米、株距 11 厘米、深 6 厘米为宜；二级球茎以行距 12 厘米、株距 8 厘米、深 6 厘米为宜；三级球茎以行距 10 厘米、株距 5 厘米、深 4 厘米为宜。

（4）中耕除草。1—3 月为番红花子球茎膨大盛期，应及时松土除草，防止土壤板结，促进球茎肥大。

（5）追肥。应于 1 月中旬进行第一次追肥，每亩施入腐熟的农家肥 2 000 千克；第二次追肥从 2 月下旬开始，每亩用 0.2% 磷酸二氢钾溶液 50 千克进行根外追肥，每 10 天追肥 1 次，连续 2～3 次，可促进球茎膨大。

（6）注意事项。忌连作，前茬以大豆、豌豆、扁豆、小麦等作物为宜；若遇久雨大水，则要及时疏沟排水，以防积水而造成球茎腐烂、叶片发黄，导致植株早枯。

5. 番红花的病虫害如何防治?

（1）锈病。①危害症状。叶片出现锈色斑点，影响观赏。②防治方法。选地势高燥的地块或高垄种植；种子用种子重量 0.4% 的 15% 三唑酮可湿性粉剂拌种；采花后注意清园，拾净残株病叶并烧毁；发病初期喷 15% 三唑酮可湿性粉剂 500 倍液 1～2 次；发病期喷 97% 敌锈钠可湿性粉剂 300～400 倍液，每隔 10 天喷 1 次，连喷 2～3 次即可；进行 2～3 年轮作，以防止土壤中的病原菌危害；

增施磷钾肥，促进植株健壮，提高抗病力。

（2）根腐病。①危害症状。由根腐病菌侵染，整个生育阶段均可发生，尤其是幼苗期、开花期发病严重。发病后植株萎蔫，呈浅黄色，最后死亡。②防治方法。发现病株要及时拔除烧掉，防止传染给周围植株。用50％甲基硫菌灵可湿性粉剂1 000倍液浇灌病株。

（3）褐斑病。①危害症状。是生长中、后期发生的主要病害，主要危害叶片，病初在叶部出现褪绿小点，以后病斑逐渐扩大，形成圆形或近圆形黄褐色斑，病部变薄，病斑外围有一黄色晕圈，中心部位颜色较轻。②防治方法。轮作，与其他作物轮作3年以上；消灭病残体，并进行深翻，减少初次侵染来源；选用抗病品种；发病初期喷洒80％代森锌可湿性粉剂500倍液或50％福·福锌可湿性粉剂500倍液，每隔10天喷1次，连喷2次。

（4）钻心虫。①危害症状。对花序危害极大，一旦有虫钻进花序中，花朵死亡，严重影响产量。②防治方法。在现蕾期应用20％氟苯虫酰胺悬浮剂1 000～2 000倍液叶面喷雾2～3次，把钻心虫杀死。

（5）地老虎。①危害症状。幼虫在三龄前昼夜危害，4龄后昼伏夜出危害根际，将幼苗近地面的茎基部咬断，造成严重缺苗、断垄。②防治方法。农业防治：早春清除田间及周围杂草，是防止地老虎成虫产卵的关键一环。诱杀防治：一是用黑光灯诱杀成虫，二是用糖醋液（糖6份、醋3份、白酒1份、水10份、90％晶体敌百虫1份调匀）诱杀成虫，三是用毒饵诱杀幼虫（生长期受害时采取的补救措施，把麦麸炒香，每亩用饵料4～5千克，加入90％晶体敌百虫的30倍水溶液150毫升左右，拌成毒饵）。化学防治：地老虎1～3龄幼虫期抗药性差，且暴露在植物或地面上，是药剂防治的适宜期，可用90％晶体敌百虫800倍液或50％辛硫磷乳油800倍液进行喷洒。

6. 西红花如何采收？

西红花在10月下旬至11月上旬开花，花期仅半个月左右，每朵花8：00—11：00开放，2～3天即枯萎。采收的最佳时期在花苞完全展开、花丝挺直伸出花瓣的当天中午，将花完整集中地采下，放于篮中。

7. 西红花的加工储藏方法有哪些？

西红花的加工有烘干、烤干、阴干、晒干等方法，其中以烘干商品质量最好，含西红花苷-Ⅰ含量高。西红花为名贵药材，价格高，储藏安全应放在首位，其次要求环境阴凉干燥，应密封保存。

8. 西红花有何质量标准？

西红花体轻，质松软，无油润光泽，干燥后质脆易断。气特异，微有刺激性，味微苦，以药材鲜红色、有光泽、不见黄点、花丝平直、粗细均匀、味香甜、无烟焦味及其他异味为优。以干燥失重法测定，减失重量不得过 12.0%；总灰分不得过 7.5%；醇溶性浸出物不得少于 55.0%；含西红花苷-Ⅰ（$C_{44}H_{64}O_{24}$）和西红花苷-Ⅱ（$C_{38}H_{54}O_{19}$）的总量不得少于 10.0%，含苦番红花素（$C_{16}H_{26}O_7$）不得少于 5.0%。

（三）金银花

1. 金银花的来源及性味功效是什么？

金银花为忍冬科植物忍冬的干燥花蕾或带初开的花。金银花性寒，味甘。归肺、心、胃经。具有清热解毒，疏散风热的功效。用于痈肿疔疮、喉痹、丹毒、热毒血痢、风热感冒、温病发热等症。忍冬的干燥茎枝也可入药，为忍冬藤。忍冬藤性寒，味甘。归肺、胃经。具有清热解毒、疏风通络的功效。用于温病发热、热毒血痢、痈肿疮疡、风湿热痹、关节红肿热痛等症。

2. 忍冬有哪些优良品种？

忍冬有大毛花、青毛花、长线花、小毛花、多蕊银花、多花银花、蛆头花、红条银花、线花、九丰 1 号、北花 1 号等优良品种。

忍冬植株形态

3. 忍冬的种植前景如何？

忍冬用途越来越广，由单一的药用逐步向茶叶、饮料、食品和日用化工产品等方面发展。金银花茶气味芬芳，饮后神清气爽。夏秋服用金银花茶，既能防暑降温、降脂减肥、养颜美容，又能清热解毒，是现代人保健养生和防病的佳品。近年来，金银花茶、金银花露、金银花晶、含有金银花的牙膏以及香烟、啤酒也都相继开发生产。

金银花新产品不但在国内市场畅销，在国外市场上也受到了普遍的欢迎。东南亚各国的华人，更是把金银花视为家庭必备之上品。许多人还把金银花看作是财富和吉祥的象征，把金银花作为馈赠亲朋好友的上等礼品。

金银花是治疗一些流行性疾病的首选，尤其对流行性感冒、禽流感等有很好的预防和治疗效果。

忍冬栽培管理技术简单，一次种植，数十年收获，除花入药外，忍冬藤也是常用的中药，因此，种植忍冬发展前景良好。

4. 忍冬有什么形态特征？

忍冬一年生嫩枝绿色，老枝棕褐色，截面呈不规则圆形，表面密被黄色细小茸毛。叶片对生，卵圆形，叶尖短尖，基部圆形、全缘，叶脉明显，呈网状。叶背叶面均着生茸毛。花蕾成对，从叶腋处长出，着生于一总花梗上。花针呈棒状，稍弯曲，黄白色，被茸毛。

5. 忍冬应怎样育苗和留种？

生产上常用扦插法，如有灌水条件，一年四季都可以扦插育苗，但一般多冬季、春季和伏雨季节扦插。生产上忍冬一般采用扦插技术留种。选一至二年生的健壮、无病虫害、花大、花期长、开花集中、充实的枝条留种。

6. 忍冬如何进行繁育？

（1）种子繁殖。于11月中下旬采摘成熟的果实，置于清水中搓揉，漂去种皮及杂质，捞出沉入水底的饱满种子，进行沙藏处理。至翌年春季气温回升后，种子裂口达30%左右时，开沟撒播，10天后可出苗，出苗率在70%以上。

（2）扦插繁殖。选择具有丰产性的生长健壮的忍冬作为采种田株，6—7月，在平整好的苗床上，选半木质化的当年生枝条，按沟距30厘米，沟深20厘米开沟，按株距5~10厘米直埋于沟内，或只松土不挖沟，将插条1/2~1/3插入孔内，压实按紧，该方法繁殖系数高，育苗易成活，种苗质量优。扦插后管理，根据土壤墒情，适时浇水，松土除草，冬春季扦插，一般先生根后发芽，幼苗发生病虫害时要及时防治。忍冬是多年生，多次现蕾开花的药用植物，应做到一次多施肥。

7. 忍冬的栽培技术有哪些？

（1）整地。九丰1号植株根系发达，水平根分布密集，山地川地均可栽植。山坡地可按等高线修筑水平台或鱼鳞坑，对土壤进行深翻，加厚活土层，提高苗木的抗旱能力。

（2）选株。选一至二年生健壮枝条，截成长 30 厘米左右的插条，保留3～4 个节位。

（3）定植。按行距 130 厘米，株距 100 厘米，宽深各 30～40 厘米挖穴。栽植时将表土回填于坑底部，苗木置于坑内，每坑 4～5 株，深度与原栽深度相同，填土踏实后浇定根水 1 次，待水下渗后培土即可。

（4）中耕除草。移栽成活后，一般每年进行 3～4 次中耕除草。第一次在新叶长出后，第二次在 6 月，第三次在 7—8 月，第四次在秋末冬初。中耕的时候为避免伤根，先从根系远处开始，忍冬植株根系周围宜浅。中耕除草的次数在 3 年后可适当减少。

（5）追肥。每年萌芽后以及采摘花蕾后，每亩追施复合肥 30 千克左右，开沟施入，施后覆土，土壤水分不足时应结合追肥适时灌水；秋末冬初霜冻前施腐熟的有机肥 1 000 千克左右，施后进行培土。

（6）灌溉排涝。雨季注意排涝，防止积水造成根系病害。萌芽期、花期在遇到干旱时需要及时浇水。

（7）整形修剪。忍冬移栽成活后的两年内需整形修剪培养主干，保留主干 30～40 厘米高度，将顶梢除去。早春萌芽后，选留在主干上 4～5 个生长粗壮且直立的枝条，作为主枝，分两层着生。冬季，需要保留从主枝上长出的一级分枝上的 5～6 对芽，上部的枝条除去；保留从一级分枝上长出的二级分枝中 6～7 对芽，上部除去；摘去二级分枝中长出的花枝中的钩状嫩梢。每年冬剪于霜降后至翌年春季发芽前进行，应剪除枯老枝、病虫枝、细弱枝等，保留健壮枝条和饱满芽。

8. 忍冬的病虫害如何防治？

（1）褐斑病。①危害症状。褐斑病是一种真菌病害，危害的部位是叶片。发病后，叶片上病斑呈圆形或受叶脉所限呈多角形，黄褐色，潮湿时背面生有灰色霉状物。7—8 月多雨季节发病严重。②防治方法。剪除病叶集中销毁，然后用 1∶1.5∶200 波尔多液喷雾，7～10 天喷 1 次，连续 2～3 次，加强水分管理，增施有机肥。

（2）白粉病。①危害症状。主要危害叶片，有时也危害茎和花。叶上病斑初为白色小点，后扩展为白色粉状斑，后期整片叶布满白粉层，严重时叶发黄变形甚至落叶；茎上病斑褐色，不规则形，上生有白粉；花扭曲，严重时脱落。②防治方法。清园处理病残株，发生期用 10% 小檗碱水剂 600～800 倍液或 15% 三唑酮可湿性粉剂2 000 倍液叶面喷施，或者用 50% 甲基硫菌灵可湿性粉剂1 000 倍液喷雾。

(3) 蚜虫。①危害症状。一般于 4—6 月发生严重。蚜虫主要危害叶片，群集于叶片的正面和背面，以背面居多。嫩叶受害更严重，造成叶片和花蕾卷曲，生长停止。蚜虫危害时能分泌蜜露，导致烟煤病的发生，既影响植株长势，又影响其观赏性。②防治方法。可用 3%除虫菊素乳油 800～1 200 倍液喷施，连续多次，直至杀灭。

(4) 棉铃虫。①危害症状。以幼虫危害忍冬的嫩叶，造成叶片缺刻，严重时将整片叶片吃光。②防治方法。在棉铃虫产卵盛期，结合根外追肥，喷洒1%～2%过磷酸钙浸出液，可减少落卵量；用黑光灯、高压汞灯、频振式杀虫灯进行诱蛾，诱集半径 80～160 米；使用生物农药如含孢量 100 亿/毫升的苏云金杆菌乳剂 300～400 倍液、每毫升1 000万多角体的核多角体病毒悬浮剂1 000～2 000倍液等喷雾；使用 1%甲氨基阿维菌素乳油 1 500 倍液、2.5%多杀霉素悬浮剂1 000倍液喷雾防治。

(5) 地下害虫。针对金龟子、蛴螬和蝼蛄等地下害虫，深翻土地，破坏其生存环境，不施用未腐熟的有机肥等；在土壤中接种白僵菌、金龟子绿僵菌等真菌，苏云金杆菌等细菌均可达到以菌治虫的目的。采用高效低毒化学药剂，如40%辛硫磷乳油1 500倍液灌根防治。

9. 金银花采收时间及采摘标准是什么？

金银花属无限花序，花蕾发育不一致，同一茬花一般需持续开 15 天左右，通过夏剪还可促使植株 1 年开 3～4 茬花。适时采摘花蕾是提高金银花产量和质量的关键。采摘期以花蕾上部膨大呈白色、下部呈青色（又称"二白针期"、白蕾前期，其花蕾上白下青）或全花变白（又称"大白针期"、白蕾期，其花蕾上下全白）为好，以未开放时产量、质量、绿原酸含量最高。采得过早，花蕾青绿嫩小；采得过晚则花蕾开放变黄，会引起干重减轻、品质下降。金银花多在 16：00—17：00 开放，采摘应选晴天上午露水干后进行，按先外后内、先下后上的顺序，分期分批将成熟未开花蕾从花序基部采下。同茬花一般分 3 批采完。最适宜的采摘标准是：花蕾由绿色变白，上白下绿，上部膨胀，尚未开放时采收。盛花器具要用竹篮、竹筐，保证透气通光，不可用尼龙袋等不透气的袋子盛花。采下的花蕾不可堆成大堆，应摊开放置。放置时间不能太长，最长不要超过 4 小时。采摘时要做到轻摘、轻握、轻放，不带幼蕾，不连枝带叶，不手压脚踏，不随意翻动，以提高产品质量。

10. 金银花干制方法有哪些？

(1) 传统干燥方法。有晾晒法、阴干法、自然循环烘烤法、人工烘房烘干。其中，人工烘房烘干是将新鲜的金银花置人工烘房内进行干燥，一般经12～24小时方可烘干。将采回的花蕾摊放在竹制烤盘内，厚3～4厘米。初烘时温度控制在30～35℃，并关闭门窗和排气孔。烘2小时后，将温度升至40℃左右，使鲜花逐渐排出水分。开始烘的5～10小时内，温度要达到45～50℃，维持10小时，使鲜花水分大部分排出。在此期间要打开天窗和排孔通风，每次开放5分钟，以排放水汽。烘烤期间不能翻动，也不可中途停烘，否则成品会变质变黑，影响销售。同时，要做好上、中、下层和前后烤盘的调换，间隔2～4小时调换1次，以便烘烤均匀。最后将温度升至55～60℃，使花迅速干透。当成品握之顶手、捏之有声、碾之即碎时，即达到干燥标准。

晾晒法是将采回的花蕾薄薄摊放在晒席上晾晒，厚度以3～4厘米为宜。以当天能晒干为好。当天晒不干的晚上搬至室内勿翻，翌日再晒至全干。晾晒时不可翻动，否则会引起花色变黑或烂花。晒干后压实，置干燥处封严。

（2）现代干燥技术。有烘箱干燥（50℃恒温）、水洗后烘干、杀青烘干、热风干燥、变温干燥技术、真空干燥技术、热泵干燥技术、微波干燥技术、远红外辐射干燥技术。其中，杀青烘干，采用了高温快速杀酶的原理，在烘干前用高温蒸汽处理3～5分钟，停止新鲜物料内部酶的作用，可以保证物料中活性成分的含量。金银花的杀青烘干工艺，也可先使用滚筒杀青机，在杀青机表面温度稳定于290℃时，加入金银花鲜品，杀青时间约为90秒，杀青后将鲜花铺于筛网上进行烘干。

（3）新型联用干燥技术。有热泵远红外联用技术、真空冷冻干燥技术、真空远红外辐射干燥技术、微波真空干燥技术。其中，真空冷冻干燥，是将新鲜物料首先在低温（-50～-10℃）下凝结成固态，有效抑制物料内部酶的活性，然后在真空（1.3～13帕）条件下使固态水分直接升华成气态，从而达到脱水干燥的目的。

11. 金银花采用人工烘房烘干时烘房如何建造？

烘房规模一般按每亩地建4～5米^{2}的标准确定。烘房长度随种植面积大小而定，宽3米，高2.5米设双排烤架，一门两窗，顶部设2～3个排气孔。烘干架顺房的长边一侧建造，宽0.8米，高2.5米，1米高处为最底层，向上每隔15厘米为1层，共10层。烘房内壁要求光洁和不透气。烘房内要有足够的火力，一般每2～3米^{2}应有1个火炉，并将火炉安置在走道内，火炉上安装排气筒，以避免或减少二氧化硫等有害气体污染金银花。

12. 金银花应怎样包装、储藏、运输?

（1）包装。出售前挑选除杂，是保证金银花品质，提高经济效益的最后一道工序。主要是拣出叶子、杂质、杂花。杂花即指黑条花、黄条花、开头花、炸肚花、煳头花、小青脐等。用簸箕扇出尘土，然后按要求分等级装箱，装箱时加防潮纸密封。在每件包装上，应注明品名、规格、产地、批号、包装日期、生产单位，并附有质量合格的标志。

（2）储藏。储藏的关键是充分干燥，密封保存。金银花药材易吸湿受潮，特别在夏秋季节，空气相对湿度大时，含水量达 10％以上就会发生霉变或虫蛀。适宜含水量为 5％左右。故储藏前应充分干燥，密封保存。较大量的先装入塑料袋内，再放入密封的纸箱内，少量可置于热坛中密封。产区药农常把晒干后的药材装入塑料袋中，把缸晒热，将袋装入缸内，埋于干燥的麦糠中，可储藏 1 年不受虫蛀，并能基本保持原品色泽。

（3）运输。运输工具或容器需具有较好的通气性，以保持干燥，并应有防潮措施，同时不应与其他有毒、有害、有异味的物质拼装，并防止挤压。

13. 退耕还林地是否能种忍冬?

退耕还林地能种忍冬，原因有以下几点。①忍冬的适应性很强，耐寒、耐旱、耐瘠薄、耐盐碱。②忍冬对土壤要求不严格，以土层较厚的沙质壤土为最佳。山坡、梯田、瘠薄的丘陵均可栽培，在 pH 5～8 的地块均能生长。③忍冬最适宜生长温度 20～30℃，－30～40℃的极端温度条件下也能均能正常生长。④忍冬对日照要求高，喜光。⑤在年降水 500 毫米以下的地区种植忍冬，必须在旱季根据干旱情况补充灌溉 2～3 次，否则影响生长及产量。⑥忍冬根系发达，生根力强，是一种很好的固土保水植物。

14. 金银花和忍冬藤有何质量标准?

药典规定，金银花中含水分不得过 12.0％，总灰分不得过 10.0％，酸不溶性灰分不得过 3.0％，含绿原酸（$C_{16}H_{18}O_9$）不得少于 1.5％，含酚酸类以绿原酸（$C_{16}H_{18}O_9$）、3,5-二-O-咖啡酰奎宁酸（$C_{25}H_{24}O_{12}$）和 4,5-二-O-咖啡酰奎宁酸（$C_{25}H_{24}O_{12}$）的总量不得少于 3.8％，含木犀草苷（$C_{21}H_{20}O_{11}$）不得少于 0.050％。忍冬藤秋冬二季采割，圆柱形，多分枝，表皮暗棕色或灰绿色，有残叶，含水分不得过 12.0％，总灰分不得过 4.0％，醇溶性浸出物不得少于 14.0％，绿原酸（$C_{16}H_{18}O_9$）不得少于 0.10％，马钱苷（$C_{17}H_{26}O_{10}$）不得少于 0.10%。

（四）款冬花

1. 款冬花的来源及性味功效是什么？

款冬花为菊科植物款冬的干燥花蕾。款冬花性温，味辛、微苦。归肺经。具有润肺下气、止咳化痰的功效。用于新久咳嗽、咳喘痰多、劳嗽咳血等症。

2. 款冬对生长环境有什么要求？

款冬喜凉爽潮湿环境，耐严寒，较耐荫蔽，忌高温干旱，宜栽培于海拔 1 800 米以上的山区半阴坡地。尽可能选择在半阴半阳、湿润、腐殖质含量丰富的微酸性壤土地块上栽培。在气温高、光照好的地方栽培，可与高秆粮食作物如玉米、高粱等进行间作。

3. 款冬的繁殖方式有哪些？

款冬有种子，但种子很小，随风传播，不易采收，发芽率极低，且繁殖很慢，生产上不用种子来人工栽培款冬。用地下根状茎作为繁殖材料，选生长健壮，病虫害少，花蕾大色正的款冬根茎，要求根茎色泽乳白、无病虫感染，直径 0.3～0.5 厘米的种茎，过粗的根茎木质化程度高，不易作播种用，选好的根茎截成长度 10～15 厘米，每节上有 2～3 个芽痕的种茎来播种。

款冬植株形态

4. 款冬的栽培技术有哪些？

（1）选地。选择半阴半阳、湿润；含腐殖质丰富的微酸性的沙质壤土；山涧、河堤、小溪旁均可种植。

（2）整地、施肥。栽培地选后，结合整地每亩施入堆肥或土杂肥 1 500 千克深翻、整细、耙平后作宽 1.3 米、高 20 厘米的畦，四周开好排水沟。

（3）间苗。4月底至5月初，待幼苗出齐后，看出苗情况适当间苗，留壮去弱，留大去小，按15厘米左右定苗。

（4）中耕除草。于4月上旬出苗展叶后，结合补苗，进行第一次中耕除草。应浅松土，避免伤根；第二次中耕除草在6—7月进行，此时苗叶已出齐，根系亦生长发育良好，中耕可适当加深；第三次中耕除草于9月上旬进行，田间应保持无杂草，可避免养分无谓消耗。

（5）追肥培土。生长后期要加强水肥管理，9月上旬，每亩追施火土灰或堆肥1 000千克；10月上旬，每亩再追施堆肥1 200千克与过磷酸钙15千克，于株旁开沟或挖穴施入，施后用畦沟土盖肥，并进行培土。

（6）灌水排水。春季干旱，连续浇水2～3次保证全苗，雨季到来之前做好排水准备，防止淹涝。款冬虽喜潮湿，但怕积水，所以在生长期内，应注意适当灌水和排水，使土壤经常保持湿润。

（7）剪叶通风。款冬在6—8月为盛叶期，叶片过于茂密，会造成通风透光不良而影响花芽分化和招致病虫害。因此要翻除重叠、枯黄和感染病害的叶片，每株只留3～4片心叶即可，以提高植株的抗病力，多产花蕾，增加产量。

5. 怎样防治款冬的褐斑病和枯叶病？

（1）褐斑病。采收后清洁田园，集中烧毁残株病叶；雨季及时疏沟排水，降低田间湿度；发病初期喷1：1：100波尔多液或65％代森锌可湿性粉剂500倍液，每7～10天1次，连喷2～3次。

（2）枯叶病。发现后及时剪除病叶，集中烧毁深埋；发病初期或发病前，喷施1：1：120波尔多液或65％代森锌可湿性粉剂500倍液，每7～10天1次，连喷2～3次。

6. 款冬花如何确定采收时间及方法？

款冬花的主要成分款冬酮、绿原酸、芦丁和异槲皮苷的含量在10月中下旬至11月中下旬达到峰值，即在寒露和立冬之间，地封冻前花蕾未出土时采收。采收时间宜迟不宜早。从形态上看，在花蕾苞片呈紫红色时采收。款冬花还可在早春采收花蕾，采收时间为2月中下旬至3月上中旬，此时土壤昼消夜冻，经过一个冬天，花蕾长得更大一些，可对秋季未及时采收的和花苞太小的进行采收，此时采花可提高产量，野生的早春采收，花大，易干，质量好。

7. 款冬花采收注意事项是什么？

采收时，挖出全部根茎，摘下花蕾，去净花梗和泥土（不能接触水），去掉泥土。采时从茎基上连花梗一起摘下花蕾，放入竹筐内，不能重压，不要水洗，否则花蕾干后变黑，影响质量。摘下的花蕾，放在筐中，切忌放在布袋塑料袋中，防止挤压和揉搓。若花蕾上有泥土，切勿用水洗或手摸揉搓，以免变黑影响质量。将摘完花蕾的老墩根茎再埋入地内，培土盖好，翌年春天可再收第二茬花蕾。

8. 款冬花应怎样加工及储藏？

把刚摘下的鲜花蕾，薄薄地摊在席上，置于通风处晾干，切勿堆码、暴晒和用手翻动，以免造成花蕾变色发黑或霉烂，影响质量。传统加工法是：不能清洗花蕾，为防止花蕾色泽不佳，直接将未清洗的花蕾倒入炕床烘烤至全干。而现代加工法是：将花蕾快速清洗至无泥渣后，放入炕床用无烟煤作燃料烘烤，前期温度不宜过高，待花蕾变软后再缓慢升温至26℃，同时用木棍来回翻动花蕾，保持均匀脱水，花蕾干至80％即可进行发汗，发汗结束时进行夜露，夜露后在紫外线较强时进行晾晒，边晒边用木棍翻动，待色泽转为红色，晒至全干即可入药用。烘干者颜色鲜艳，质量好，出干率也高。亩产干花蕾60～70千克。一般4千克鲜花蕾，可烘干成1千克干货。用塑料袋密封包装，置阴凉干燥通风避光处，忌重压。

9. 款冬花有何质量标准？

药典规定，款冬花呈长圆棒状，单生或2～3基部连生，紫红色或淡红色，表面密生白色絮状茸毛，气香，味微苦而辛。款冬花中含醇溶性浸出物不得少于20.0％，按干品计算款冬酮（$C_{23}H_{34}O_5$）不得少于0.070％。

（五）菊花

1. 菊花的来源及性味功效是什么？

菊花为菊科植物菊花的干燥头状花序。菊花性微寒，味甘、苦。归肺、肝经。具有散风清热、平肝明目的功效。用于风热感冒、头痛眩晕、目赤肿痛、眼目昏花等症。

2. 菊花的优良品种有哪些？

菊花有杭菊、亳菊、滁菊、贡菊、祁菊、怀菊等优良品种。

3. 菊花的繁殖方法有哪些?

（1）分根繁殖。待越冬种株发出新苗15～25厘米高时，选择阴天将其挖出，顺菊苗分开，选择粗壮和须根多的种苗，将过长的根及苗的顶端切掉，根保留6～7厘米长，地上部保留15厘米长，按穴距40厘米，行距30厘米开6～10厘米深的穴，每穴1株，栽后覆土压实并浇水，每亩栽5 500株左右。

（2）扦插育苗。选择春发嫩茎作为种茎，切上部10～15厘米长，去除下部叶片，上部留有4～6片叶子，按3厘米×5厘米的株行距插入土中，插后浇足水分。

菊花植株形态

4. 菊花育苗注意事项有哪些?

（1）选地、整地、施肥。育苗地应选择向阳地，于冬前12月深翻冻垡，施充分腐熟厩肥3 000～4 000千克/亩作基肥，深翻25厘米。育苗前，细耙整平，按宽1.5～1.8米、长4～10米作平畦。

（2）苗床管理。苗床上应搭建40厘米高的荫棚，一般晴天9：00—16：00遮阳，晚间和阴雨天应撤去。育苗期间要保持苗床土壤湿润，待插枝生根后拆去荫棚。

5. 菊花的移栽技术有哪些?

（1）选地、整地、施肥。移栽地应选择地势高，排水畅通，比较肥沃的壤土、沙壤土，移栽前每亩施入充分腐熟的厩肥2 000～3 000千克，加过磷酸钙20千克作基肥，耕翻20厘米深，耙平，作畦。

（2）中耕除草。移栽后10天左右宜浅松表土，每次大雨后适当进行一次浅中耕。

（3）合理追肥。移栽20天左右追第一次肥，以氮肥为主，用尿素和42％的复合肥各10千克/亩，施肥方法为穴施。在7月中旬打顶后，肥源以氮肥和有机肥为主，用尿素10千克/亩，选阴雨天撒施。9月中旬现蕾前，以磷、钾肥为主，用42％以上的复合肥20～25千克/亩。

（4）摘心（打顶）。菊苗摘心可促进菊苗分枝和菊枝间生长的平衡，防止倒伏。当新梢长到10～15厘米时摘心，兼顾新枝高度与全园平衡，使其下部枝芽均衡生长，花期整齐。生产上视长势一般分1～2次进行摘心，目前多数采用一次摘心，摘心在6—8月进行，使菊苗分枝数达120万枝/亩。摘心须在8月底结束。

6. 菊花怎样进行留种？

（1）选种。菊花收获时选择无病、无虫口、健壮的植株作为种株。

（2）保种。让选定的植株生长至12月中旬枯倒后，割去地上部分残枝，铺施2～3厘米的牛粪或猪粪即可越冬保苗。

7. 菊花的病虫害如何防治？

（1）病害。①斑枯病。发病初期，摘除病叶，交替喷施1∶1∶100波尔多液和50％甲基硫菌灵可湿性粉剂1 000倍液。选晴天，在露水干后喷药，每隔7～10天喷一次，连续喷3次以上。②枯萎病。拔除病株，在病穴中撒施生石灰粉或用50％多菌灵可湿性粉剂1 000倍液浇灌。③霜霉病。种苗用40％三乙膦酸铝水剂300～400倍液浸10分钟后栽培；发病期可用40％三乙膦酸铝水剂、50％甲霜灵可湿性粉剂、60％代森锌可湿性粉剂等防治。

（2）虫害。①蚜虫。蚜虫多在9月上旬至10月发生，2％以上叶、花蕾有蚜虫时为防治适期，视蚜虫发生情况，每隔7天防治1次，连续防治2～3次，一般用10％吡虫啉可湿性粉剂1 000～1 500倍液防治。②夜蛾类。夜蛾类主要有斜纹夜蛾、甜菜夜蛾、小菜蛾等，8月底开始危害，一般每隔7天防治1次，连防2～3次，可用15％甲氨基阿维菌素苯甲酸盐微乳剂1 500倍液防治。③蛴螬。用90％晶体敌百虫1 000倍液喷杀。④菊小长管蚜。必要时喷洒50％灭蚜松乳油1 000倍液，或20％氰戊·马拉松乳油1 500倍液或2.5％氯氟氰菊酯乳油2 000倍液等药剂防治。

8. 怎样判断菊花的采花标准和时间？

霜降至立冬为采收适期。一般以管状花（即花心）散开2/3、花瓣由黄转白而心略带黄时采收为宜。菊花宜在晴天露水干后或午后分批采收，这时采的花水分少、易干燥、色泽好、品质好。采下的鲜花切忌堆放，需及时干燥或薄摊于通风处，否则容易腐烂、变质。一般每亩产干品100～150千克。

9. 菊花怎样进行产地加工？

（1）阴干。适用于小面积生产，待花大部开放，选晴天，割下花枝，捆成小把，悬挂在通风处，经30～40天，待花干燥后摘下，装入网袋储存。

（2）生晒。将采收的带枝鲜花置架上阴干 1～2 个月，剪下花朵，每 100 千克喷清水 2～4 千克，使均匀湿润后，熏硫黄 8 小时左右，每 100 千克菊花用硫黄 2 千克，起到消毒及漂白作用。熏后稍晾晒即为成品。也可以采收后以鲜花熏硫黄、熏后日晒至干。

（3）烘干。适用于大面积集中采花，将鲜菊花置烤房竹帘上（或铺于烘筛置于火炕），厚度 3～5 厘米，在 60℃ 左右温度下烘烤，半干时翻动 1 次，九成干时取出略晒至全干即为成品。烘干方法干得快，质量好，出干率高，一般 5 千克鲜花能加工 1 千克干货。菊花亩产干品 100～150 千克。以花序完整、身干、颜色鲜艳、气味清香、无梗叶、无碎瓣、无霉变者为佳。

（4）蒸花晒干。加工步骤为上笼—蒸煮—晒干，方法简便，但技术性强，稍有疏忽，就会影响花的色泽或质量，降低等级，减少收入。将收获的鲜菊花置蒸笼内（铺厚度约 3 厘米）蒸 4～5 分钟，取出放竹帘上暴晒，勿翻动。晒 3 天后可翻 1 次，晒 6～7 天后，堆起返润 1～2 天，再晒 1～2 天，花心完全变硬即为全干，可为成品。加工后，花朵干燥，气清香，呈压扁的片状，朵大瓣阔而疏，色白微黄，花心深黄色，质柔润者为佳。

10. 菊花在包装储藏中应注意哪些问题？

包装材料为瓦楞纸盒，在包装上应注明品名、规格、产地、批号、包装日期。储藏过程中应置于室内干燥的地方，防止老鼠等动物的危害。菊花储藏应在干燥阴凉处，密封包装，防霉、防蛀、防压。

11. 菊花有何质量标准？

药典规定，菊花中含水分不得过 15.0%，本品按干燥品计算，含绿原酸（$C_{16}H_{18}O_9$）不得少于 0.20%，含木犀草苷（$C_{21}H_{20}O_{11}$）不得少于 0.080%，含 3,5-O-二咖啡酰基奎宁酸（$C_{25}H_{24}O_{12}$）不得少于 0.70%。

（六）玫瑰花

1. 玫瑰花的来源及性味功效是什么？

玫瑰花为蔷薇科植物玫瑰的干燥花蕾。玫瑰花性温，味甘，微苦。具有行气解郁、和血、止痛的功效。用于肝胃气痛、恶心呕吐、消化不良、泄泻、口舌糜破、吐血、噤口痢等症。

2. 玫瑰有哪些优良品种？

玫瑰品种有紫枝玫瑰、丰花玫瑰、重瓣红玫瑰、黄玫瑰、重瓣白玫、粉色玫瑰、北京白玫瑰、保加利亚白玫瑰、山刺玫、苏联香水玫瑰 1～4 号、西胡 1～3 号、平阴 1～4 号、平阴 11 号、平阴 12 号、繁花玫瑰、大红玫瑰、单瓣红玫瑰、刺果玫瑰、北京红玫瑰、保加利亚红玫瑰、苦水玫瑰等优良品种。

3. 玫瑰的繁殖方式有哪些？

（1）分株。分株繁育有 2 种方法，均在秋季落叶后或早春发芽前进行，不宜在生长季进行。一种是将玫瑰整个株丛挖出，依据其根系

玫瑰植株形态

生长情况，分成若干小株；另一种是只刨株丛附近的根蘗苗。

（2）埋根。埋根繁育是利用玫瑰分株或更新时挖出的根来育苗，埋根繁育在冬前或早春均可进行。

（3）嫁接。嫁接繁育是用蔷薇嫁接玫瑰获得成功的一种繁育方法。嫁接繁育出的玫瑰均比分株及埋根繁育的玫瑰产花量高 2～3 倍，是当前玫瑰育苗普遍使用的方法。嫁接时间主要在 7 月，发芽前与停长后也可进行。砧木采用扦插繁殖，按株距 10～15 厘米，行距 20～30 厘米扦插。嫁接以芽接为主，可采用"单开门""双开门"及"丁"字形等嫁接方法。接芽选择当年萌发的玫瑰枝条中上部的饱满接芽，嫁接时最好选在气温在 26℃以上的晴天。

（4）嫩枝扦插。嫩枝扦插最佳时间为 6、7 月。于通风处用竹竿草帘东西方向搭起高 1.5 米的遮阳棚，在棚下挖长 2 米、宽 1.5 米、深 0.4 米的苗床，再将苗床四周和底部用砖砌好，填充新鲜干锯末和细河沙，并充分拌匀、消毒。选择当年生半木质健壮营养枝顶梢，田间剪成 4～5 个节间长的扦插，成把放在盛清水的盆内，以防失水凋萎。将田间取回的插穗顶端留三片复叶，下部摘除叶片，并在第一腋节背侧削成斜面，然后进行扦插，插深 2～3 厘米，密度为 8 万～10 万株/亩。插前用 2%～3% 的高锰酸钾液消毒。插后苗床用拱形塑料膜覆盖，每天喷水 2～3 次。苗床内湿度保持在 70%～80%，空气相对湿度保持在 95% 左右，当苗床温度高于 30℃时，可增加喷水次数，并适当通风降温。

4. 玫瑰的移栽技术有哪些?

（1）选地整地。选择土层深厚，土壤结构疏松，地下水位低，排水良好，富含有机质的沙质土壤为宜，且忌选在黏重土壤或低洼积水的地方种植。施入堆肥，深翻，耙细整平，作成高畦，两边挖排水沟。

（2）土壤消毒。可采用喷雾、熏蒸、暴晒等方法。

（3）株行距。栽植行距一般以 2.0～2.2 厘米为宜，栽植沟可用农机倒向犁开沟，深度 20～30 厘米（视苗木大小而定），株距 0.5 厘米为宜，以保证其安全越冬。

（4）深度。有覆盖物，则种得浅一点，覆盖物恰好在接口下面；没有覆盖物则栽深一点，但接口必须在土壤上面，防止接口遇水后腐烂。

5. 玫瑰的肥水管理措施有哪些?

早春，当气温稳定在 3～5℃时，玫瑰花芽开始萌动，此时应施以氮肥为主，氮磷结合的速效肥料，如尿素、磷酸二氢钾等，每亩用量 10～15 千克。4 月中旬至 5 月下旬是玫瑰开花现蕾阶段，此间肥水不足，会直接影响鲜花产量和质量，使其花小瓣薄，含油率降低，并造成大量落蕾，此间应追施适量速效复合肥，每亩用量 15～20 千克。注意每次施肥若土壤干旱，应在施肥后浇一次透水。8 月中旬至 10 月中旬，枝叶逐渐停长，光合作用积累的营养物质大量向根部回流，此期应施有机肥，不可再施用速效氮肥，施入有机肥时可结合深翻进行，每亩用量 2 500～5 000 千克，然后进行一次冬灌。

6. 玫瑰的病虫害如何防治?

（1）黑斑病。①危害症状。主要危害叶面、花朵、新梢。初发时叶片上呈大小不等的黑斑，病斑角质层下有辐射壮褐色菌丝线和小黑点（分生孢子盘）。后扩大并呈黄褐色或暗紫色，最后变为灰褐色，严重时新梢枯死，整株下部叶片全部脱落，变为光秆状。②防治措施。冬季清除落叶枯枝，并喷施 5 波美度石硫合剂。发现病叶病枝要彻底剪除并集中烧毁，以减少侵染源。平时加强栽培管理，多施磷钾肥，提高植株抗病能力。在发病期尽量少喷水，必须在早上天气晴朗开始升温时进行，避免长时间浇湿叶面。发病初期喷施 50％多菌灵可湿性粉剂 1 000 倍液，或 50％代森铵水剂 1 000 倍液，或 70％甲基硫菌灵可湿性粉剂 1 000 倍液。

（2）白粉病。①危害症状。主要危害嫩梢、幼叶和花。染病部位出现白色粉状物。初期叶片上产生绿黄斑，以后叶背面出现白斑，并逐渐扩大成不规则状。

严重时白斑互相连接成片。嫩梢卷曲，皱缩。花蕾表面布满白粉，花朵畸形。叶柄及皮刺上白粉层较厚，很难剥离，引起植株落叶，花蕾枯僵而不能开放。②防治措施。秋冬清除病叶病蕾，早春剪除病芽、病枝、病叶，集中深埋或烧毁。改善栽培条件，增加通风透光，少施氮肥，多施磷钾肥。发芽前喷施 5 波美度石硫合剂；发病初期，喷施 25％三唑酮可湿性粉剂 1 500 倍液，或 70％甲基硫菌灵可湿性粉剂 1 000 倍液，或 15％三唑酮可湿性粉剂 1 000 倍液进行防治。

（3）枯枝病。①危害症状。主要危害玫瑰枝干，在枝干上出现溃疡病斑，初为红色小斑点，后扩大变深，中心呈褐色。后期病斑凹陷，纵向开裂，病部中心出现黑点，潮湿时涌现出黑色孢子堆。严重时病斑环割茎干，病部以下枝条萎缩枯死。②防治措施。秋冬季彻底剪除病枯枝集中烧毁。加强栽培管理，施足基肥。生长期可喷 0.13％尿素溶液，以增强植株长势。休眠期喷施 5 波美度石硫合剂；5—6 月喷施 25％多菌灵可湿性粉剂 600 倍液，或喷施 50％百菌清可湿性粉剂 500 倍液。

（4）金龟子、天牛、红蜘蛛等。一般在春季萌芽前喷施 5 波美度石硫合剂，消灭越冬病虫；4 月中旬用氰戊菊酯防治金龟子；5—6 月用 0.3 波美度石硫合剂或四螨嗪防治红蜘蛛；6—8 月甲基硫菌灵、三唑酮、多·福·锌交替使用对白粉病和锈病有较好防治效果。同时在春季或生长期及时剪除锈病危害的枝条，人工捉拿金龟子、天牛成虫等。

7. 玫瑰花期应注意什么？

玫瑰花期最忌干热风和土壤干旱，有水利条件的田块可进行一次蕾期灌水。在夏季开花期间要控制玫瑰的浇水量，保持土壤湿润，不宜积水，否则下部叶子就会黄落，雨季要及时排水。

8. 玫瑰怎样进行修剪？

玫瑰修剪可分为冬春修剪和花后修剪。冬春修剪，在玫瑰落叶后至发芽前进行，修剪以疏剪为主，每丛选留粗壮枝条 15～20 枝，空间大的可适当短剪，促发分枝，以保证鲜花产量。对于生长势弱、老枝多的玫瑰株丛要适当重剪，达到集中营养，促进萌发分枝、恢复长势的目的。花后修剪，在鲜花采收完毕后进行，主要用于生长旺盛、枝条密集的株丛，疏除密生枝、交叉枝、重叠枝，但要适当轻剪，否则会造成地上、地下生长平衡失调，引起不良后果。

9. 玫瑰花何时采收？

玫瑰花的不同开放程度和不同采收时间，直接影响着鲜花的产量和质量。根据玫瑰花的用途确定采花时间。药用玫瑰花（干花蕾）要在花蕾充分膨大、花瓣尚未开裂时采收；油用玫瑰应在半开呈杯状时采收。一般在 10：00 之前带露水采摘，否则随温度升高，导致全开放的花油分挥发，降低油质和出油率。蕾的采摘：以萼尖微张、蕾尖发红、含苞待放之前为最佳采收期。

10. 玫瑰花的干燥方法有哪些?

玫瑰花常用的干燥方法有真空冷冻干燥、热风干燥、微波干燥和微波真空干燥等。一般在避光、防潮、干燥处放置。①玫瑰花瓣的真空冷冻干燥能最大限度地保持玫瑰花瓣的颜色、形状和有效成分，获得高品质的制品，是较理想的干燥方法。但是真空冷冻干燥耗能大，生产周期长，一次性投资大，维修和维护费用高。②热风干燥存在热效率和能源利用率低、干制品质量差等问题。③微波干燥虽然热效率高、干制品质量较好，但是干燥过程难以控制，易导致过热损害产品品质，出现烧焦、糊化和表面硬化的现象。④微波真空干燥玫瑰花瓣，可将微波干燥的快速高效性和真空干燥的低温干燥相结合，在真空条件下利用微波对物料进行干燥加工，干燥过程中温度始终控制在 40℃ 左右，对干花颜色和形状的保持都有很好的效果。

11. 玫瑰花如何进行切花采收?

切花玫瑰采收时间在每天 7：30—10：30 和 16：30 以后均可。采花前必须将采花桶清洁干净后再加入保鲜液，置于采收棚中，以保证在采后 5 分钟内将切花插入保鲜液，并尽快将切花运至冷库预冷，冷库温度（5±1）℃。

采收标准必须根据切花品种、进入市场、运输距离与时间等决定。萼片略有松散，花瓣顶部紧抱，适宜长途运输与储藏；花萼松散，适合远距离运输；花瓣伸出萼片，可以兼做远距离和近距离运输；外层花瓣开始松散，适合于近距离运输和就近批发出售。另外，根据品种特性和采收季节，采收标准可以适当调整，夏季气温高时适当早采，冬季气温低时采收成熟度要大些。过早或过晚采收都会影响切花的品质。

12. 玫瑰花有何质量标准?

药典规定，玫瑰花为不规则团状或半球形，黄绿色或棕绿色，被有细柔毛，体轻质脆，气芳香浓郁，味微苦涩，含水分不得过 12.0%，总灰分不得过 7.0%，醇溶性浸出物不得少于 28.0%。

五、皮类药材

（一）杜仲

1. 杜仲的来源及性味功效是什么？

杜仲为杜仲科植物杜仲的干燥树皮。杜仲性温，味甘。归肝、肾经。具有补肝肾、强筋骨、安胎的功效。用于肝肾不足、腰膝酸痛、筋骨无力、头晕目眩、妊娠漏血、胎动不安等症。

2. 杜仲的生长习性是怎样的？

杜仲为喜光性植物。生长环境内光照时间的长短及光照强弱，对其生长发育影响较明显。杜仲对土壤的适应性较强，酸性土（红壤、黄壤、黄红壤、黄棕壤及酸性紫色土）、中性土、微碱性土（黏黑垆土、黄土、白土）和钙质土（石灰土、钙质紫色土）均适合杜仲生长。杜仲产区分布横跨中亚热带和北亚热带，主要属于我国东部温暖湿润的气候型。杜仲对气温的适应性较强。秋季幼芽及生长点的保护组织尚未形成以前，或在春季已萌发之后，易受早霜或晚霜危害。

杜仲植株形态

3. 杜仲可分为哪几类？

（1）根据树皮的形态特征分。可分为粗皮杜仲（青冈皮）和光皮杜仲（白杨皮）。①粗皮杜仲（青冈皮）。树皮幼年呈青灰色，不开裂，皮孔显著。成年后树皮为褐色，皮孔部分消失，开始发生裂纹，随年龄的增加，裂纹由下至上发生深裂，呈长条状或龟背状，不脱落，树皮外层（最新形成的木栓形成层以外死组织干皮部分）及内层（形成层以外包括整个生活的韧皮部）分明，外皮粗糙，类似栎类树皮，故称其为青冈皮。②光皮杜仲（白杨皮）。树皮幼年特征同粗皮类型，成年后树皮变为灰白色，皮孔部分消失。20 年后，除树干基部 1 米内渐次发生浅裂、较粗糙外，其余枝、干皮光滑，树皮内外层不明显，类似响叶杨树皮，故称其为白杨皮。

（2）根据叶片变异类型分。杜仲叶片形态主要有卵形和椭圆形，由于生态环境等的变化，叶片形态表现不稳定，往往同一单株上同时有两种叶片出现。因此，从叶片形态上划分杜仲类型实际意义不大。但从叶片其他特征看，明显存在一些变异类型，如长叶柄杜仲、小叶杜仲、紫红叶杜仲等。

（3）根据枝条变异类型分。可分为短枝（密叶）型杜仲和龙拐杜仲。前者叶片稠密，枝短性状明显，而后者则枝条的 Z 形十分明显，呈龙拐状，左右摆动角度达 23°～38°。

（4）根据果实变异类型分。不同产区或不同雌株之间的杜仲果实形态差异较大。根据在各地的调查结果，杜仲果实存在两个变异类型，即大果类型和小果类型。

4. 杜仲的繁殖方式有哪些？

（1）种子繁殖。杜仲种子属短命种子，在常温下只能储存半年，超过一年便丧失发芽能力。播种前选出饱满、成熟度好的种子。由于杜仲果皮含有胶质，阻碍水分的吸收，因此未处理的种子发芽率低。种子处理方法有 3 种。①层积法。将种子与干净湿沙混匀或分层叠放在木箱内。经过 15～20 天，种子开始露白后即可播种。②热水浸泡法。先用 60℃的热水浸种，不停搅拌到水冷却后，再用 20℃的温水浸泡 2～3 天，每天换水 2 次，待种子软化后，捞出晾干再播种。③浸泡层积法。先用清水浸泡 2～3 天，捞出，与湿沙混合堆放，覆盖塑料薄膜保湿，待种子露白后播种。一般以春播为主（也可在每年冬季 11—12 月播种），春季 2—3 月，月均温度达 10℃以上时播种，将已处理好的种子在苗圃地上按 20～25 厘米的行距条播，开沟深 2～4 厘米，种子均匀撒入后，覆盖 1～2 厘米的疏松肥沃细土。浇透水后盖一层稻草，保持土壤湿润，以利种子萌发。幼苗出土后，于阴天揭除盖草。每亩用种量 7～10 千克，可出苗 2 万～3 万株。

（2）扦插繁殖。选择当年新生、木质化程度较低的嫩枝作插穗，扦插前 5 天剪去顶芽，这样可使嫩枝生长得更加粗壮，扦插后也容易发根。插穗剪成 6～8 厘米长，每枝只保留 2～3 片叶，插入湿沙或珍珠岩等基质 3 厘米，插后每天浇水 2～3

次，经 15～40 天可长出新根，生根后幼苗应及时移入苗圃地，培育一年后定植。

（3）伤根萌芽繁殖。将十年生以上、长势良好的大树的根皮挖伤，覆土少许，在根皮伤口处便能萌生出新苗，一年后即可将其挖出移栽。

（4）压条繁殖。将杜仲下部萌发的幼嫩枝条埋入土中 7～13 厘米，树梢露出地面，枝条埋在地下部分便能萌发出新根，第二年挖出便可移栽。

（5）余根繁殖。苗木移栽时，从主根下端 2/5 处挖断，再将上面的泥土刨走，使断根的上端稍露出土面，随后平整苗床，余根上会抽出新苗。经过一年后可移栽定植。

5. 杜仲的栽培技术有哪些？

（1）整地。整地施肥，选择沙田或沙壤田，播前反复耕耙 2～3 遍。

（2）施肥。作成 1 米畦，掏沟 20～25 厘米深，沟内施圈肥或撒复合肥及菜饼，也可用腐熟粪水肥打底，覆土低于畦面 1.5～2.0 厘米。

（3）田间管理。杜仲幼苗不耐干旱，在苗出齐后于阴天将盖草移到行间，并保持土壤湿润。多雨季节要清理好排水沟，及时排除积水，以免土壤过湿，影响幼苗生长。除草要做到随生随除，保持苗圃无草。中耕 3～4 次，在幼苗长出 3～5 片真叶时按 6.6～8.5 厘米株距间苗、补苗，拔除弱苗、病苗。间苗后应及时追肥，4—8 月为杜仲追肥期，每次每亩用充分腐熟粪水肥 1 000 千克、硫酸铵或尿素 5～10 千克，加水稀释后施入，每隔 1 个月追肥 1 次。立秋后最后一次追施草木灰或磷肥、钾肥各 5 千克，以利幼苗生长和越冬。

定植当年要经常浇水，保持土壤湿润，每年春、夏季中耕除草 1 次，将杂草晒干后埋于根际附近作肥料。为获得通直的主干，对定植一年生的苗，弯曲不直的可于春季萌动前 15 天将主干剪去平茬。平茬部位在离地面 2～4 厘米处，平茬后剪口处的萌条，除留一粗壮萌条外，其余除去。留下的萌条在生长过程中腋芽会萌发，必须抹去下部腋芽（苗高 1/3～1/2 处以下的腋芽）。结合除草，每亩每年追施厩肥 2 000 千克，另加过磷酸钙 20～30 千克、氮肥和钾肥各 10 千克，秋冬季节结合园地深翻施基肥，每亩施腐熟厩肥 2 000 千克。定植后 3～5 年的杜仲植株较小，林间可套种豆类、玉米或其他矮秆作物或药用植物，既充分利用土地和空间，又能增加土壤肥力，有利于田间管理。以后随着植株逐渐长大，就不宜套种。每年冬季修剪侧枝与根部的幼嫩枝条，使主干粗壮。

6. 怎样防治杜仲病虫害？

杜仲在苗期易发生立枯病，在幼苗出土后 30 天内，用 0.50% 等量式波尔多液每 10 天喷洒 1 次，30 天后用 1.0％等量式波尔多液每 15 天喷洒 1 次，2～3 次即可。地下水位高或排水不良的林地，杜仲易发生根腐病，导致整株死亡，因此要加强排水。同时挖出病株烧毁，对树穴用 5.0％福尔马林进行消毒，或用 70％甲基硫菌灵可湿性粉剂每株 100～150 克，施入树冠外围土壤中防治根腐病；猝倒病和叶枯病在发病初期用 65％代森锌可湿性粉剂 500～600 倍液喷雾。

杜仲虫害主要有刺蛾、地老虎、蝼蛄等。刺蛾蚕食叶片和蛀食树干，可选用灭幼脲等药剂防治；地老虎、蝼蛄等害虫用毒饵诱杀或用敌敌畏等药剂防治。

7. 杜仲越冬养护有何意义？

在杜仲树的越冬期间，进行科学养护，对培养树势、提高产量和经济效益有着十分重要的意义。

8. 怎样加工杜仲？

一般采用局部剥皮法。在清明和夏至间，选取生长 10 年以上的植株，按药材规格大小，剥下树皮，刮去粗皮，晒干入药。置通风干燥处保存。

9. 杜仲的应用价值有哪些？

（1）杜仲在医学方面的应用价值。其含有丰富的维生素以及人体所需的部分微量元素，药用价值非常大。它味甘、微辛，性温，不但可以降低血压，还可以利尿，缓解头晕、失眠等症状，对各种杆菌、球菌也有抑制作用。在中医方面常被用来作为补肝肾、强筋骨、益腰膝的一味药。

（2）杜仲在工业方面的应用价值。杜仲树皮、树叶和果实里都含有珊瑚糖苷及杜仲胶，杜仲胶是我国特有的资源。除此之外，杜仲种子也有应用价值，种子里含有大量油脂，可为工业所用。

（3）杜仲在园林方面的价值。杜仲树干比较挺直，直立性又很强，树冠紧凑，非常密集，遮阳面积大，树皮呈灰白色或灰褐色，叶子颜色又浓又绿，美观协调，为绿化和行道树提供了很好的资源。

10. 杜仲及杜仲叶有何质量标准？

药典规定，杜仲呈板片状或两边稍向内卷，外表面淡棕色或灰褐色，内表面暗紫色，光滑，断面有细密、银白色、富弹性的橡胶丝相连。气微，味稍苦。含醇溶性浸出物不得少于 11.0％，含松脂醇二葡萄糖苷（$C_{32}H_{42}O_{16}$）不得少于 0.10％。杜仲叶呈黄绿色或黄褐色，微有光泽，折断面有少量白色橡胶丝相连。含水分不得过 15.0%，醇溶性浸出物不得少于 16.0%，绿原酸（$C_{16}H_{18}O_9$）不得少于 0.080%。

（二）地骨皮

1. 地骨皮的来源及性味功效是什么？

地骨皮为茄科植物枸杞或宁夏枸杞的干燥根皮。地骨皮性寒，味甘。归肺、肝、肾经，具有凉血除蒸、清肺降火的功效。用于阴虚潮热、骨蒸盗汗、肺热咳嗽、咯血、衄血及内热消渴等症。

2. 地骨皮主产地有哪些？

主产于宁夏、甘肃、新疆、青海、内蒙古、河北、河南、山西、陕西等省份。

3. 地骨皮有什么性状？

地骨皮呈筒状或槽状，一般长 3～10 厘米，宽 0.5～1.5 厘米，厚 0.1～0.3 厘米。外表面灰黄色至棕黄色，粗糙，有不规则纵裂纹，易鳞片状剥落。表面黄白色至灰黄色，较平坦，有细纵纹。质脆，易折断，断面不平坦，外层黄棕色，内层灰白色。气微，味微甘而后苦。以块大、肉厚、无木心与杂质者为佳。

枸杞植株形态

4. 地骨皮常见的伪品有哪些？

市售商品经发现冒充或掺入地骨皮使用的有：香加皮（为萝藦科植物杠柳的干燥根皮）、大青根皮（为马鞭草科植物大青的干燥根皮）、荃皮（为木樨科植物毛叶探春的干燥根皮）、黑果根皮（为茄科枸杞同属植物黑果枸杞的干燥根皮）。而作为习用品充当地骨皮使用的同属植物有：北方枸杞、新疆枸杞和截萼枸杞。

5. 怎样刨制地骨皮？

在立春开冻时刨根取皮，这时质量好，容易剥皮，清明以后地骨皮质量较差。根皮剥下后晒干或趁鲜切碎晒干。

6. 地骨皮有何质量标准?

药典规定,地骨皮中含水分不得过 11.0%,总灰分不得过 11.0%,酸不溶性灰分不得过 3.0%,

(三)牡丹皮

1. 牡丹皮的来源及性味功效是什么?

牡丹皮为毛茛科植物牡丹的干燥根皮。牡丹皮性微寒,味苦、辛。归心、肝、肾经。具有清热凉血、活血化瘀的功效。用于热入营血、温毒发斑、吐血、夜热早凉、无汗骨蒸、经闭痛经、跌扑伤痛、痈肿疮毒等症。

2. 牡丹皮主产地有哪些?

牡丹皮是主产于安徽的道地药材,主要分布在陕西、山西、四川、重庆等地区。其中安徽省南陵县所产的牡丹皮数量多、品质优,被称为瑶丹皮;安徽省铜陵市凤凰山所产牡丹皮同样闻名全国,被称为凤丹皮。

3. 牡丹繁殖方法有哪些?

牡丹多采用种子繁殖法。选四至五年生无病虫害植株的种子作种。7月下旬至8月初,当果实表面呈蟹黄色时摘下,放室内阴凉潮湿地上,使种子在果壳内成熟,要经常翻动。待大部分果壳裂开,剥下种子,置湿沙或细土中层积堆放于阴凉处,或边采收边播种。每亩播种量 30~35 千克。

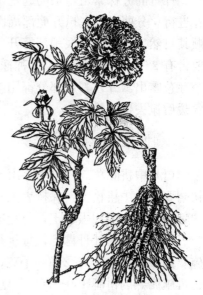

牡丹植株形态

(1)育苗。在立秋后至白露前下种育苗。取出层积的种子,或播前用 50℃ 温水浸种 24~30 小时,按行距 15~20 厘米开深 5~8 厘米浅沟,先在沟内施入适量腐熟粪水肥,然后均匀播入种子。覆土与畦面平,淋水,再铺盖一层枯草,防止水土流失,保温过冬。第二年开春解冻后,应揭去覆草,以利幼苗出土。幼苗生长期要经常拔草,松土保墒,3—5 月施腐熟粪水肥,或腐熟的饼肥 2~3

次，促进幼苗的生长。注意做好雨季排水和夏季的灌溉工作。

（2）移栽。一般于处暑至霜降前进行，但以寒露前后为好。栽前，将大苗、小苗分开，分别移栽，以免混栽植株生长不齐。栽植方法有两种：一种是"对花栽"，即每行对应植株并排移栽，适用于栽小苗；另一种是"破花栽"，即每行对应植株交错移栽，适用于根较长的大苗和老苗。按行距50厘米、株距40厘米挖穴，穴底上首高、下首低，由高渐低，切忌相反而导致"翘梢"。一般穴深15～20厘米、长20～25厘米，穴底先施入腐熟的菜籽饼肥，使其与底土混合，每穴栽两棵苗。下苗时要注意根朝下，顶芽朝上，根在土中不卷曲。栽后覆土盖草，有防冻、防旱、防水土流失等作用。每亩可栽5 000穴左右，约需种苗100千克。

4. 牡丹应如何分株繁殖？

牡丹的分株繁殖与根的起挖加工在同一季节进行，即在深秋落叶后到翌年早春进行。分蔸时，先扒开蔸部周围的土，将牡丹整蔸取出，轻轻抖落附土，用手顺其自然生长情况从根颈部劈开，一般可分出4～6个种株，要注意分出的种株要带有2～3条根；栽时，将种株平放在准备好的栽植窝内，只将植株顶端1～2个芽苞露出窝外，其余部分都用湿润的肥土掩埋按紧，栽后用秸秆覆盖保墒，等春暖后掀去覆盖物。

5. 牡丹如何栽培？

（1）中耕除草。牡丹萌芽出土和在生长期间，应经常松土除草，尤其是雨后初晴要及时中耕松土，保持表土不板结。中耕时，切忌伤及根部。入冬后对外露的牡丹根部，要加强培土，防止冻伤。

（2）施肥。牡丹喜肥，每年开春化冻、开花以后和入冬前各施肥一次，每亩施腐熟粪水肥1 500～2 000千克，或施腐熟的土杂肥、厩肥3 000～4 000千克，也可施腐熟的饼肥150～200千克，肥料可施在植株行间的浅沟中，施后盖上土，及时浇水。

（3）灌溉排水。牡丹育苗期和生长期遇干旱，可在早、晚进行沟灌，待水渗足后，应及时排除余水。灌溉时最好能掺施一些腐熟粪水肥，以增强抗旱力。对刚种植一年的苗地也可铺草防止水分蒸发。牡丹怕涝，积水时间过长易烂根，故雨季要做好排涝工作。

（4）亮根。4—5月，选择晴天，将移栽三至四年生的牡丹根际泥土扒开，亮出根蔸，接受光照2～3天，有促进根部生长的作用。

（5）摘蕾与修剪。为了促进牡丹根部的生长，提高产量，产区对一至二年生和不留种的植株花蕾全部摘除，以减少养分的消耗。采摘花蕾应选在晴天露水干后进行，以防伤口感染病害。秋末对生长细弱单茎的植株，从基部将茎剪去，翌年春即可发出 3～5 枚粗壮新枝，这样也能使牡丹枝壮根粗、提高产量。

6. 丹皮如何采挖？

秋季采挖根部，除去细根和泥沙，剥取根皮，晒干或刮去粗皮，除去木心，晒干。前者习称连丹皮，后者习称刮丹皮。采收时要根据栽培时间长短来定。时间长，扒土范围要大些，做到整蔸起挖，切勿挖断而影响质量。挖起后，用锋利的刀从蔸部将根削下，也可用手将根从蔸部扳下，切勿弄断。削下的根按长短、粗细扎成小把，放在阴凉潮湿处，24 小时内必须加工。丹皮以秋季落叶后至翌年早春出芽前采收最为适宜。

7. 连丹皮和刮丹皮有什么性状？

（1）连丹皮。呈圆筒状或半筒状，有纵剖开的裂缝，略内卷曲或张开，长5～20 厘米，直径 0.5～1.2 厘米，厚 0.1～0.4 厘米。外表面灰褐色或黄褐色，有多数横长皮孔样突起和细根痕，栓皮脱落处粉红色；内表面淡灰黄色或浅棕色，有明显的细纵纹，常见发亮的结晶。质硬而脆，易折断，断面较平坦，淡粉红色。粉性、气芳香味微苦而涩。

（2）刮丹皮。外表面有刮刀削痕，外表面红棕色或淡灰黄色，有时可见灰褐色斑点状残存外皮。

8. 如何加工丹皮？

（1）洗去丹皮上的污泥，按长短、粗细分开放置。

（2）用薄竹片刮去细皮。薄竹片勿削得太锋利，以免刮断或刮掉肉质。

（3）刮去细皮的丹皮，放在装有清水的桶里，水以淹没丹皮为宜。

（4）待丹皮在水中多半呈白色、少半呈淡红色时即从桶中捞出，稍微滤干立即放到火炕架上进行硫黄熏蒸。火力要旺，每 10 千克丹皮放硫黄 10 克。熏蒸时要密闭，以防硫黄烟逸出。经常翻动丹皮。10～15 分钟后就可从火炕架上取下，这时丹皮颜色已固定。注意：丹皮护色切勿用水煮，否则丹皮会失去药性。

（5）丹皮冷却后立即抽去木心。可将丹皮放在木凳上，用窄木板在上面轻轻一拍，就容易抽心了。拍击不能过重，否则丹皮易成细末而影响药材的等级。

（6）丹皮抽心后，立即烘干或晒干。然后用木箱或其他防潮、坚固的器具储存，出售。

9. 丹皮有何质量标准？

药典规定，本品按干燥品计算，水分不得过 13.0%，总灰分不得过 5.0%，醇溶性浸出物不得少于 15.0%，含丹皮酚（$C_9H_{10}O_3$）不得少于 1.2%。

（四）祖师麻

1. 祖师麻的来源及性味功效是什么？

祖师麻，又名祖司麻、走师麻，为瑞香科黄瑞香、唐古特瑞香（又名陕甘瑞香）、凹叶瑞香的根皮或茎皮。祖师麻性温，味辛、苦，小毒。具有祛风除湿、止痛散瘀的功效。用于风湿痹痛、四肢麻木、头痛、胃痛、跌打损伤等症。

2. 祖师麻的主要产地有哪些？

祖师麻来源有三种，分别为黄瑞香、唐古特瑞香或凹叶瑞香。黄瑞香生于海拔600～2 200米的灌丛或山地，分布于陕西、宁夏、甘肃、四川、青海等省份；唐古特瑞香生于海拔1 400～2 950米的山坡灌丛中，分布于四川、青海、陕西、甘肃、西藏、宁夏等省份；凹叶瑞香一般生长于海拔3 000～4 000米山地，分布于陕西、四川、云南、浙江、甘肃等省份。

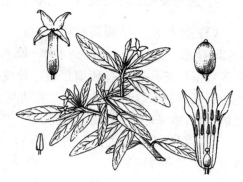

黄瑞香植株形态

3. 瑞香生长环境如何选择？

瑞香人工种植区域应当满足如下条件：经度低、海拔高、气候相对干旱、日照强度较强、昼夜温差较大，土壤类型多为黑钙土和栗钙土，还有少量的淋溶土，土壤的 pH 多大于 7。

4. 黄瑞香植物形态特征是什么？

黄瑞香为直立落叶小灌木，高达 50 厘米或较高，通体平滑无毛。根红黄色。小枝绿色或紫褐色。叶互生，常集生于小枝梢端；倒披针形，长 3～6 厘米，先端尖或钝，全缘，基部长楔形，下延成极短的柄，上面绿色。下面被粉白色霜。顶生头状花序，有花 3～8 朵，着生于光滑无毛的短梗上；无苞片；花被黄色，筒部长 6～8 毫米，裂片 4 枚，尖形，长约为筒长之半；雄蕊 8 枚，2 列，着生于花被管的近顶部；子房 1 室。浆果卵形，鲜红色。花期 6 月。果期 7 月。

5. 祖师麻的性状如何？

（1）黄瑞香。根皮呈不规则长条状，卷曲，长 8～70 厘米，宽 0.5～2.5 厘米，厚 0.1～0.3 厘米。外表褐黄色或浅棕黄色，有皱纹，具横向突起的皮孔，可见残留的须根痕。断面具茸毛状纤维。气特异，味微苦，有麻舌感。茎皮呈卷曲的筒状，长 10～55 厘米，宽 0.5～1.5 厘米，厚 0.5～1.5 毫米。外表呈灰褐色、灰棕色，较光滑，栓皮多呈环状脱落，脱落处呈黄白色。内表面浅黄色，具叶或小枝脱落的类圆形疤痕，有些残留幼枝。

（2）陕甘瑞香。根皮和茎皮性状与黄瑞香相似，没有明显区别。

（3）凹叶瑞香。本种与前 2 种的区别为：幼枝密被发黄或灰褐色刚伏毛，老枝无毛。叶片革质，长圆形至长圆状倒披针形，长 3～4.8 厘米，宽 0.5～1 厘米，先端钝，通常有凹缺，基部楔形，边缘反卷。头状花序顶生，具总苞。总花梗和花梗极短，被黄色刚伏毛；花被外面淡红紫色，内面白色，芳香，裂片白色或微红色，无毛。核果，熟时鲜红色，无果柄。

6. 现市售的祖师麻剂型有什么？

现市售的剂型主要有祖师麻片、祖师麻风湿膏、祖师麻关节止痛膏、祖师麻缓释微丸、祖师麻注射液等。

7. 祖师麻主要化学成分是什么？

祖师麻药材中主要含有香豆素类、木质素类、黄酮类化合物。此外，也含有萜类等多种化学成分。其抗炎镇痛功效成分为香豆素类成分，尤其是祖师麻甲素，既是祖师麻药材的有效成分也是其质量控制的指标性成分。

六、菌类药材

（一）茯苓

1. 茯苓的来源及性味功效是什么？

茯苓为多孔菌科真菌茯苓的干燥菌核。茯苓性平，味甘、淡。归心、肺、脾、肾经。具有利水渗湿、健脾宁心的功效。用于水肿尿少、痰饮眩悸、脾虚食少、便溏泄泻、心神不安、惊悸失眠等症。

2. 茯苓菌种栽培主要特点是什么？

茯苓菌种栽培主要特点是以人工分离培育的菌种替代传统肉引作种源，以松木段栽培为主，栽培场地选择海拔200～1 500米的缓坡山林地，以未经开垦的松林地为佳，栽培土壤要求透气沙土。

3. 茯苓的资源主要分布在哪里？

茯苓形态

茯苓适应能力强，野生资源分布广泛，以中国、日本、印度等一些亚洲国家分布较多，美洲及大洋洲也有分布。我国幅员辽阔、地形复杂、气候多变，在优越的自然条件下形成了丰富的茯苓种质资源。湖南、广西、湖北、福建、安徽、云南、四川、河南、广东、浙江、贵州、山西、陕西等10多个省份都有分布。我国是茯苓主产国，产量约占世界总产量的70%。目前的茯苓产品以人工栽培为主。传统茯苓产品以云南的"云苓"、安徽的"安苓"、福建的"闽苓"最为著名，湖北罗田、英山、麻城的"九资河茯苓"也较出名。

4. 茯苓的栽培方法有哪几种？

茯苓的栽培方法有茯苓纯菌种的培养、段木栽培、树蔸栽培。

5. 段木栽培的具体措施是什么？

(1) 选地与挖窖。应选择土层深厚、疏松、排水良好、pH 5～6 的沙质壤土（含沙量在60%～70%），以在 25°左右的向阳坡地种植为宜。含沙量少的黏土、光照不足的北坡、陡坡以及低洼谷地均不宜选用。地选好后，一般于冬至前后进行挖窖。先清除杂草灌木、树蔸、石块等，然后顺山坡挖窖，窖长 65～80 厘米，宽 25～45 厘米，深 20～30 厘米，窖距 15～30 厘米，将挖起的土堆放于一侧，窖底按 5°坡度倾斜，清除窖内杂物。窖场沿坡两侧筑坝拦水，以免水土流失。

(2) 伐木备料。10 月底至翌年 2 月，选择人工林生长 20 年左右、胸径 10～20 厘米的松树进行砍伐。松树砍伐后，去掉枝条，然后削皮留筋（筋即不削皮的部分），即用利刀沿树干从上至下纵向削去部分树皮，削一条，留一条不削，这样相间进行。剥皮留筋的宽度视松木粗细而定，一般为 3～5 厘米，使树干截面呈六边形或八边形。削皮应深达木质部，以利于菌丝生长蔓延。段木干燥半个月之后，进行截料上堆。直径 10 厘米左右的松树，截成 80 厘米长一段，直径 15 厘米左右的则截成 65 厘米长一段。然后按其长短分别就地堆叠成"井"字形，放置约 40 天。当敲之发出清脆声，两端无树脂分泌时，即可供栽培用。在堆放过程中，要上下翻晒 1～2 次，使木材干燥一致。

(3) 下窖与接种。①段木下窖。4—6 月选晴天进行。每窖下段木的数量视段木粗细而定。通常直径 4～6 厘米的小段木，每窖放入 5 根，下 3 根上 2 根，呈"品"字形排列；直径 8～10 厘米的放 3 根；直径 10 厘米以上的放 2 根；特别粗大的放 1 根。排放时将两根段木的留筋面贴在一起，使中间呈 V 形，以利于传引和提供菌丝生长发育的养料。②接种。茯苓的接种方法有菌引、肉引、木引等。

菌引：先用消过毒的镊子将栽培菌种内长满菌丝的松木块取出，顺段木 V 形缝中一块接一块地平铺在上面，放 3～6 片，再撒上木屑等培养料。然后将一根段木削皮处向下，紧压在松木块上，使成"品"字形，或用鲜松毛、松树皮把松木块菌种盖好。如果段木重量超过 15 千克，可适当增加松木块菌种量。接种后，立即覆土，厚约 7 厘米，最后使窖顶呈龟背形，以利于排水。

肉引：选择 1～2 代种苓，以皮色紫红、肉白、浆汁足、质坚实、近圆形、有裂纹、个重 2～3 千克的种苓为佳。下窖时间多在 6 月前后，把干透心的段木，按大小搭配下窖,方法同菌引。接种方法在产区常采用下列三种。一是贴引,即将种苓切成小块,厚约3厘米,将种苓块肉部紧贴于段木两筋之间。若窖内有3根段木,则贴下面的2根;若有5根段木,则贴下面的3根,边切种苓边贴引。然后用沙土填塞种引,以防脱落。二是种引,即将种苓用手掰开,每块重约250克,将白色菌肉部分紧贴于段木顶端,大料上多放一些,小料少放一些。然后用沙土填塞种引,防止种引脱落。三是垫引,即将种引放在段木顶端下面,白色菌肉部分向上,紧贴段木,然后用沙土填塞,以防脱落。

木引:将上一年下窖已结苓的老段木,在引种时取出,选择黄白色、筋皮下有菌丝,且有小茯苓又有特殊香气的段木作引种木,将其锯成18~20厘米长的小段,再将小段紧附于刚下窖的段木顺坡向上的一端。接种后立即覆土,厚7~10厘米。最后覆盖地膜,以利于菌丝生长和防止雨水渗入窖内。

6. 树蔸栽培的具体措施是什么?

选择松树砍伐后60天以内的树蔸栽培最好,但一年以内的亦可栽培。选晴天,在树蔸周围挖土见根,除去细根,选粗壮的侧根5~6条,将每条侧根削去部分根皮,宽6~8厘米,在其上开50厘米的干燥木条,也开成凹槽,使其与侧根上的凹槽成凹凸槽型配合。然后在两槽间放置菌种,用木片或树叶将其盖好,覆土压实即可,栽后每隔10天检查1次,发现病虫害要及时防治。9—12月茯苓膨大生长时期,如土壤出现干裂现象,须及时培土或覆草,防止晒坏或腐烂。培养至第二年4—6月即可采收。

7. 茯苓田间管理的具体步骤是什么?

(1)护场、补引。茯苓在接种后,应保护好茯场,防止人畜践踏,以免菌丝脱落,影响生长。10天后进行检查,如发现菌丝延伸到段木上,表明已"上引"。若发现感染杂菌而使菌丝发黄、变黑、软腐等现象,说明接种失败,则应选晴天进行补引。补引是将原菌种取出,重新接种。1个月后再检查一遍,若段木侧面有菌丝缠绕延伸生长,表明生长正常。2个月左右菌丝应长到段木底部或开始结苓。

(2)除草、排水。苓场保持无杂草,以利光照。若有杂草滋生,应立即除去。雨季或雨后应及时疏沟排水、松土,否则水分过多,土壤板结,影响空气流动,菌丝生长发育受到抑制。

(3)培土、浇水。茯苓在下窖接种时,一般覆土较浅,以利菌丝生长迅速。当8月开始结苓后,应进行培土,厚度由原来的7厘米左右增至10厘米左右,不宜过厚或过薄,否则均不利于菌核的生长。每逢大雨过后,须及时检查,如发现土壤有裂缝，应培土填塞。随着茯苓菌核的增大，常使窖面泥土龟裂，甚至菌核裸露，此时应培土，并喷水抗旱。

8. 茯苓的病虫害主要是什么？如何防治？

（1）病害。主要为菌核软腐病。接种前，栽培场要翻晒多回；段木要清洁干净，发现有少量杂菌污染，应铲除掉或用 70% 酒精杀灭。

（2）虫害。主要为白蚁。引进白蚁新天敌——蚀菌蚁。挖闭环形防蚁沟，沟内撒石灰粉，把臭椿树埋于窖旁，或用松木、蔗渣诱白蚁入坑，再杀死。

9. 茯苓如何采收加工？

（1）采挖时间。栽培茯苓一般在接种后的第二年采收，以立秋后采收的质量为最好。茯苓成熟的标准是苓场的土壤裂隙不再增大，菌核长口处已弥合，苓丘裂隙不再增大，苓皮表面黑褐色或棕褐色，外皮薄而粗糙，裂纹不见白色。若苓皮呈现黄白色，则表示茯苓正在生长，可以延迟采挖。野生茯苓喜生于通风干燥、气候温暖和阳光充足向阳坡地，一般在 7 月至翌年 3 月进行采收，砍伐的松树根部寄生的茯苓一般 3~4 年宜采挖，8 年左右比较成熟，到 12 年后又腐烂消失。

（2）采挖方法。用锄头将窖掘开，取出表层茯苓，然后小心移动，遇有菌核抱根生长，可将树根砍断，取出茯苓，有时甚至延伸到距窖几十厘米处结苓，要仔细寻找。取出茯苓后，要及时覆土，可让其继续结苓。收获茯苓后要轻拿轻放，防止破碎，挖出的鲜苓要避免日晒。

（3）加工方法。刚挖出的茯苓称为"潮苓"，含水量 40%~50%，必须去掉部分水分使之松软后才好进一步加工。去掉"潮苓"内部水分不可用暴晒或烘烤的办法，因内外失水不均会引起爆裂，而且不可能起到软化的作用。正确的做法是利用其本身呼吸产生的热量，迫使内部水分均匀地散发出来。具体方法是：选一泥土地面或砖铺的地面，且不通风、能保温保湿的房间，先在地上铺一层稻草，中间留一条走道，然后将鲜茯苓按不同采挖时间和不同大小置于草上，大的铺放 2 层，小的铺放 3 层，草和苓逐层铺放，其上再厚盖一层稻草或麻袋，四周可用草封严，使其发汗。第一周，每天翻动 1 次，以后两三天翻动 1 次，翻动时动作要轻，每次翻半边，不可上下对翻，以免茯苓发汗不匀。两三层叠放的，要上下换位翻转。约 15 天，茯苓表皮长出白色绒毛状菌丝或表面呈现暗褐色，表皮翘起，有鸡皮状裂纹时，取出刷拭干净，置凉爽处阴干即可剥皮切制。切制时先将苓皮剥去，尽量带苓肉，用平口切刀把内部白色肉与近皮处的红褐色苓肉分开，然后按不同规格分别切成所需的大小和形状。切制时，握刀要紧，应同时向前向下用力，使苓块表面平整、光滑。将切好的茯苓片和块平放摊晒（如遇雨天用文火烘干），第二天翻面再晒至七八成干，收回让其"回潮"，稍压平后再复晒，或自然风干，便成商品。

10. 茯苓采收及储藏时应注意什么？

（1）采收。采收时，先将窖面泥土挖去，掀起段木，轻轻取出菌核，放入箩筐内。

（2）储藏。储藏时，应储藏在专用仓库内，仓库要求干燥、通风、墙壁表面平整、光滑、无裂缝、不起尘，仓库温度控制在 30℃ 以下，空气相对湿度控制在 70% 以下。

11. 茯苓有何质量标准？

药典规定，茯苓中含水分不得过 18.0%，总灰分不得过 2.0%，醇溶性浸出物不得少于 2.5%。

（二）猪苓

1. 猪苓的入药部位及性味功效是什么？

猪苓为多孔菌科真菌猪苓的干燥菌核。猪苓性平，味甘、淡。归肾、膀胱经。用于小便不利、水肿、泄泻、淋浊、带下等症。

2. 猪苓对生长环境有什么要求？

猪苓喜凉爽湿润的森林环境，对温度要求比较严格。当距地表 5 厘米深处温度升高到约 10℃，菌核开始萌动，15～20℃ 时生长最适，25～30℃ 菌丝停止生长进入短期休眠，低于 8℃ 又进入冬季休眠期。因此，为猪苓生长创造适宜的温度环境，对延长生长期、提高产量至关重要。猪苓是好气性真菌，可在暗棕壤、黄棕壤、黄沙壤、黑沙土、沙壤土和黄土等多种土壤上生长，但要求土壤湿润、疏松透气且腐殖质含量高。

猪苓形态

3. 猪苓的生活史是怎样的?

猪苓菌核一般在 4—5 月开始萌动,即地温升至 10℃,土壤含水量达 30%～50%时,菌核表皮便出现绒毛状白色菌丝,菌丝数量持续增加形成菌球,其大小似米粒,之后菌丝在菌球的表面形成一层具保护作用的白色膜,即为白苓;夏季白苓的生长速度因温度升高而加快,且产生分枝;初冬白苓生长因地温的持续降低而渐缓,表皮颜色变深,由白色变为黄色至黄灰色,越冬后即成灰苓;灰苓再经一个冬季后表皮可变成黑色,即黑苓。因此,白苓、灰苓和黑苓大体上为一年生、二年生和三年生的猪苓菌核。猪苓菌核在条件适宜时,春、夏和秋季都可萌发出白苓。

4. 猪苓的人工繁殖方法有哪些?

(1) 无性繁殖。猪苓组织分离分为菌核分离和孢子分离,以猪苓菌核为材料分离培养出新菌核(即猪苓)称为原体分离,即无性繁殖(营养繁殖)。经过人工菌种分离和培养可以解决种源问题。菌核是猪苓的主要药用部位,可以储存养分和抵抗不利的外界环境。在遇低温、干旱等不利自然环境时呈休眠状态,待有了适宜的生活环境,菌核的任何部位都能萌发出新菌丝。新菌丝缠绕在一起呈白色或淡黄色的头状叫苓头,苓头是正生长的菌核,苓头长大分叉,此即无性繁殖。

(2) 有性繁殖。猪苓子实体顶生担孢子,担孢子是子实体产生的有性孢子,当孢子发育成熟后自动射出,在适宜条件下,萌发形成初生菌丝体。新生菌丝体经质配后产生双核的次生菌丝,再生长发育成菌核,此即猪苓的有性繁殖。研究表明人工诱导子实体可以培育出优良菌种。

5. 猪苓栽培的注意事项有哪些?

(1) 土壤。选择阴坡林下,肥沃湿润,富含腐殖质,排水良好的沙质土壤。

(2) 整地。可在选好的树种下,于近根处挖长 60 厘米、宽 50 厘米、深 45 厘米的土坑,或将土地耕翻耙平,开穴待种。

(3) 栽培时间。猪苓属于低温菌类寄生真菌,一般在 12 月冰冻之前或春季 3 月解冻之后直至 5 月均可栽培,但冬季栽培比春季栽培要好。

(4) 种植深度。由于猪苓喜阴凉怕热不怕寒,在培育时应高寒浅坑,窖深应在 30～40 厘米;低山深坑,窖深应为 50 厘米;荫蔽的地方要浅,阳光常照的地方要深。

6. 怎样防治猪苓的虫害？

猪苓的虫害大多是螨类以及马陆等，防治办法很简单，使用75%辛硫磷乳剂，按说明的最低浓度配兑后浇入栽培堆即可，一般为1 000倍左右，此后注意预防，比如清理周围环境、断绝虫源等，也可每3～7天对周围喷洒一次杀虫药物。

7. 猪苓段木发生杂菌时应注意哪些问题？

猪苓栽培半年左右易发生杂菌，一般多为木腐菌类杂菌。预防措施为选择优质菌种，掌握合适的水分、温度等条件使蜜环菌健康生长，并尽快与猪苓密切接触，形成良好的共生关系。一旦发生杂菌，可将菌材涂刷100倍左右20%氯异氰尿酸钠溶液，然后即可照常管理。

8. 猪苓怎样进行采收与加工？

猪苓多年生，一般3年后菌核发育成熟，即可挖掘采收，采挖时间为4—5月或9—10月，色黑质硬的称为老核，即为商品猪苓；色泽鲜嫩的灰褐色或黄色猪苓，核体较松软，可作种核。收获时要去老留幼，将已采收的猪苓菌核去杂刷洗，不能用水洗，置阳光下自然晾晒，也可趁鲜时切片晒干，然后用塑膜袋密封包装，放阴凉干燥处储存或装运外销。等级标准：甲级猪苓苓块大，表面黑色，质地坚实，肉质白色；乙级猪苓苓块小，表皮灰色，苓体烂碎，皱缩不实，肉质褐色。

9. 猪苓有何质量标准？

药典规定，猪苓呈条形、类圆形或扁块状，表面黑色、灰黑色或棕黑色，体轻质硬，断面类白色或黄白色，含水分不得过14.0%，总灰分不得过12.0%，酸不溶性灰分不得过5.0%，麦角甾醇（$C_{28}H_{44}O$）不得少于0.070%。

七、中药材产地加工储藏

（一）加工技术

1. 中药材最适宜的采收期和采收方法如何确定？

中药材的采收是否适宜合理，直接影响着药材的产量和质量。中药材采收的合理性主要体现在采收的时间性和技术性。时间性是指采收期和生长年限；技术性是指采收方法和药用部位的成熟程度等。两者是相辅相成的，绝不可孤立地看待。因为它们决定了药材的产量、有效组分和毒性成分的含量，以及药材商品的品质等级等。因此，为了获取药材的优质丰产，应当根据药用植（动）物的生长发育状况和药效成分在体内的变化规律，以及自然条件等因素，确定适宜的采收期和采收方法。

2. 种子类药材如何进行采收及产地加工？

种子类药材必须在完全成熟后方可采收。此时种子内物质积累已停止，种子达到一定硬度，并且呈现固有的色泽。

种子类药材一般为果实采收后直接晒干、脱粒、收集种子，或直接采收种子干燥。有些药材要去除外壳、种皮或果皮，如薏苡仁、决明子等。有些要击碎果壳，有些则要蒸，以破坏易使药材变质变色的酶，如五味子、女贞子等。也有的将果实直接干燥储存，用时取种子入药，如砂仁。

3. 花类药材如何进行采收及产地加工？

花类药材一般在花蕾期或花初开时采收，这时花中水分少、香气足，通常应选择在晴天、上午露水初干时采摘，如辛夷等。也有部分药材在花开放时采收，如洋金花等。花朵陆续开放的植物，应分批采摘，以保证质量，如红花等。有些药材不宜迟收，过期则花粉会自然脱落，影响产量，如蒲黄等。

为了保持花类药材颜色鲜艳、花朵完整，采后应放置在通风处摊开阴干，或在低温下迅速烘干，并应注意控制烘晒时间，以避免有效成分的散失，保持浓郁的香气，如红花、芫花、金银花、玫瑰花、月季花等。极少数种类则需先蒸后再进行干燥，如杭白菊等。

4. 果实类药材如何进行采收及产地加工？

果实类药材一般多在充分生长近成熟或完全成熟后采收，如瓜蒌等。少数药材如青皮、枳实，则须在近成熟或幼果时采收。

一般果实类药材采收后直接晒干或烘干即可。但果实大又不易干透的药材，如佛手、酸橙、鲜木瓜等，应先切开后干燥。以果肉或果皮入药的药材，如瓜蒌、陈皮、山茱萸等，应先去除瓤、粒或剥皮后干燥。此外，有极少数药材如乌梅等还需经烘烤烟熏等方法加工。

5. 皮类药材如何进行采收及产地加工？

皮类药材一般在清明和夏至之间采收，因为此时皮内养料丰富，浆汁充足，皮部和木部容易剥离，剥离后的伤口较易愈合，有利于药材的再生长，如杜仲等。根皮则以秋末冬初采收为宜，并趁鲜抽去木心，如牡丹皮等。

皮类药材一般采后趁鲜切成片或块，再晒干即成。但有些种类在采收后应趁鲜刮去外层的栓皮，再进行干燥，如牡丹皮、椿皮、黄柏等。有些树皮类药材采后应先用沸水略烫，加码叠放，使其发汗，待内皮层变为紫褐色时，再蒸软刮去树皮，然后切成丝、片或卷成筒，再进行干燥，如肉桂、厚朴、杜仲等。

6. 全草和叶类药材如何进行产地加工？

全草和叶类药材通常在花前盛叶期或盛花期采收。此时，植物枝叶生长茂盛，养料丰富，分批采叶对植株影响不大，且可增加产量，如荷叶等。个别经冬不凋的耐寒植物或药用部位特殊者，则必须在秋、冬二季采收，如桑叶等。有的还可与其他药用部位同时采收，如人参叶等。部分应采集落叶，如银杏叶等。

全草和叶类药材采收后宜放在通风处阴干或晾干，尤其是含芳香挥发油类成分的药材，如薄荷、荆芥等，以避免有效成分的损失。有些全草类药材在未干透前就应扎成小捆，再晾至全干，如紫苏、薄荷等。一些含水量较高的肉质叶类药材，如马齿苋等，应用沸水略烫后再进行干燥。

7. 根及地下茎类药材如何进行产地加工?

根及地下茎类药材一般在秋冬季节植物地上部分将枯萎时以及春初发芽前采收。此时为植物生长停止或休眠期,根或根茎中储藏的营养物质最为丰富,通常有效成分含量也比较高,如大黄等。部分中药植株生长周期较短,植株枯萎时间较早,则可在夏季采收,如半夏、太子参等。

根及地下茎类药材采收后,一般先洗净泥土,除去须根、芦头和残留枝叶等,再进行大小分级,趁鲜切成片、块或段,然后晒干或烘干。如白芷、丹参、牛膝、射干等;一些肉质性的含水量较高的块根、鳞茎类药材,如天冬、百部等,应先用沸水稍烫一下,然后再切块晒干或烘干;对于质坚难以干燥的粗大根茎类药材,如玄参、白芍、天花粉等,先要用沸水煮,再经反复发汗,才能完成干燥。还有些种类的药材,如山药、贝母等须用硫黄熏蒸才能较快干燥,保持色泽洁白、粉性足,且能消毒、杀虫防虫,有利于药材的储藏。有的须先刮去或撞去外皮使色泽洁白,如桔梗等。而富含黏液质或淀粉的药材,需用开水稍烫或蒸后再干燥,如白及等。

8. 药材预处理方法有哪些?

对不同类型的药材,采用的预处理方法也有所不同,主要有3种方法。一是非药用部位的去除,通过去茎、去根、去枝梗、去粗皮、去壳、去毛、去核等方法来去除不作为药用的部位。二是杂质的去除,通过挑选、筛选、风选、洗、漂等方法来净化药材,利于准确计量和切制药材。三是药材的切片,将净选后的药材切成各种形状、厚度不同的"片子",称为饮片,是供调配处方的药物。

9. 中药材采收后进行产地加工的方法有哪些?

传统的中药材加工方法包括拣选、清洗、切片、蒸、煮、烫、硫熏、撞、揉搓、剥皮、发汗、干燥等诸多方法。通常情况下主要有以下4种。①清洗杂质、挑选、去皮及清除非药用部分,保证药材纯净。②修整、切片,加工修制成合格的药材。③蒸、煮、烫、浸漂、发汗等,减除药材毒性与不良性味,利于药材干燥和储藏保管。④干燥、精制、分级、包装等,以便运输与储藏。

10. 药材加工设备有哪些?

药材加工所需设备因药材而异,主要设备包括工具、机械、熏烟设备、蒸煮烫设备、浸渍、漂洗设备等。

（1）工具。加工所使用的工具多为手工操作的，主要是由于机械加工有困难，或者药材产量小。例如，切除非药用部分、刮皮、切削等使用的刀剪，清选分级用的筛，清洗用的刷子、筐、篓，煎煮时扎孔排气防裂口用的针等。加工数量大的药材，所使用的工具近似机械，但是仍靠手工操作，如黄连、泽泻、姜、姜黄、川芎、浙贝母等去除皮、泥沙、须根，使药材表面光洁时所使用的撞笼、撞篓、柴桶等。

（2）机械。药材加工所使用的机械主要用于去皮、切片、清选、分级、包装、脱粒等，如山茱萸去核机，半夏去皮机，牛蒡脱粒机、切片机，谷物脱粒机、碾米机（用于薏苡去壳），贝母去皮机等。药材加工机械化，可以大大减轻劳动强度，提高工效和药材的加工质量。根据药材的加工特点，应发展一机多能和小型化的加工设备。

（3）蒸煮烫设备。蒸、煮、烫药材所使用的设备，产量小的可以利用生活用的饭锅、蒸笼（蒸屉），产量大的则有专门的蒸、煮、烫设备，如锅炉、附子加工时所用的大蒸笼和大铁锅等。蒸笼有木制、竹制或铝制的，大小不定，多为圆形或正方形。

（4）浸渍、漂洗设备。浸渍、漂洗药材依具体情况配置设备。一般产量小的可以利用生活用具，如缸、盆、桶等进行浸、漂药材。产量大的多建造专用的大池，大池可用混凝土、石块等建造，并设有排水口。

11. 什么是中药材净制？

净制是中药材加工的第一道工序，是中药材加工成切片或制剂前的基础工作。几乎每种中药材在使用前均需要进行净制。如根类中药材的芦头，皮类中药材的粗皮，昆虫类中药材的头、足、翅等，常应除净。还有一些中药材来源相同，但因部位不同，其药效作用各异，加工前也须分开，以确保用药安全有效。

净制是在切制、炮炙或调配、制剂前，选取规定的药用部位，除去非药用部位、杂质及霉变品、虫蛀品、灰屑，并对中药材"分档"，使其达到药用净度标准的简单加工方法。净制后的中药材称为净药材。中药材通过净制加工，方可用于临床。

12. 中药材净制及清洗的基本方法有哪些？

中药材净制的基本方法有挑选、颠簸、筛选、风选、水选等。中药材的清洗方法有喷淋法、刷洗法、涮洗法、淘洗法（抢水法）、浸漂法等。

13. 中药材净制设备有哪些？

（1）洗药机。清洗是中药材前处理加工的必要环节，清洗的目的是要除去药材中的泥沙、杂物。根据药材清洗的目的，将不同药材按种类划分为水洗和干洗2种。①水洗。水洗的主要设备是洗药机和水洗池。洗药机有喷淋式、循环式、环保式3种型式。喷淋式洗药机的水源由自来水管直接提供，洗后的废水直接排掉，这种洗药机的造价相对较低，劳动强度较轻，耗水量大；循环式洗药机自带水箱、循环泵，具有泥沙沉淀功能，对于批量药材的清洗具有节水的优点；环保式洗药机在循环水洗药机的基础上，增加污水处理功能，它能将洗药用的循环水经污水处理装置处理后反复利用（限同一批药材），从而进一步节约水资源。②干洗。干洗的主要设备是干式表皮清洗机。由于广泛地用水洗净制各种药材，易导致一些药材药效成分发生不必要的流失。为避免这些成分的流失，可采用干式表皮清洗机，其主要功能是除去非药物和非药用杂质。该设备对于根类、种子类、果实类等药材具有良好的净制效果。

（2）带式磁选机。利用高强磁性材料自动除去药材中的磁性物质（包括含铁质沙石），是带式磁选机的主要功能。该机适用于半成品、成品中药材的非药物杂质的净制。

（3）变频风选机。变频式风选机是运用变频技术调节和控制电机转速与风机的风速和压力，记录变频器的操作数据，可以分析风选产品的质量，为生产质量管理提供量化依据。变频式风选机有立式和卧式2种机型。卧式风选机主要用于药材原料或半成品的分级选别和部分杂质去除；立式风选机主要用于成品药材杂质去除。

（4）净选机组。将风选、筛选、挑选、磁选等单机设备，经优化组合设计，配备若干输送装置、除尘器等，组成以风选、筛选、磁选等机械化净选为主，与人工辅助挑选相结合的自动化成套净选设备，对中药材进行多方位的净制处理。该机组设有机械化挑选输送机，对于不能用机械方式除净的杂物由人工进行处理。由于中药材的种类繁多，物理形态差异大，不同药材有不同的净制要求等，该机组将传统的净制要求与现代化加工技术有机结合，使中药材的净制加工朝着机械化、自动化、高效率方向发展。

14. 中药材的切制设备有哪些？

中药材的切制方法可分为手工切制和机械切制2种。生产中常根据实际需要进行选择。常用的药材切制加工设备有2类：①往复式切药机，包括摆动往复式（或铡刀式）和直线往复式（或称切刀垫板式）；②旋转式切药机，包括刀片旋转式（或称转盘式）和物料旋转式（或旋料式）。其中，摆动往复式或刀片旋转式切药机以其对药材的适应性强、切制力大、产量高、产品性能稳定的特点，被广泛应用于各制药企业，但切制不够精细。直线往复式和物料旋转式切药机是近几年来开发的新产品，具有切制精细、成形合格率高、功耗低的特点。

15. 常用的切片类型及规格标准有哪些？

（1）极薄片。厚度为 0.5 毫米以下。适宜质地致密、极坚实，或片极薄不易碎裂的中药材的切制。如羚羊角、鹿茸、松节、苏木、降香等。

（2）薄片。厚度为 1~2 毫米。适宜质地致密、坚实，或片薄不易破碎的中药材的切制。如白芍、天麻、当归、桔梗等。

（3）厚片。厚度为 2~4 毫米。适宜质地疏松、粉性大，或切成薄片易破碎的中药材的切制。如白芷、山药、南沙参、泽泻、天花粉、丹参、升麻等。

（4）斜片。厚度为 2~4 毫米。适宜长条形而纤维性强，或粉性大的中药材的切制。根据切制时切面与中药材纵轴之间的夹角，又分为马蹄片、瓜子片、柳叶片。切制时切面与中药材纵轴夹角约 60°，倾斜度小，外形呈两头较尖的长椭圆形，形似瓜子的，称瓜子片，如桂枝、桑枝等。切制时切面与中药材纵轴夹角约 45°，倾斜度稍大而体粗，形似马蹄者，称马蹄片，如大黄。切制时切面与纵轴夹角约 20°，倾斜度更大而中药材较细，形状细长似柳叶的，称柳叶片，如甘草、川牛膝、银柴胡、苏梗、木香、鸡血藤等。

（5）直片（顺片）。厚度为 2~4 毫米。适宜形状肥大、组织致密、色泽鲜艳和突出中药材内部组织结构或其外形特征的中药材的切制，如川芎、大黄、天花粉、白术、何首乌、升麻等。

（6）丝（包括细丝和宽丝）。细丝宽 2~3 毫米，宽丝宽 5~10 毫米。适宜皮类、宽大的叶类和较薄果皮类中药材的切制，如桑白皮、厚朴、秦皮、陈皮等均切细丝；枇杷叶、荷叶、冬瓜皮等均切宽丝。

（7）段（咀、节）。为 10~15 毫米。长段又称"节"，短段又称"咀"。适宜全草类和形态细长且内合成分易于煎出的中药材的切制。如党参、北沙参、芦根、怀牛膝、薄荷、荆芥、益母草、青蒿、麻黄、木贼、忍冬藤、佩兰、精谷草等。

（8）块。边长为 8~12 毫米的立方块或平方块。有些中药材煎熬时易糊化，需切成边长不等的块状，如阿胶、丝瓜络等。

16. 切片时败片的类型有哪些？

切片时败片的类型有：连刀片（胡须片、蜈蚣片、挂须片）、掉边（脱皮）与炸心、皱纹片（鱼鳞片）、翘片（马鞍片）、破碎片、斜长片、斧头片、油片、变色与走味、霉片等。

17. 在中药材加工中使用硫黄熏蒸的目的和原理是什么?

（1）中药材使用硫黄熏蒸的目的。有利于一些含淀粉量多、呈白色的根茎类中药材的干燥和增白；用于中药材储藏中防虫、防霉。

（2）硫黄熏蒸中药材防虫、防霉、增白的原理。一是硫黄燃烧生成 SO_2 气体可以直接杀死药材内部的害虫（成虫、卵、蛹、幼虫），抑制细菌、霉菌的活性；二是硫黄燃烧生成 SO_2 气体与潮湿药材的水分结合生成亚硫酸，具有脱水漂白作用。

18. 中药材加工中使用硫黄熏蒸的品种有哪些?

加工中需要用硫黄熏蒸的药材有：人参（糖参、生晒参）、黄连（云连）、川贝母、浙贝母、白芷、白及、牛膝、山药、泽泻、天麻、天冬、天花粉、天南星、乌头（白附片）、半夏、葛根、百合、白附子、金银花、菊花（亳菊、怀菊）、甘遂等。

19. 中药材硫黄熏蒸的方法有哪些?

（1）简便硫黄熏蒸方法。将药材置容器内，用小碗放入烧红铁片或木炭，撒入硫黄粉，待硫烟充满，即用湿布盖住，外用塑料膜封好。放置过夜打开封盖，待硫黄挥尽即可，每 100 千克药材使用硫黄 1.2 千克。本法操作简便、用硫量小、易于挥散、对药材的质量影响不大。

（2）容器硫黄熏蒸方法。将药材放于熏具（烘灶、熏灶、熏箱）内，熏具顶部仅留几个小孔，熏具下部放少量硫黄粉，使其燃烧，散发烟雾，必须连续熏蒸 10~12 小时，直至熏透为止，取出晾干。每 100 千克药材使用硫黄 0.5 千克。

（3）库房硫黄熏蒸方法。用于药材库房存储的杀虫、防腐，可依据需要熏制的面积，按照一定的硫黄比例（150~250 克/米³）在密闭熏房内进行。分次于 2~3 天内烧完，每日烧 1~2 次，熏后再闷 3 天，可以充分发挥作用。

20. 中药材产地加工中应注意哪些问题?

（1）加工场地的选择。加工场地应就地设置，周围环境应无污染源，并且宽敞、洁净、通风良好，应设置工作棚（防晒、防雨、防尘）及除湿设备，并应有防鸟、畜禽、鼠、虫的设施。

（2）防止污染。在中药材产地加工中，常常因为加工方法不当，引起污染导致中药材质量下降。①水制污染。水制过程中的污染主要是水质问题。中药材的加工过程中，需水洗的应水洗，使之洁净，以除去泥沙等杂质。但由于水质不洁，会引起中药材的污染。因此，水源的水质好坏，直接影响加工药材的质量。如某中药仓库在市郊，靠近一个化工厂和一个大理石加工厂，且该处地势低洼，地下水位高，水质不好，直接影响了药材的加工洗泡的质量，经抽检，不合格的水样导致药材中砷的含量超标。②熏制污染。药材加工中有用硫黄熏制药材，以达到漂白、杀虫的目的。青岛药检所考察了金银花用硫黄熏制前后含砷量的变化，结果表明，产地在采收金银花后以硫黄熏干，既可漂白又可杀虫，外观也较洁白整齐，但所用的硫黄导致其含砷量为 50～300 微克/克。用疏黄熏 4 小时后与熏前相比，含砷量明显增加。

（3）中药材加工工艺条件控制。中药材的初加工方法应尽量按照传统方法进行，制定标准操作规程（SOP）；如改进加工工艺，应提供充分试验数据，证明其不影响中药材质量。

（4）对加工人员的要求。加工人员应定期进行健康检查，在加工前应洗净双手，带上干净的手套和口罩。传染病患者、体表有伤口者、皮肤接触等对加工的药材有过敏者，不得从事药材的加工作业。药材加工人员在操作过程中应保持个人卫生，现场负责人应随时对此进行随时检查和监督。

（5）做好加工记录。加工记录包括药材的品种、使用的设备、人员等。

21. 中药材加工存在的问题有哪些？

（1）加工技术传统，装备落后。
（2）新产品开发水平和技术创新的能力较低。
（3）中药产业化水平低。
（4）资源综合利用水平低，缺乏合理有效开发利用的方法。

（二）储藏养护技术

1. 中药仓库的建筑要求是什么？

中药仓库的修筑除应符合一般仓库的建筑要求外，尚应特别注意下列几点要求：仓库的地面、墙壁应隔热、隔湿以保持室内的干燥，并减少库内湿度、温度的变化；通风性能良好，以散发中药材自身产生的热量，又有利于保持干燥；密闭性好，避免空气流通而影响库内的温度和湿度，同时对防治害虫也有重要作用；建筑材料能抵抗昆虫、鼠的侵蚀；避光，避免阳光直接照射；冷藏，建立冷藏库房。

2. 入库储藏有哪些注意事项？

应保持库内清洁、干燥、通风。窗户上应有防虫网，门上应有防鼠板，有条件的地方应清洁后进行防虫处理后再入库。注意外界温度、湿度变化，及时采取有效措施调节室内温度和湿度。

3. 储藏前如何降低药材水分含量？

中药材的含水量超过 15％时，容易发生虫害、霉变等变质现象。对含水量高的药材，要使用高温、太阳、风、石灰干燥剂等，选用晒、晾、烘、微波、远红外线照射等方法，将含水量降到 15％以下，可保证大多药材安全储藏。

4. 为什么要定期或不定期进行仓库检查？

每隔 10～15 天必须进行定期检查，对仓储的药材进行全面检查，发现问题，尽早解决，避免造成损失。遇到大风、强降雨等灾害性天气应对库房和药材进行检查，发现问题及时解决。

5. 为什么要对药材分类储藏？

药材种类繁多，有的药材需要避光，有的药材不能重压，有的药材易虫蛀，有的易霉变，有的易散气走味，应根据药材性质及特点分类保管，方便养护，这是保证药材安全储藏的关键。

6. 为什么要低温储藏药材？

霉菌和害虫在 10℃以下不易生长，且泛油、溶化、粘连、气味散失、腐烂等药材变质反应在低温时也不易发生，所以将药材放在阴凉干燥处（如冰箱），有利于保存其有效成分，保证质量。

7. 为什么要避光储藏药材？

避光储藏防药材变色。如花、叶类药材，在光照时容易变色的药材，应储藏在暗处及陶瓷容器、有色玻璃瓶中，避免阳光直接照射，防止变色。

8. 为什么有些药材要密封气调储藏？

密封气调储藏保药材品质。容易风化（芒硝等）和挥发（冰片等）的药材，密闭保存可避免有效成分散失。大多药材可用真空塑料袋包装，袋内抽真空或充氮气、二氧化碳等气体，可以非常好地防止虫蛀、霉变等多种品质变异现象的发生。

9. 易生虫类药材的储藏方法是什么？

虫蛀对药材的影响很大，每年5—9月是中药材最易生虫的季节。在一定的温度下，含糖类、蛋白质等较多的中药材，如泽泻、党参、鸡内金、红花、枸杞、冬虫夏草等容易发生虫蛀，因此防虫非常重要。对于易生虫的药材，在保管过程中除了要勤检查以外，还必须从杜绝害虫来源、控制其传播途径、消除繁殖条件等方面着手，才能有效地保证药材不受虫害。因此，储藏这类药材，首先要选择干燥通风的库房。库内地面潮湿的，应加强通风，并可在地面上铺放生石灰、炉灰、木炭等；架底垫木高达40厘米以上，在垫木上最好铺上木板、芦席或油毡纸等以便隔潮。另外对不同药材可以采取密封（选择磨口带盖的玻璃缸或者瓷坛、瓷缸等容器密封，容器内放置生石灰、硅胶等干燥剂或稻糠，密封后放置阴凉干燥处保管）、冷藏（温度在5℃左右不易生虫，小剂量可放在冰箱中，大量药材放在冷窖或冷库等干燥处冷藏）、熏蒸（对已生霉的药材，用硫黄熏蒸，然后晾晒，或用烘箱烘烤，温度在60℃左右，烘烤时间为1小时左右）、对抗（用某种药材的挥发性气味，防止同处存放的药材发生虫蛀。例如泽泻与丹皮同贮，泽泻不生虫，丹皮不变色；鹿茸放樟脑；瓜蒌中放酒；藏红花防冬虫夏草生虫；细辛护鹿茸；容器内放花椒、大蒜等）等适当的养护措施，以保证药材不发生虫蛀。

10. 易走油发霉类药材的储藏方法是什么？

由于空气中存在大量霉菌孢子，散落在药材表面，在适当的环境下（如温度在18~30℃，空气相对湿度在80%左右或者药材的含水量高，储藏室阴暗不通风），有些含糖类、黏液质较多的药材容易吸收空气中的水分，使霉菌萌发，药材发霉。例如山药、地黄、天门冬、柏子仁等。有些无机盐类中草药吸潮而使成分分解，粉末状的中草药吸潮出现黏结等变质现象。而富含油脂的药材在日光、空气的作用下会氧化导致走油，或是药物受潮，未干透就堆放在一起而发热，从而促使氧化作用加快，油脂分解。例如柏子仁、郁李仁、杏仁、当归、桃仁等。药材走油发霉，会影响药效，特别是发霉严重的，霉烂变质后完全失去疗效。对这类药材的保管，最忌闷热。故应置于通风干燥处，严防潮湿，或冷藏避光保存，或储藏于密闭容器中。

11. 易变色及散失气味药材的储藏方法是什么?

有些药材变色是由酶引起的,如药材中所含成分的结构中有酚羟基,则在酶作用下,经过氧化、聚合,形成了大分子的有色化合物,使药材变色,如含黄酮类、羟基蒽醌类、鞣质类等的药材。非酶引起的变色原因比较复杂,或因药材中所含糖及糖酸分解产生糠醛及其类似化合物,与一些含氮化合物缩合成棕色色素;或因药材中含有的蛋白质中的氨基酸与还原糖作用,生成大分子的棕色物质,使药材变色。部分花、叶、全草及果实种子类药材,所含的色素、叶绿素及挥发油等,受温度、湿度、空气、阳光等的影响,易失去原有的色泽和气味,如莲须、红花、丁香等。在储藏保管中应根据药材的不同性质以及具体条件,进行妥善养护,储藏场所要干燥阴凉,严格控制库的温、湿度。有的需用棕色的容器或瓷坛密封。储藏时间不宜过长,并要做到先进先出,最好单独堆放,以免与其他有特殊气味的药材串味。

12. 易融化、怕热药材的储藏方法是什么?

易融化、怕热药材主要指熔点比较低,受热后容易粘连变形或使结晶散发的那些药材,如阿胶、儿茶、樟脑等。对这类药材的储藏必须选择能经常保持干燥阴凉的库房,并将药材包装好或装容器里储藏。

13. 易自然分解挥发类药材的储藏方法是什么?

有的药材由于它的化学成分自然分解挥发、升华,性质改变,不宜久贮,要注意储藏期限。松香久贮,在石油醚中溶解度降低。洋地黄、麦角等,久贮有效成分易分解。这类药材不宜大量采购,采购后应在使用期限内用完。

14. 名贵药材如何储藏?

(1)人参。阴干后,放到装有生石灰的木箱或器具中,并把器具口封严,然后放在冰箱储藏,一般存放一年药效不变。

(2)海马。本品极易虫蛀、霉变,储藏时应用纸包好,包内放花椒以防虫,然后放入木箱或纸箱内,置阴凉干燥处保存。

(3)蛤蚧。和花椒一起用铁盒或木箱严密封装,置阴凉干燥处保存。储藏时要特别注意不要把蛤蚧尾部损坏,因蛤蚧的尾部是入药的有效部位。

(4)鹿茸。保存鹿茸要特别注意空气湿度问题,如空气太潮湿,鹿茸易发霉、生虫。所以要把它放在通风的地方,再用布包一些花椒放在鹿茸旁边,这样就不会招虫了。如保存得当，三五年内鹿茸药效不会发生变化。

（5）西洋参。取一个有胶皮内垫瓶盖的玻璃瓶，瓶子最好是棕色的，用前将瓶子洗净晾干。瓶内装西洋参的同时，可将适量生石灰、木炭或硅胶等干燥剂用布包好放入瓶中，然后将瓶口密封放入冰箱冷藏室内保存。

（6）冬虫夏草。少量冬虫夏草可放入塑料袋中密封后，置冰箱中冷藏，随用随取。如保存时间较长，需定期进行烘晒。冬虫夏草保存时间越久，则药效越低。

15. 储藏过程中影响中药材质量的因素有哪些?

储藏过程中，中药材的质量与温度、湿度、环境含氧量、化学环境、光照、药材含水量、包装材料、储藏前的加工方式等方面的因素有关。

（1）温度。药材在温度方面都有一定的适应范围。温度过高过低都会使药材质量发生变化。当温度在 35℃ 以上时，中药材的某些成分氧化、水解等化学反应加速；含脂肪的药物就会因受热而使油质分离，从而走油；含挥发油多的药物也会因受热而使芳香气味散失；动植物胶类和部分树脂类药物，受热后易发软、粘连成块或融化。温度在 20～35℃ 时，由于有利于虫害、霉菌等滋生繁殖，而使某些药物生虫、发霉以致变质。

（2）湿度。湿度是指空气中水蒸气含量多少的程度，也就是空气潮湿的程度。药物本身能否保持正常的含水量，与空气的湿度有密切关系。一般药物的正常含水量 10%～20%。如湿度过高，药物大量地吸收水分而使含水量增加（受潮），潮解，就容易发生霉烂变质现象。湿度过低，容易使某些药物干裂、失润、风化等。

（3）空气。空气含有多种成分，其中以氧气最容易使药物的某些成分发生化学变化，可导致变色、异味、分解，而影响其质量。通常所见到的丹皮、黄精等的颜色变深，就是因为它们所含的鞣质、油质及糖分等与空气中的氧气接触发生变化而形成的。

（4）光线。光线能直接引起或促进中药材发生变色、分解、氧化等化学反应而导致中药材变质。其中日光对某些药材的色素和叶绿素有破坏作用，能使药材变色。

（5）时间。药材储藏时间过久，亦会变质失效。

16. 如何对中药材进行储藏养护?

（1）建立严格的库房管理制度。库房内要经常打扫，保持洁净的储藏环境，减少害虫、霉菌的滋生，避免药材被害虫、霉菌污染。对入库药材坚持验收制度，保证药材的干净度，防止外来害虫、霉菌的入侵。污染的药材进行杀虫、灭菌后才能入库。库房管理人员对库存药材经常进行检查，做到一看、二闻、三摸。用眼观察药材变化，虫蛀霉变现象；鼻闻药材的气味是否正常；手摸药材是否受潮，发现问题及时处理。

（2）传统经验养护与现代科学养护相结合。中药材的传统经验养护是我国劳动人民在实践中积累的宝贵经验，简单易行，行之有效。现代科学养护见效快、效果好。①药材对抗、同贮养护。在中药材的养护中，利用一些有特殊气味的药材与易生虫药材同贮，可防止药材生虫、发霉。例如花椒、细辛与动物类药材同贮；利用两种药材同贮互相避免变质，例如泽泻与丹皮放在一处，泽泻不易生虫，丹皮不易变色。②密闭养护。易吸潮、易氧化的药材应放在装有干燥剂的密闭容器内养护，例如明矾、青矾、芒硝及胶类药材，可防止潮解、软化粘连。③远红外线加热干燥养护。远红外线加热干燥养护是利用远红外辐射元件发射远红外线，使被加热的物体吸收远红外线后产生分子共振，引起分子、原子的振动和转动而转变为热能，干燥迅速，可使微生物细胞质的蛋白质变性，具有较高杀菌杀虫及杀灭虫卵的能力。④气调储藏养护。气调储藏养护是调节库内气体成分，充氮降氧，抑制细菌活动，使害虫缺氧窒息而死，保证库内中药材不霉变、不生虫、不走油、不变味。

17. 传统中药材的气调养护方法有哪些特点？

（1）当中药材的存贮量较大，应用充氮气法或充二氧化碳法养护时，需要使用大型制氮或二氧化碳设备向密封膜内多次交换高纯氮气或二氧化碳气体，才能真正地降低密封膜内氧气浓度，操作十分不便，而且随着膜内外气体的自由扩散交换，膜内的氧气浓度又逐渐回升，需要再次进行充氮或二氧化碳，这使得方法本身的操作烦琐程度远远超过了方法带来的利处。

（2）自然降氧是指中药材在密封环境中依靠自身呼吸氧化和附着微生物的呼吸而不断消耗氧气，实现低氧环境致使害虫窒息死亡，该方法实际应用过程中可控性小，降氧时间长，且无法降到有效的氧浓度范围，不能有效防止虫霉的发生以及及时遏制虫霉的蔓延。

18. 新型中药材气调养护技术的原理是什么？

常温下，采用专用复合膜构建任意大小的密闭空间，通过气调剂简单的电化学反应与物理吸附的方式，降低密闭储藏环境中的氧气浓度，提高二氧化碳浓度以及平衡空气相对湿度，营造出一个虫（卵）、霉无法生存的密闭环境，同时抑制中药材氧化变色，保持中药材水分稳定不散失，最终实现中药材在储藏过程中品质保持基本不变。

19. 新型中药材气调养护技术有何特点？

（1）安全环保、无毒无害。该技术所用气调剂主要成分为铁、碳粉、盐、水等，无毒、无害，不燃、不爆、不残留，可避免传统硫黄、磷化铝熏蒸带来的含硫超标、药效降低、损害健康以及易致人员中毒、引发火灾与爆炸等问题。

（2）常温仓储、降低成本。该技术可实现在常温下中药材的安全仓储，节约在仓储过程中制冷、控温、控湿等能源消耗。另外，储藏养护过程无须倒垛翻晒，这不仅可以避免水分散失和药材折损，而且还大大地降低了仓储的成本。表面上看，硫黄熏蒸中药材药剂价格较低，但其间接成本较高。

（3）操作简单、维护方便。本技术操作过程（大垛密封）中仅需使用小型热合封口机等设备，操作简单，人员简单培训即可操作，不需要特殊防护措施，可随意进出库房。一次密封，可安全储藏 2～3 年。日常维护过程中只需定期巡查，做好防鼠工作，保证垛位气密状态即可。

20. 新型中药材气调养护有哪几种形式？

根据中药材在品种、存储数量和存储时间以及流通频率等方面的不同，目前，该技术对中药材的养护形式主要分为大垛、气调箱和气调袋三种。大垛主要适用于存储时间长、数量大、存储地点相对固定的中药材或者按照生产计划分批使用的中药材，用特制的塑料帐将放置药材的堆垛密封，抽出垛内的空气，利用制氮机充入氮气或二氧化碳，定期进行测试，检查帐内气体浓度、温度和湿度等，使之符合要求；气调箱主要适用于贵细中药材以及物流环节多、周转频率快、需要运输的中药材；气调袋主要适用于药店、饮片企业的中药饮片。气调箱或气调袋是为了满足中药材在物流运输过程中进行气调养护，以及适应中药材商品交易特点（零星及多次存取），主要是弥补中药材进行大垛气调养护时不便于零星及多次存取和运输的不足。

21. 新型中药材气调养护技术如何操作？

这里以大垛密封为例简要介绍操作方法。

（1）确定垛位。根据药材的存储计划和库房实际情况，确定垛位大小和具体位置。垛位距墙面应大于 0.5 米，周围留出适当的作业空间，不可将柱体包围在垛内。

(2) 清理垛底。将垛位地面打扫干净，不能留有沙粒、木屑、铁屑、铁钉和其他硬物，以免扎破密封底膜。

(3) 铺设衬垫材料。在垛底铺设旧篷布、麻布或塑料薄膜等衬垫材料，使密封底膜与地面不直接接触。

(4) 制作及铺设底膜。根据垛位大小，使用热合封口机制作密封底膜。制作好后将密封底膜铺设在衬垫材料的上方，铺设过程中注意检查衬垫材料上是否夹带有尖锐异物。铺设底膜后，再在底膜上面铺设一层衬垫材料，防止药材堆码过程中造成底膜划破。

(5) 堆码。堆码应符合相应堆码规范，确保垛位安全。为了便于垛内空气流动，一般按通风垛要求进行堆码。堆垛时严禁拖动与底膜直接接触的药材包装，以免划破底膜。

(6) 制作顶罩。堆码完成后，根据垛位的尺寸大小，使用热合封口机制作与垛位尺寸相适应的顶罩，底膜与顶罩的接口以留在距地面 1.0～1.5 米的水平位置为宜。

(7) 投放气调剂。顶罩制作好后，在垛位顶端先铺设一层农膜，再在农膜上覆盖一层或两层麻袋片，之后将气调剂均匀、快速地放置在麻袋片上，然后根据垛位大小，均匀放置 2～4 个空纸箱。气调剂用量为每立方米 2 千克。

(8) 覆盖顶罩、热合密封。迅速、小心地覆盖顶罩，用手持式热合封口机将顶罩和底膜进行热合密封，最后留出一个小孔，用抽风机抽去垛内的大部分空气，直至密封膜贴紧药材堆垛为止，不要过度抽取，以免负压过大，损坏密封膜。最后用热合封口机密封小孔，完成垛位密封。

(9) 填写并悬挂垛位登记卡。完成垛位密封后，及时填写中药材气调养护垛位登记卡，记录客户信息、药材种类、数量、封存日期、库房温湿度等信息，并统一整齐悬挂在垛位密封膜的指定位置。

图书在版编目（CIP）数据

西北药用作物生产实用技术问答/晋小军主编．——
北京：中国农业出版社，2022.5
农业农村部农民教育培训规划教材
ISBN 978-7-109-29385-4

Ⅰ.①西… Ⅱ.①晋… Ⅲ.①药用植物－栽培技术－
西北地区－技术培训－教材 Ⅳ.①S567

中国版本图书馆 CIP 数据核字（2022）第 071581 号

中国农业出版社出版

地址：北京市朝阳区麦子店街 18 号楼
邮编：100125
责任编辑：高　原　赵钰洁　　文字编辑：宫晓晨
版式设计：杜　然　　责任校对：刘丽香
印刷：北京中兴印刷有限公司
版次：2022 年 5 月第 1 版
印次：2022 年 5 月北京第 1 次印刷
发行：新华书店北京发行所
开本：720mm×960mm　1/16
印张：16.5
字数：295 千字
定价：49.00 元